高职高专“十三五”规划教材

信息技术基础任务式教程

主　编　杨竹青　陆　蔚
副主编　何　易　杨丽芳　杜　娟

南京大学出版社

图书在版编目(CIP)数据

信息技术基础任务式教程/ 杨竹青,陆蔚主编. —
南京 :南京大学出版社, 2017.8
高职高专“十三五”规划教材
ISBN 978-7-305-18816-9

Ⅰ. ①信… Ⅱ. ①杨… ②陆… Ⅲ. ①电子计算机—高等职业教育—教材 Ⅳ. ①TP3

中国版本图书馆 CIP 数据核字(2017)第 132291 号

教师扫一扫可申请《信息技术基础任务式教程》教学资源

学生扫一扫可申请《信息技术基础任务式教程》学习资源

出版发行 南京大学出版社
社　　址 南京市汉口路 22 号　　邮　　编 210093
出 版 人 金鑫荣

丛 书 名 高职高专“十三五”规划教材
书　　名 **信息技术基础任务式教程**
主　　编 杨竹青 陆 蔚
责任编辑 吴 华　　编辑热线 025-83596997

照　　排 南京理工大学资产经营有限公司
印　　刷 常州市武进第三印刷有限公司
开　　本 787×1092 1/16 印张 12.75 字数 310 千
版　　次 2017 年 8 月第 1 版 2017 年 8 月第 1 次印刷
印　　数 1~4600
ISBN 978-7-305-18816-9
定　　价 33.00 元

网　　址:http://www.njupco.com
官方微博:http://weibo.com/njupco
微信服务号:njuyuexue
销售咨询热线:(025)83594756

前　言

扫一扫可见微课"《信息技术基础任务式教程》课程简介"

人类已全面进入信息时代，信息产业无疑将成为未来全球经济中最宏大、最具活力的产业。信息成为知识经济社会中最重要的资源和竞争要素，市场对信息技术人才的需求将成为大势。人类对宇宙起源和演化、人脑与意识、暗物质与暗能量、微观物质结构、极端条件下的奇异物理现象、复杂系统等的认识越来越深入，对客观世界与主观世界的基本认知将提升到前所未有的高度。未来的信息技术将呈现"网络极大化、节点极小化"的基本特征。无所不在的网络将人、机、环境甚至人的意识都联接在一起，虚拟空间和实体空间将统一于信息，成为"空间"概念不可分割的一体两面，"空间"被感知和控制的基础是"空间"被人的意识"信息化"。与此同时，随着科学技术的不断发展，作为网络节点的各类客观存在将呈现越来越小的发展趋势，纳米将成为技术实现的基本尺度，微系统将成为功能实现的基本单元。这些方面的成果，都有可能体现在未来高度发展的信息技术中。《国家中长期教育改革和发展规划纲要(2010—2020年)》指出到2020年，我国要基本实现教育现代化，基本形成学习型社会，进入人力资源强国行列，实现更高水平的普及教育。

"信息技术基础"是高等职业教育各专业开设的一门公共基础课程。高等职业教育以培养社会所需的有文化、懂技术、高素质的应用型人才为己任。本课程作为新生学习计算机知识的入门课程和计算机能力培养的起点，为后续的专业知识学习和能力培养提供计算机必备知识，并为学生职业能力培养和职业素养养成起主要支撑和促进作用。目的是使学生了解必要的计算机知识，掌握计算机操作技能，具备灵活运用计算机这个现代化工具去处理学习、工作中面临的各种问题的能力，以适应计算机工作环境对现代职业人才的要求，使学生能够跟上时代的步伐；同时，在教学中努力培养学生的信息素养，使学生具有信息时代所要求的基本科学素质，并能站在信息技术发展和应用的前列，推动我国信息化的发展。

本书采用任务式教学结构组织内容，融入职业情境。通过精心挑选的案例实现知识与技能的学习，具有很强的针对性和实用性。知识点方面主要让学习者了解信息技术的基本概念、情况与发展；熟悉计算机硬件的结构、组成与基本原理；了解计算机软件的分类和功能，程序设计与软件开发的基本知识；了解计算机网络的组成，掌握 Internet 的主要功能与初步原理；了解数字媒体的基本知识，熟悉数字媒体的获取、表示、处理及有关的应用；了解数据库的基本概念，若干典型的信息系统及信息系统开发的有关原理和方法。职业能力方面要求初学者掌握计算机的配置及基本操作，文件及目录的组织管理，多媒体计算机的简单使用与维护；掌握 Windows（Windows 7 操作系统）的基本操作、管理、配置；能使用 IE 浏览器通过因特网获取必要信息，会使用 Internet 的常用服务（FTP、电子邮件等）；掌握 Office（Office 2010）办公软件应用的各项技术和技巧，能利用 Word 编排复杂结构的文档，能利用 Excel 进行较复杂的数据分析处理，能利用 PowerPoint 制作专业演示文稿。

本书在编写过程中，已经配套建设了大量的数字资源，提供教学课件、微课视频、教学案例素材、习题练习库。

本书由杨竹青、陆蔚担任主编，何易、杨丽芳、杜娟担任副主编，全书由杨竹青统稿。在编写过程中参阅了大量的教材、文献与资料，在此向作者表示感谢与敬意！限于信息技术发展迅速，作者水平与能力有限，书中难免存在不足与遗漏，恳请广大读者指正！

编　者

2017 年 6 月

目　录

单元 1

信息与计算机

信息和信息技术无处不在，而计算机本身又是信息处理的一个最重要的工具。本单元主要介绍信息技术的有关概念、数字技术相关知识以及计算机的硬件组成及其工作原理。

任务 1.1　信息技术与数字技术

任务描述

本节主要学习信息和信息处理的基本概念，信息化和信息社会的基本含义以及数字技术基础：比特，二进制数，不同进制数的表示、转换及其运算。

任务实现

1.1.1　信息与信息技术

扫一扫可见微课“信息技术概述”

一、信息与信息处理

信息是一个抽象概念，很难用统一的文字对其进行定义。从哲学角度看，信息是事物运动的存在或表达形式，是一切物质的普遍属性，实际上包括了一切物质运动的表征。在最一般的意义上，亦即没有任何约束条件，大家可以将信息定义为事物存在的方式和运动状态的表现形式。

人类的生产和生活很大程度上依赖于信息的收集、处理和传送。获取信息并对它进行加工处理，使之成为有用信息并发布出去的过程，称为信息处理。信息处理的过程主要包括信息的获取、储存、加工、传递和表示。

- 信息的收集，例如信息的感知、测量、获取、输入等。
- 信息的加工，例如分类、计算、分析、综合、转换、检索、管理等。
- 信息的存储，例如书写、摄影、录音、录像等。
- 信息的传递，例如邮寄、出版、电报、电话、广播等。

● 信息的使用,例如控制、显示等。

信息技术(简称IT)是指利用电子计算机和现代通信手段获取、传递、存储、处理、显示信息和分配信息的技术。信息技术主要包含通信、计算机与计算机语言、计算机游戏、电子技术、光纤技术等,以计算机技术、微电子技术和通信技术为核心。

二、信息化与信息社会

信息化的概念起源于20世纪60年代。所谓信息化,就是利用现代信息技术对人类社会的信息和知识的生产与传播进行全面改造,使人类社会生产体系的组织结构和经济结构发生全面变革的一个过程,是一个推动人类社会从工业社会向信息社会转变的社会转型过程。

我国政府高度重视信息化建设,于2006年发布了“国家信息化发展战略(2006—2020)”。发展战略中制订了2020年我国信息化发展的战略目标是:

① 综合信息基础设施基本普及。

② 信息技术自主创新能力显著增强,信息产业结构全面优化,国家信息安全保障水平大幅提高。

③ 国民经济和社会信息化取得明显成效,新型工业化发展模式初步确立。

④ 国家信息化发展的制度环境和政策体系基本完善,国民信息能力显著提高,为迈向信息社会奠定坚实基础。

信息化是现代社会发展的总趋势,也是我国产业结构优化与升级、实现工业化和现代化、增强国际竞争力与提高综合国力的关键。我们要走符合国情的信息化建设道路,既要充分发挥工业化对信息化的基础和推动作用,又要使信息化成为带动工业化升级的强大动力。

1.1.2 数字技术基础

数字技术是一项与电子计算机相伴相生的科学技术,是现代信息技术的重要基础。数字技术的实质是用有限个状态(一般是两个状态)来表示、处理、存储和传输信息。当今社会除了电子计算机从一开始就采用了数字技术,在通信和信息存储领域、广播电视领域也已经大量采用数字技术,数字电视和数字广播已相当普及。下面对数字技术的基本知识做简单介绍。

一、信息的基本单位比特

1. 什么是比特

比特是信息的最小单位,英文缩写为“bit”,中文意译为“二进位数字”或“二进位”,在不会引起混淆时也可以简称为“位”。比特只有两种状态(取值):它或者是数字0,或者是数字1。

比特既可以表示数值,也可以表示文字、符号、图像以及声音。

扫一扫可见微课“数字技术基础”

2. 比特的存储

存储(记忆)1个比特需要的器件必须具有两种稳定状态,如开关、继电器、灯泡等。在计算机等系统中,比特的存储常使用一种称为触发器的双稳态电路完成。触发器有两个稳定状态,可分别用来表示0和1。

一个触发器可以存储1个比特，一组(例如8个或16个)触发器可以存储1组比特，它们称为“寄存器”。计算机的中央处理器中就有几十个甚至上百个寄存器。

另一种存储比特的元器件是电容器，用电容的充电和未充电状态分别表示0和1。现代微电子技术可以在一块半导体芯片上集成数以亿计的微小的电容，它们构成了可存储大量二进位信息的半导体存储器。

磁盘是利用磁介质表面区域的磁化状态来存储二进位信息的，光盘则通过盘片光滑表面上的微小凹坑来记录二进位信息。

存储器的一项很重要的性能指标是存储容量。计算机内存储器经常使用的单位有：

千字节(kilobyte，简写为KB)，1 KB=2^{10}字节=1 024 B。

兆字节(megabyte，简写为MB)，1 MB=2^{20}字节=1 024 KB。

吉字节(gigabyte，简写为GB)，1 GB=2^{30}字节=1 024 MB(千兆字节)。

太字节(terabyte，简写为TB)，1 TB=2^{40}字节=1 024 GB(兆兆字节)。

而外存储器如磁盘、U盘、光盘等则采用1 MB=1 000 KB，1 GB=1 000 000 KB来计算其存储容量，进行单位换算时要注意区分内外存储器，避免混淆。

3. 比特的传输

信息只有通过传输和交流才能发挥作用。在现代数字通信技术中，信息的传输是通过比特的传输来实现的，通常以每秒传输多少比特来度量。下面是经常使用到的传输率的度量单位：

比特/秒(b/s)，也称“bps”。

千比特/秒(kb/s)，1 kb/s=10^3比特/秒=1000 b/s(小写k表示1 000)。

兆比特/秒(Mb/s)，1 Mb/s=10^6比特/秒=1 000 kb/s。

吉比特/秒(Gb/s)，1 Gb/s=10^9比特/秒=1 000 Mb/s。

太比特/秒(Tb/s)，1 Tb/s=10^{12}比特/秒=1 000 Gb/s。

二、进制与进制转换

1. 十进制数与二进制数

在日常生活中，人们所使用的十进制数是由0，1，2，3，4，5，6，7，8，9这10个不同的符号表示的，这些符号处于十进制数中不同位置时，其权值不相同，表示的数值不同。例如，2156. 39中的2表示的是2000，1表示的是100，所以2156. 39可以写成：$2\times10^3+1\times10^2+5\times10^1+6\times10^0+3\times10^{-1}+9\times10^{-2}$

扫一扫可见微课
“进制转换”

在十进制中，基数是“10”，它表示这种计数制共使用10个不同的数字符号，低位计满十之后就要向高位进一，即日常所说的“逢十进一”。

使用比特来表示的数称为二进制数。二进制数与十进制数相仿，但它的基数是“2”，只使用两个不同的数字符号，即0和1，采用“逢二进一”的计数规则。例如，$(1011.01)_2$的实际数值是$1\times2^3+1\times2^1+1\times2^0+1\times2^{-2}=(11.25)_{10}$

十进制数与二进制数之间的转换很简单，下面分两种情况来说明。

(1) 十进制转化成二进制。我们将数的整数部分和小数部分分开转换，整数部分：除2逆序取余；小数部分：乘2正序取整。例如：27.375 →11011.011B

具体步骤如下：

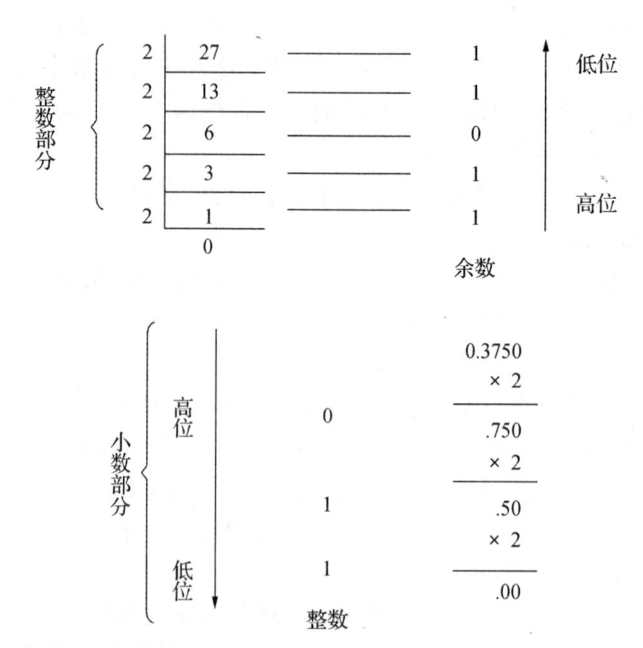

(2) 二进制数转换成十进制数。只需将二进制数的每一位乘上其对应的权值然后累加起来即可。例如

$11011.011B=1\times2^4+1\times2^3+1\times2^1+1\times2^0+1\times2^{-2}+1\times2^{-3}=27.375$

2. 八进制与十六进制

从十进制数和二进制数的概念出发，可以进一步推广到更一般的任意进位制数的情况。最常用的有八进制数和十六进制数两种。

八进制数使用 0、1、2、3、4、5、6、7 共 8 个符号，逢八进一。例如：

$(365.2)_8=3\times8^2+6\times8^1+5\times8^0+2\times8^{-1}=(245.25)_{10}$

十六进制数使用 0、1、2、3、4、5、6、7、8、9、A、B、C、D、E、F 等 16 个符号，其中 A、B、C、D、E、F 分别代表十进制的 10、11、12、13、14、15。在十六进制数中，低位逢十六进一、高位借一当作十六。例如：

$(F5.4)_{16}=15\times16^1+5\times16^0+4\times16^{-1}=(245.25)_{10}$

八进制数转换成二进制数的方法很简单，只要把每一个八进制数字改写成等值的 3 位二进制数即可，且保持高、低位的次序不变。八进制数字与二进制数的对应关系如下：

$(0)_8=000$　$(1)_8=001$　$(2)_8=010$　$(3)_8=011$

$(4)_8=100$　$(5)_8=101$　$(6)_8=110$　$(7)_8=111$

下面是八进制数转换成二进制数的例子：

$(16.327)_8=(001110.011010111)_2=(1110.011010111)_2$

二进制数转换成八进制数时，整数部分从低位向高位方向每 3 位用一个等值的八进制数来替换，最后不足 3 位时在高位补 0 凑满 3 位；小数部分从高位向低位方向每 3 位用一个等值的八进制数来替换，最后不足 3 位时在低位补 0 凑满 3 位。例如：

$(11101.01)_2=(011101.010)_2=(35.2)_8$

十六进制数转换成二进制数的方法与八进制数转换成二进制数的方法类似，只要把每一个十六进制数字改写成等值的4位二进制数即可，且保持高、低位的次序不变。十六进制数字与二进制数的对应关系如下：

$(0)_{16}=0000$　$(1)_{16}=0001$　$(2)_{16}=0010$　$(3)_{16}=0011$

$(4)_{16}=0100$　$(5)_{16}=0101$　$(6)_{16}=0110$　$(7)_{16}=0111$

$(8)_{16}=1000$　$(9)_{16}=1001$　$(A)_{16}=1010$　$(B)_{16}=1011$

$(C)_{16}=1100$　$(D)_{16}=1101$　$(E)_{16}=1110$　$(F)_{16}=1111$

下面是十六进制数转换成二进制数的例子：

$(4C.2E)_{16}=(01001100.00101110)_2=(1001100.0010111)_2$

二进制数转换成十六进制数时，整数部分从低位向高位方向每4位用一个等值的十六进制数来替换，最后不足4位时在高位补0凑满4位；小数部分从高位向低位方向每4位用一个等值的十六进制数来替换，最后不足4位时在低位补0凑满4位。例如：

$(11101.01)_2=(00011101.0100)_2=(1D.4)_{16}$

从上面的介绍中可以看出，二进制数与八进制数、十六进制数具有简单直观的对应关系。二进制数太长，书写、阅读、记忆均不方便；八进制、十六进制却像十进制数一样简练，易写易记。必须注意，计算机硬件中只使用二进位制，并不使用其他计数制。但为了开发程序、阅读机器内部代码和数据时的方便，人们经常使用八进制或十六进制来等价地表示二进制，所以读者也必须熟练地掌握八进制和十六进制。

任务1.2 符号与编码

任务描述

本节主要学习数值、文字以及图像在计算机内的表示。

任务实现

我们使用计算机处理各种各样的信息，如数值、文字、图形、声音、命令、程序等。这些信息都需要经过加工处理，用0和1组成的二进制编码串才能在计算机内部进行传送、存储和处理。

下面我们就简单介绍数值信息、文字信息以及图像信息在计算机内的编码。

1.2.1 数值信息的编码

扫一扫可见微课
“数据在计算机内的存储”

计算机中的数值信息分成整数和实数两大类。计算机中的整数又分成无符号整数和带符号整数。一般来说带符号位的整数既可表示正整数，又可表示负整数。

一、无符号整数

像地址、索引等都是正整数，不会出现负的，所以一般用无符号整数表示，经常使用8位、16位、32位、64位甚至位数更多。8个二进位表示的正整数其取值范围是0—255，16个二进位表示的正整数其取值范围是0—65535。

二、带符号整数

带符号的整数用最高位表示符号位，“0”表示“＋”(正数)，“1”表示“－”(负数)，其余各位则用来表示数值的大小。例如00101011＝＋43，10101011＝－43，可见，8个二进位表示的带符号整数其取值范围是－127—＋127(-2^7+1—$+2^7-1$)。这种表示法称为原码。但是用这种方式，“0”有“＋0”和“－0”两种的表示，且加法运算与减法运算的规则不统一，需要分别使用加法器和减法器来完成，增加了计算机的成本。负整数在计算机内一般不采用“原码”而使用“补码”的方法表示。

负数使用补码表示时，符号位也是“1”，其余各位取反后再在末位加“1”所得到的结果。例如：

$(-43)_{原}=10101011$

除符号位，其余每一位取反后为：11010100

末位加“1”得到：$(-43)_{补}=11010101$

三、浮点数

实数通常是既有整数部分又有小数部分的数。例如57.612，－13884.0376，0.0733726，8132等都是实数。由于实数的小数点位置不固定，因此，实数在计算机中的表示也称为“浮点数”表示法。

1.2.2 文字符号的表示

我们使用的书面文字由一系列书写符号构成，这些书写符号我们称之为字符。我们将它们组成一个集合称之为字符集。字符集中的每一个字符在计算机中各用一个二进制代码表示，这就构成了该字符集的代码表，简称码表。

一、西文字符的编码

目前计算机中使用得最广泛的西文字符集及其编码是ASCII字符集和ASCII码，即美国信息交换标准码。它被国际标准化组织(ISO)批准为世界通用的国际标准。ASCII字符集共有128个字符，包括96个可打印字符(常用的字母、数字、标点符号等)和32个控制字符，每个字符使用7个二进位进行编码(叫作标准ASCII码)。

虽然标准ASCII码是7位的编码，但由于字节是计算机中最基本的存储和处理单位，故一般仍使用一个字节来存放一个ASCII码。此时，每个字节中多余出来的一位(最高位)在计算机内部通常设置为“0”，而在数据传输时可用作奇偶校验位。

二、汉字编码

西文字符采用7位ASCII编码来表示其所有字符，只要用一个字节就可以满足要求。常用汉字有3 000—5 000个，用一个字节编码已经不能满足所有汉字的编码，因此，汉字的编码比ASCII码要复杂很多。

1980年我国制定了GB2312标准，共收录汉字6 763个，字母符号682个，一级汉字，以拼音为序，共3 755个，二级汉字，以偏旁为序，共3 008个。用两个字节进行编码存储，并把最高位设置为1作为汉字内码的标识。GB 2312中没有繁体和专有地名，繁体出现在

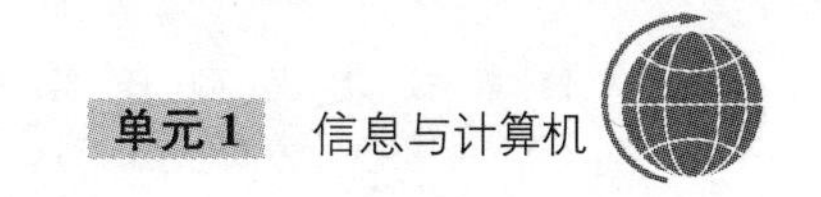

GBK,GB 18030 编码标准中。

上述编码都只面向同一个国家使用,全球为实现统一编码,国际化标准组织将全世界所有符号文字都集中在一起,统一进行编码,对应的工业标准称为 unicode。上面的 GB18030 一方面和 GBK 和 GB2312 保持向下兼容,也包含了 unicode 中其他的字符。

1.2.3 多媒体信息的表示

图像和声音是两种非常典型的多媒体形式,他们在计算机内的数字化及二进制编码比字符更复杂些。

一、图像编码

从自然界的模拟图像到计算机内的数字图像,需要经过一个数字化的过程,整个过程分为(1) 取样:把图像离散成为 M 列、N 行,取样后的图像分解成为 M×N 个取样点;(2) 分色:将彩色图像取样点的颜色分成红、绿、蓝(R、G、B)三个基色(分量),即每一个取样点用 3 个亮度值来表示,称为 3 个颜色分量,如果不是彩色图像而是灰度图像或黑白图像的像素,就只有一个亮度分量。像素的每个分量均采用无符号整数来表示。

二、声音编码

声音是连续变化的模拟量,在计算机内部用二进制数来存储的时候也需要经过一个数字化过程,具体过程如下:

① 采样:即每隔相等的时间 T 从声音波形上提取声音信号。T 称为采样周期,1/T 为采样周期,1/T 为采样频率。

② 量化:声音信号的量化精度一般为 8 位、12 位或 16 位,量化精度越高,声音保真度越好,量化精度越低,声音的保真度越差。

③ 编码:经过取样和量化后的声音,还必须按照一定的要求进行编码,即对它进行数据压缩,以减少数据量,并按某种格式将数据进行组织,便于计算机存储、处理和在网络上进行传输。

任务 1.3 计算机的发展与分类

任务描述

本节主要介绍计算机 60 年来的发展历史和分类。

任务实现

1.3.1 计算机的发展

从 20 世纪 40 年代第一台计算机诞生以来,短短的几十年,计算机的发展突飞猛进,速度越来越快、功能不断增强、体积不断缩小、成本越来越低、应用越来越广泛。整个发展历经四代。1946年第一台电子管计算机ENIAC诞生在美国。1954年世界上第一台电子计算机在美国宾夕法尼亚大学诞生，重30吨，占地150平方米，肚子里装了18 800只电子管(如图1-1)。从20世纪40年代中期到50年代末期生产的计算机都属于第一代计算机，特点是以电子管为主要元器件。随着重要的元器件由晶体管(如图1-2)逐步代替电子管，计算机时代进入第二代，第二代计算机的生存期是从20世纪50年代中、后期到60年代中期。第二代计算机使用了晶体管后速度从每秒几千次提高到几十万次，主存储器的容量也从几千提高到10万以上。到了20世纪60年代，开始使用中小规模的集成电路作为计算机的主要的元器件，计算机进入到了第三代，一直到20世纪70年代初期。随着集成电路集成度的不断提高，二十世纪70年代中期以来，开始出现大规模、超大规模的集成电路，由大规模超大规模的集成电路(如图1-3)组装成的计算机被称为第四代电子计算机。60多年来，计算机在提高速度、增加功能、缩小体积、降低成本和开拓应用方面取得了巨大的进步。

图1-1　电子管

图1-2　晶体管

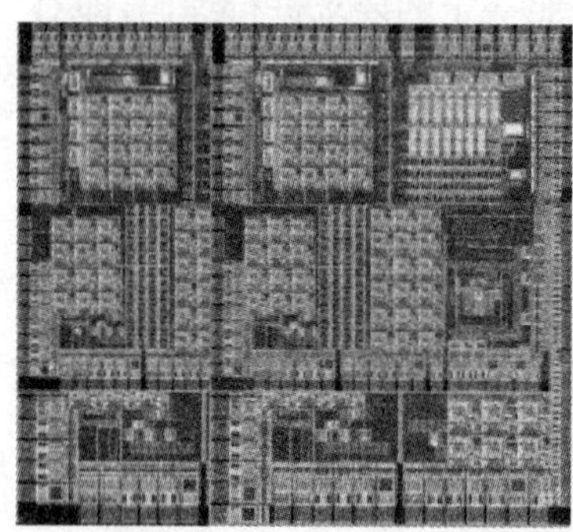

图1-3　集成电路

1.3.2　计算机的分类

扫一扫可见微课
“计算机的组成与分类”

计算机及相关技术的迅速发展带动计算机类型不断分化，形成了不同种类的计算机。分类方法很多，按照计算机内部逻辑分，可以分为16位机、32位机或64位计算机。较为普遍的是按照计算机的运算速度、字长、存储容量等综合性能指标，分为巨型计算机、大型计算机、服务器、个人计算机和嵌入式计算机。

一、巨型计算机

巨型计算机实际上是一个巨大的计算机系统，采用大规模并行处理体系，包含成千上万的 CPU，有很强的计算和数据处理能力，运算速度可达到每秒千万亿次浮点运算，主要用来承担重大的科学研究、国防尖端技术和国民经济领域的大型计算课题及数据处理任务，如大范围天气预报，整理卫星照片，研究洲际导弹、宇宙飞船，制定国民经济的发展计划等，项目繁多，时间性强，要综合考虑各种各样的因素，依靠巨型计算机能较顺利地完成。

二、大型计算机

大型计算机比巨型计算机的性能指标略低，速度可达到每秒数千万次浮点运算，这类计算机主要用来处理大容量数据，通常作为大型商业或政府部门的服务器。主要优势体现在可靠性、安全性、向后兼容性和极其高效的 I/O 性能，强调大规模的数据输入输出，重点强调数据的吞吐量，具有极强的综合处理能力和极大的性能覆盖面。在一台大型机中可以使用几十台微机或微机芯片，用以完成特定的操作，可同时支持上万个用户，可支持几十个大型数据库。

三、服务器

服务器也称伺服器，是指网络环境下为客户机提供某种服务的专用计算机，因为服务器在网络中连续不断地工作，而且许多重要数据都保存在服务器上，许多网络服务都在服务器上运行，一旦发生故障，将会丢失大量数据，造成巨大损失，所以服务器处理速度和系统可靠性都比普通的计算机要高得多。

据网络规模，服务器又分为工作组级服务器（家用服务器）、部门级服务器和企业级服务器。我国浪潮集团是国内最大的服务器制造商和服务器解决方案提供商。

四、个人计算机

个人计算机，也称微型计算机、PC 机，是中、大规模集成电路的产物。个人计算机分为台式机和笔记本电脑，主要应用于家庭和办公场所。个人计算机技术在近 10 年内发展速度迅猛，新产品层出不穷，如一体机、平板电脑、掌上电脑等。个人计算机已经应用于办公自动化、数据库管理、图像识别、语音识别、专家系统，多媒体技术等领域，并且开始成为城镇家庭的一种常规电器。

五、嵌入式计算机

与具有基本标准形态的通用计算机不同，嵌入式计算机则是非通用计算机形态的计算机应用，它以嵌入系统核心部件的形式隐藏在各种装置、设备、产品和系统中。嵌入式计算机也是一种计算机的存在形式。嵌入式计算机的集成度很高，往往都是基于单个或者少数几个芯片，而芯片上将处理器、存储器以及外设接口电路集成在一起。嵌入式计算机系统是对功能、可靠性、成本、体积、功耗等有严格要求的专用计算机系统。它们安装在手机、数码相机、MP3 播放器、计算机外围设备、电视机机顶盒、汽车和空调等产品中，执行着特定的任务。由于用户并不直接与计算机接触，它们的存在往往不被人们所知晓。

任务1.4 计算机的五大部件

任务描述

本节主要介绍计算机五大逻辑部件及硬件系统。

任务实现

经过多年发展，计算机功能不断增强，应用不断扩展，计算机系统也变得越来越复杂。但无论系统多么复杂，它们的基本组成和工作原理还是大体相同的，都是基于冯·诺依曼体系结构的。一个完整的计算机系统是由硬件系统和软件系统组成的。

硬件系统是构成计算机的实际物理装置的总称，是看得见、摸得着、实实在在的有形实体。计算机硬件系统的基本结构如图1-4所示。

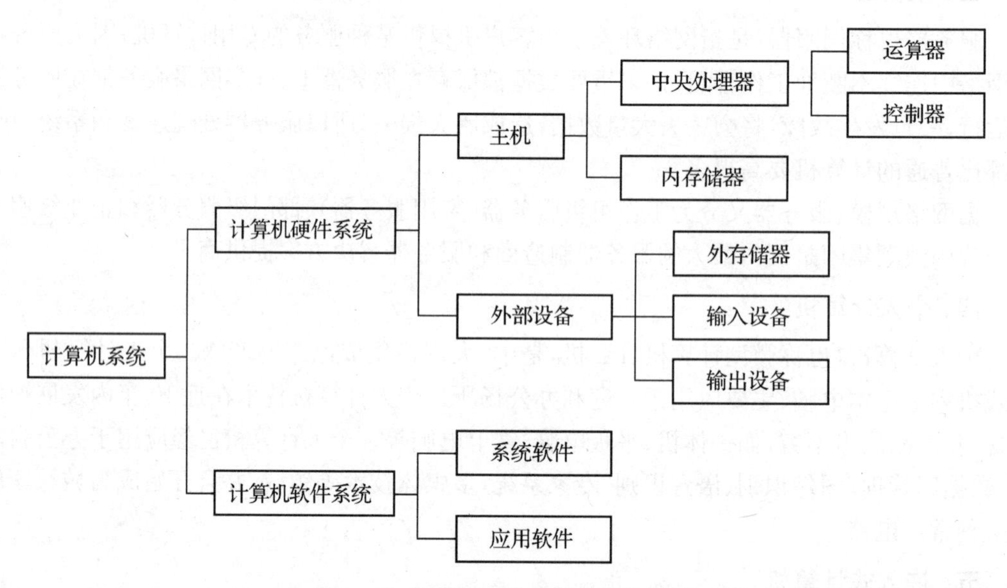

图1-4 计算机硬件系统的基本结构

冯·诺依曼设计思想确立了现代计算机的基本结构，第一次提出了“存储程序”的概念，并从逻辑功能上将计算机硬件设备分成控制器、运算器、存储器、输入设备和输出设备五大基本部件，如图1-5所示。

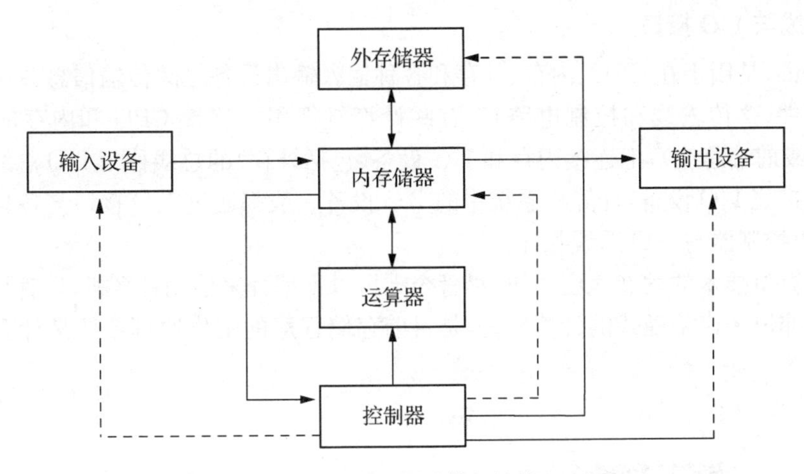

图1-5 冯·诺依曼计算机结构示意图

计算机五大部件功能如下。

一、控制器

控制器是整个计算机的中枢神经，其功能是对程序规定的控制信息进行解释，根据其要求进行控制，调度程序、数据、地址，协调计算机各部分的工作及内存与外设的访问等。

二、运算器

运算器的功能是对数据进行各种算术运算和逻辑运算，即对数据进行加工处理。

控制器和运算器是中央处理器 CPU 的核心部件。

三、存储器

存储器的功能是存储程序、数据和各种信号、命令等信息，并在需要时提供这些信息。存储器分为内存储器和外存储器两大类。内存储器直接与 CPU 相连，用来存放已经运行的程序和需要立即处理的数据。存储速度较快，但成本较高，所以其容量相对较小。外存储器也称为辅助存储器，它长期存放计算机系统中几乎所有的信息。存储容量较大，存取速度较慢，成本较小。CPU 工作时，它所需要的数据和指令都是从内存中取出的，产生的结果也存放在内存。外存储器的数据不能直接和 CPU 交换，必须先传给内存，由 CPU 从内存调用。

四、输入

输入设备是计算机的重要组成部分，输入设备与输出设备合称为外部设备，简称外设。输入设备的作用是将程序、原始数据、文字、字符、控制命令或现场采集的数据等信息输入到计算机，用二进位表示。输入设备有多种，如键盘、鼠标器、光电输入机、磁带机、磁盘机、光盘机等。

五、输出

输出设备与输入设备同样是计算机的重要组成部分，它把计算机的中间结果或最后结果、机内的各种数据符号及文字或各种控制信号等二进位信息输出出来，转换成人可直接识别和感知的形式。微机常用的输出设备有显示终端 CRT、打印机、激光印字机、绘图仪及磁带、光盘机等。

六、总线与I/O接口

总线(bus)是用于在CPU、内存、外存和各种输入输出设备之间传输信息并协调它们工作的一种部件(含传输线和控制电路)。有些计算机把用于连接CPU和内存的总线称为CPU总线(或前端总线),把连接内存和I/O设备(包括外存)的总线称为I/O总线。为了方便地更换与扩充I/O设备,计算机系统中的I/O设备一般都通过I/O接口与各自的控制器连接,然后由控制器与I/O总线相连。

尽管计算机技术的发展速度很快,尽管今天可以不编程来使用计算机,尽管科学家已经提出了研制非冯·诺依曼式的计算机,但是目前存储程序的工作原理依然是计算机的基本工作原理。

任务1.5 组装一台PC机

任务描述

计算机是现代办公、学习和生活的必要工具,刚入大学的小王迫切想学习掌握计算机的相关知识,并能熟练地应用,于是决定自己组装一台PC机。

任务实现

选购计算机配件是组建计算机的第一步,于是小王对计算机各配件的知识进行了系统学习,在老师的指导下选购配件,自己动手组装一台PC机。

我们看到的PC机,是由机箱和外设组成的。机箱内有主板、硬盘、光驱、电源、风扇等,其中主板上安装了CPU、内存、总线、I/O控制器等。下面分别介绍。

1.5.1 主板

主板相当于计算机的躯干。几乎所有的计算机硬件设备都会直接或间接地连接到主板上,主板的性能直接影响着整台计算机的运行速度和稳定性,了解主板的相关细节是非常重要的。

扫一扫可见微课
"主板、芯片和BIOS"

一、主板概述

主板又称主机板、系统板或母板,是计算机最基本也是最重要的部件之一。主板上通常安装有CPU插座、芯片组、存储器插槽、扩充卡插槽、显示卡插槽、BIOS、CMOS存储器、辅助芯片和若干用于连接外围设备的I/O插口。

我们要将CPU通过主板上的CPU插座安装在主板上,内存条也安装在主板上的存储器插槽。计算机常用的外围设备通过扩充卡或I/O接口与主板相连。

主板上还有两个重要芯片:BIOS和CMOS存储器。BIOS也就是基本输入输出系统,是计算机软件最基础的部分,没有它,计算机无法启动。CMOS存储器存放着计算机硬件的一些配置信息，是一种易失性的存储器，断电后信息会丢失，必须使用电池供电。

二、芯片组

芯片组(Chipset)，是主板的核心组成部分，是计算机各组成部分相互连接和通信的枢纽。按照在主板上的排列位置的不同，通常分为北桥芯片和南桥芯片。北桥芯片是存储控制中心，用于连接CPU、内存条、显卡并与南桥芯片互联。南桥芯片主要负责外存储器及各种I/O设备(显示器除外)与CPU及内存之间的通信，其数据都是通过I/O总线和I/O接口进行的，所以说南桥芯片是I/O控制中心。

三、BIOS

BIOS中文名是基本输入输出系统，是一组固化到计算机内主板上一个ROM芯片上的程序，是一组机器语言。它主要包括开机后自检程序、系统主引导记录的装入程序、CMOS设置程序以及基本外围设备的驱动程序。

1.5.2 CPU的结构与原理

一、CPU的作用与组成

扫一扫可见微课
“CPU的结构和性能指标”

CPU是计算机的核心部件，根本任务是执行指令，按照指令的要求完成对数据的运算和处理。CPU主要由运算器、控制器、寄存器组三部分组成。运算器主要承担运算的作用，用来对数据进行算术运算或者逻辑运算。参加运算的数据来自寄存器，中间的结果也存放在寄存器内。寄存器组由多个寄存器组成，寄存器用来临时存放参加运算的数据和运算得到的中间结果。控制器就是负责发出CPU每条指令所需要的信息，是CPU的指挥中心。它有一个指令寄存器和一个指令计数器。指令寄存器是用来存放正在执行的指令地址，CPU按照地址从内存中读取要执行的指令。一般情况下，CPU每执行完一条指令，计数器就加1，而指令寄存器是用来保存当前正在执行的指令。

总之，CPU有着处理指令、执行操作、控制时间、处理数据四大作用。

二、指令与指令系统

什么是指令呢？简单地说，指令就是构成程序的基本单位，是完成某一规定操作的命令，直观地说就是一组有意义的二进制代码。指令由操作码和操作数地址两部分组成。操作码是计算机具体执行何种操作的代码，如加、减、乘、除都有各自的二进制代码。

指令系统则是计算机所有指令的集合。通常一个指令系统有数以百计的指令，会被分成许多类，比如：数据传输类、算术运算类、逻辑运算类、移位操作类等等。不同公司生产的CPU各有自己的指令系统，它们常常不兼容。

三、CPU的性能指标

知道了CPU的组成和作用，我们如何去选择CPU呢？需要知道CPU的哪些性能指标呢？CPU的性能指标主要表现为程序执行速度的快慢，CPU的字长、主频、CPU的总线速度、高速缓存、指令系统、逻辑结构等都是执行速度的影响因素，是CPU的主要性能指标。

① 字长。指的是CPU一次能并行处理的二进制位数，字长总是8的整数倍，通常PC机的字长为16位(早期)、32位、64位。

② 主频。也叫时钟频率，指 CPU 中电子线路的工作频率。主频越高，CPU 的处理速度就越快，但它们之间不是简单的线性关系。

③ CPU 的总线速度。前端总线频率(即总线频率)和数据线宽度直接影响 CPU 与内存的数据交换速度。下面这个公式更能清楚地说明：数据带宽=(总线频率×数据位宽)/8，可以看出数据带宽也就是数据传输的最大速率，取决于所有同时传输的数据的宽度和传输频率。

④ 高速缓存的容量与结构。高速缓冲存储器是存在于主存与 CPU 之间的一级存储器，由静态存储芯片(SRAM)组成，容量比较小但速度比主存高得多，接近于 CPU 的速度，一般 CPU 的核心数据会被存放在高速缓存中，缓存的容量越大，可以直接快速访问的数据就越多，也就可以减少 CPU 访问主存的次数。

⑤ 指令系统。指令的类型和数目、指令的功能都会影响程序的执行速度。

⑥ 逻辑结构。CPU 包含的运算器的数目、流水线的结构和级数等都对指令执行的速度有影响。

1.5.3 存储器

一、内存

内存在计算机的组成结构中，内存是一个很重要的部分，它用来存储程序和数据。对于计算机来说，有了内存才有记忆功能，才能保证正常工作。

1. 内存储器概述

内存是与 CPU 进行沟通的桥梁，它的作用是暂时存放 CPU 中的运算数据以及与硬盘等外部存储器交换数据。内存的存取速度快而容量小，所存储的程序和数据可以被 CPU 直接运行和处理。外存储器的存取速度较慢而容量较大，可持久保存计算机中几乎所有信息，但是这些数据和信息不能被 CPU 直接处理，必须调入内存后才行。因此，内存的性能对计算机的影响非常大。

内存储器包括寄存器、高速缓冲存储器(Cache)和主存储器。寄存器在 CPU 芯片的内部，高速缓冲存储器也制作在 CPU 芯片内，而主存储器由插在主板内存插槽中的若干内存条组成。内存储器由半导体存储器芯片构成，分为 RAM(随机存取存储器)和 ROM(只读存取器)两大类。RAM 断电时信息会丢失，按照保存数据的机理，RAM 又分成 DRAM 和 SRAM 两种。ROM 在制造的时候，信息(数据或程序)就被存入并永久保存。这些信息只能读出，一般不能写入，即使机器停电，这些数据也不会丢失。ROM 一般用于存放计算机的基本程序和数据，如 BIOS ROM。

2. 主存储器

主存储器主要是由 DRAM 芯片组成的。怎样对数据进行存取呢？我们是将整个存储器分成很多个小块，就如同一个个小房间一样，每个小房间称为一个存储单元，每个存储单元可以放 1 个字节(8 个二进制位)，每个单元都有个地址，CPU 按地址访问数据。存储器的存储容量就是指包含的存储单元的容量的总和，单位一般是 MB 或 GB。

主存储器在物理结构上由若干内存条组成，内存条是把若干片 DRAM 芯片焊在一小条印制电路板上做成的部件。

二、外存储器

外储存器是指除计算机内存及CPU缓存以外的储存器，此类储存器一般断电后仍然能保存数据。常见的外存储器有硬盘、光盘、U盘等。

1. 硬盘

硬盘存储器是计算机最重要的外存储器，为每台计算机必备。一般由一个或者多个铝制或者玻璃制的碟片组成，碟片外覆盖有铁磁性材料。

(1) 硬盘的结构及原理

硬盘存储器由磁盘盘片、主轴与主轴电机、移动臂、磁头和控制电路等组成，它们密封于一个盒状装置内。

硬盘工作时，主轴电机带动主轴，主轴带动盘片高速旋转，速度可达到每分钟几千转甚至上万转。

硬盘的物理结构包括磁头、磁道、扇区和柱面。其中，磁头是硬盘最关键的部分，是硬盘进行读写的"笔尖"，每一个盘面(若将磁头比喻作"笔"的话，那盘面即是"笔"下的"纸")都有自己的一个磁头。磁道是指硬盘片表面由外向里分成许多个同心圆，每个碟片一般都有几千个磁道。它们是磁盘面上的一些磁化区，使信息沿这种轨道存放。扇区是指磁道被等分为的若干弧段，是磁盘驱动器向磁盘读写数据的基本单位，其中每个扇区可以存放512字节的信息。而柱面，顾名思义，为一个圆柱形面，由于磁盘是由一组重叠的盘片组成的，每个盘面都被划分为等量的磁道并由外到里依次编号，具有相同编号的磁道形成的便是柱面，因此，磁盘的柱面数与其一个盘面的磁道数是相等的。

当硬盘读取数据时，盘面高速旋转，使得磁头处于"飞行状态"，并未与盘面发生接触，在这种状态下，磁头既不会与盘面发生磨损，又可以达到读取数据的目的。由于盘体高速旋转，产生很明显的陀螺效应，因此，硬盘在工作时不易运动，否则会加重轴承的工作负荷；而硬盘磁头的寻道伺服电机在伺服跟踪调节下可以精确地跟踪磁道，因此，在硬盘工作过程中不要有冲击碰撞，搬动时要小心轻放。

(2) 硬盘的主要性能指标

① 容量。作为计算机系统的数据存储器，容量是硬盘最主要的参数。硬盘的容量现在以千兆字节(GB)为单位。硬盘的容量指标还包括硬盘的单碟容量。所谓单碟容量是指硬盘单片盘片的容量，单碟容量越大，单位成本越低，平均访问时间也越短。对于用户而言，硬盘的容量就像内存一样，永远只会嫌少不会嫌多。

② 平均存取时间。平均存取时间是指磁头从起始位置到达目标磁道位置，并且从目标磁道上找到要读写的数据扇区所需的时间，主要是由磁盘的旋转速度、磁头的寻道时间和数据的传输率所决定的。硬盘旋转速度越高，磁头移动到数据所在磁道越快，数据存取时间就越短。目前这两部分时间大约在几毫秒至几十毫秒。

③ 缓存容量。缓存(Cache memory)是硬盘控制器上的一块内存芯片，具有极快的存取速度，它是硬盘内部存储和外界接口之间的缓冲器。由于硬盘的内部数据传输速度和外界介面传输速度不同，缓存在其中起到一个缓冲的作用。缓存的大小与速度是直接关系到硬盘的传输速度的重要因素，能够大幅度地提高硬盘整体性能。目前大部分硬件缓存容量已达到8MB以上。

④ 数据传输速率。硬盘的数据传输率是指硬盘读写数据的速度,单位为兆字节每秒(MB/s)。硬盘数据传输率又包括了内部数据传输率和外部数据传输率。

内部传输率也称为持续传输率,它反映了硬盘缓冲区未用时的性能。内部传输率主要依赖于硬盘的旋转速度。

外部传输率也称为突发数据传输率或接口传输率,它表征的是系统总线与硬盘缓冲区之间的数据传输率,外部数据传输率与硬盘接口类型和硬盘缓存的大小有关。

2. 移动硬盘

除了固定安装在机箱中的硬盘之外,还有一类硬盘产品,它们的体积小,重量轻,采用USB接口或者eSATA接口,可随时插上计算机或从计算机拔下,便于携带和使用,称为"移动硬盘"。

移动硬盘通常采用2.5英寸的硬盘加上特制的配套硬盘盒构成。一些超薄型的移动硬盘,厚度仅1个多厘米,比手掌还小一些,重量只有200—300 g,存储容量可以达到1TB甚至更高,工作时噪音小。

3. U盘、存储卡及固态硬盘

U盘全称USB闪存驱动器,是一个USB接口的无需物理驱动器的微型高容量移动存储产品,可以通过USB接口与电脑连接,实现即插即用。U盘使用USB接口连到电脑的主机后,U盘的资料可与电脑交换,是移动存储设备之一。U盘最大的优点就是:小巧、便于携带、存储容量大、价格便宜、性能可靠。

存储卡是闪存做成的另一种固态存储器,形状为扁平的长方形或正方形,可插拔,它们在手机、数码相机等便携式电子设备中普遍使用。存储卡的种类较多,如SD卡、CF卡、Memory Stick卡(MS卡)和MMC卡等,它们具有与U盘相同的多种优点,但只有配置了读卡器之后才能对这些存储卡进行读写操作。

4. 光盘存储器

光盘存储器是由光盘和光盘驱动器两部分组成。光盘以光信息作为存储物的载体来存储数据,用于记录数据的是一条由里向外的连续的螺旋状光道。利用光盘表面的凹坑记录信息,凹坑的边缘处表示1,凹坑和凹坑外的平坦部分表示0,信息读出需要激光进行分辨和识别。光盘片按照容量分为CD盘片、DVD盘片和蓝色激光盘片。按照读写特性又分为只读盘片、可写一次和可擦写盘片。具体如下:

CD光盘片中CD-ROM叫只读光盘,不能删除也不能写入,只能读出盘中信息;CD-R光盘片叫只写一次光盘,只能写一次,写后不能删除和修改,只能读出;而CD-RW是可擦写光盘,用户可以自己写入信息,也可以对写入的信息进行擦除和改写。

类似地,DVD光盘也分为DVD-ROM,DVD-R和DVD-RW。蓝光光盘分为BD-ROM、BD-R和BD-RW。

而光盘驱动器按照其信息读写能力,分成只读光驱和光盘刻录机两大类型。根据光盘片类型进一步分成CD只读光驱和CD刻录机,DVD只读光驱和DVD刻录机,BD只读光驱和BD刻录机。

1.5.4 I/O总线与I/O接口

扫一扫可见微课
"I/O总线与I/O接口"

一台计算机不仅仅有CPU、存储器、基本输入输出系统，还需要有将它们连接在一起的各种信号线和接口电路。

一、I/O总线

总线的英文名字是"BUS"，是指计算机各部件之间传输信息的一组公用信号线。连接CPU、存储器和各种I/O模块的总线称为系统总线，主要包括CPU总线、存储器总线和I/O总线。这里我们主要介绍I/O总线。I/O总线也叫主板总线，总线上主要传输三类信号：数据信号、地址信号和控制信号。负责传输这些信号的线路分别叫作数据线、地址线和控制线。

总线最重要的性能指标是总线带宽，指的是单位时间内总线上可传达的数据量。计算公式如下：

总线带宽(MB/s)＝(数据线宽度/8)×总线工作频率(MHz)×每个总线周期的传输次数

二、I/O接口

I/O接口是计算机中用于连接输入/输入设备的各种插头/插座以及相应的通信规程及电器特性。I/O设备有多种不同类型，所以使用的I/O接口也有多种类型，从数据传输方式来分可分为串行接口和并行接口，串行接口一次只能传输一位，而并行接口可同时传输多位；从传输速度来分可分为高速和低速；从是否能连接多个设备来分可分为总线式和独占式，总线式可连接多个设备，被多个设备共享，独占式只能连接一个设备；从是否符合标准来分分为标准接口和专用接口。这里特别介绍USB接口和IEEE－1394接口。

1. USB接口

USB接口是通用串行总线接口，英文全称为Universal Serial Bus(缩写是USB)，是连接计算机系统与外部设备的一种总线式串行接口标准。USB接口具有即插即用和热插拔功能。借助"USB集线器"可以扩展机器连接到127个设备，如鼠标和键盘等。主机还可以通过USB接口向外提供电源(＋5V，100—500 mA)。USB版本经历了多年的发展，由1.1版到2.0版，目前已经发展到3.0版本。

2. IEEE－1394接口

IEEE－1394接口主要用于连接需要高速传输大量数据的音频和视频设备。数据传输速度特别快，一般可达50 MB—100 MB。连接器共有6线，采用级联方式连接外部设备，在一个接口上最多可以连接63个设备。与USB一样，IEEE－1394也支持即插即用和热插拔。

许多先前使用串行接口和并行接口的设备，现在越来越多地改用USB接口；而一些原来使用SCSI接口的设备，也开始改用USB(2.0)或IEEE－1394接口。

1.5.5 输入设备

输入设备是向计算机输入信息的设备，是计算机系统必不可少的重要组成部分。常见的输入设备主要有键盘、鼠标器、笔输入设备、扫描仪和数码相机。

扫一扫可见微课
"输入设备简介"

一、鼠标器

鼠标器简称鼠标，是计算机应用最广的输入设备之一。鼠标用来控制计算机中的定位光标，当鼠标移动的时候，计算机屏幕中的定位光标也相应移动，通过按键进行各种操作。鼠标一般有左右两个按键，称为左键和右键，按下和放开均会以电信号形式传送给主机。左右键之间还有一个滚轮，用来控制屏幕内容进行上下移动。鼠标按其工作原理及其内部结构的不同，分为机械式、光电式和滚轴鼠标。现在主要流行的是光电鼠标器。

光电鼠标是通过红外线或激光检测鼠标器的位移，将位移信号转换为电脉冲信号，通过程序的处理和转换来控制屏幕上的光标箭头的移动的一种硬件设备。光电鼠标内部有一个发光二极管，通过它发出的光线，可以照亮光电鼠标底部表面(这是鼠标底部总会发光的原因)。此后，光电鼠标经底部表面反射回的一部分光线，通过一组光学透镜后，传输到一个光感应器件(微成像器)内成像。这样，当光电鼠标移动时，其移动轨迹便会被记录为一组高速拍摄的连贯图像，被光电鼠标内部的一块专用图像分析芯片(DSP，即数字微处理器)分析处理。该芯片通过对这些图像上特征点位置的变化进行分析来判断鼠标的移动方向和移动距离，从而完成光标的定位。

二、键盘

键盘是最常用也是最主要的输入设备，通过键盘可以将英文字母、数字、标点符号等输入到计算机中，从而向计算机发出命令、输入数据等。

计算机键盘上有一组印有不同标记的按键，这些按键被安装在电路板上。起先台式机普遍采用104键盘，Windows 98之后，由于操作系统增加了新功能，产生了108键的键盘。当用户按下一个按键时，键盘内的控制电路根据该键的位置把该字符信息转化为二进制码，通过键盘接口送入计算机。常使用的接口是PS/2，USB接口。

当前大都使用电容式键盘，按键采用密封组装，键体不可拆卸。

另外还有无线键盘，采用无线接口，通过无线电波将输入的信息传送给主机上安装的专用的接收器。

三、数码相机

数码相机是集光学、机械、电子为一体的产品。它集成了影像信息的转换、存储和传输等部件，采用数字化存取模式，具有可以与电脑交互处理和实时拍摄等特点。光线通过镜头或者镜头组进入相机，通过成像元件转化为数字信号，数字信号通过影像运算芯片储存在存储设备中。数码相机的成像元件是CCD或者CMOS，该成像元件的特点是光线通过时，能根据光线的不同转化为电子信号。

四、扫描仪

扫描仪是一种计算机外部仪器设备，通过捕获图像并将之转换成计算机可以显示、编辑、存储和输出的数字化输入设备。扫描仪是基于光电转换原理设计的。根据结构来分，扫描仪可分为手持式、平板式、胶片专用和滚筒式等。手持式扫描仪扫描头比较窄，只适用于扫描较小的原稿，但是它轻巧方便，便于携带，随着技术不断发展，也有一定的市场。平板式扫描仪是目前办公用主流产品，扫描速度、精度、质量都比较好。胶片专用和滚筒式扫描仪都是高分辨率的专业扫描仪，主要用在专业印刷排版领域。

扫描仪的主要性能指标包括：

① 分辨率。也叫扫描精度,主要是表示扫描仪对图像细节的表现能力,常用 dpi 表示,即每英寸长度上扫描图像所含像素点的个数。一般扫描仪的分辨率为 300—2 400,常见 600—1 200。

② 色彩位数。色彩位数是衡量一台扫描仪质量的重要技术指标,体现彩色扫描仪所能产生的颜色范围,能够反映出扫描图像的色彩逼真度,色彩位数越多,图像表达越真实。色彩位数一般有 24 位、36 位、42 位、48 位等。

③ 扫描幅面。即扫描对象的最大尺寸,主要为 A3 和 A4 两种。

④ 与主机的接口。有 USB 接口或 IEEE - 1394 接口等。

⑤ 其他输入设备和触摸板、指点杆、触摸屏等。

1.5.6 输出设备

扫一扫可见微课
"输出设备简介"

输出设备(Output Device)是计算机硬件系统的终端设备,用于接收计算机数据的输出显示、打印、声音,控制外围设备操作,并把各种计算结果数据或信息以数字、字符、图像、声音等形式表现出来。常见的输出设备有显示器、打印机、绘图仪等。

一、显示器

显示器是计算机必不可少的一种图文输出设备,其作用是将数字信号转换为光信号,使文字与图形在屏幕上显示出来。显示器主要由显示器和显示控制器两部分构成。

计算机显示器根据材料不同,分为 CRT 显示器和液晶显示器。

CRT 显示器是使用阴极射线管的显示器。CRT 显像管使用电子枪发射高速电子,经过垂直和水平的偏转线圈控制高速电子的偏转角度,最后高速电子击打屏幕上的磷光物质使其发光,通过电压来调节电子束的功率,就会在屏幕上形成明暗不同的光点,每一个像素由红、绿、蓝三基色组成,通过三基色亮度的控制,合成各种不同颜色,形成各种图案和文字。

CRT 显示器具有可视角度大、无坏点、色彩还原度高、色度均匀、可调节的多分辨率模式、响应时间极短等优点。不过,由于 CRT 自身体积大,功耗值较大,以及对人体辐射较高的种种缺点,在追求健康生活理念的消费者心中地位日益下降。

液晶显示器的工作原理是在显示器内部有很多液晶粒子有规律地排列成一定的形状,并且它们每一面的颜色都不同,分为:红色、绿色、蓝色。三原色能还原成任意的其他颜色,当显示器收到电脑的显示数据的时候,会控制每个液晶粒子转动到不同颜色的面,来组合成不同的颜色和图像。

与 CRT 相比,液晶显示器工作电压低,没有辐射危害,功耗小,不闪烁。

显示器的主要性能指标如下:

① 显示屏的尺寸:指的是显示器对角线的尺寸。常见的显示器有 15、17、19、22 英寸等。

② 显示器的分辨率:是指显示器屏幕所固有的像素的行数和列数。例如,1024×1280,1600×1200 等。分辨率越高,清晰度越好。

③ 刷新频率:即显示器的场频,或者说是显示的图像每秒更新的次数。刷新率越高,图像的闪动性就越小,稳定性就越好。

④ 显示色彩数目:显示的色彩数目越高,对色彩的分辨力和表现力就越强。这是由显

示器内部的彩色数字信号的位数决定的。比如说显示器内部的彩色信号的位数为 R(8 位)、G(8 位)和 B(8 位),则显示的色彩数目为$2^8 \times 2^8 \times 2^8 = 2^{24} \approx 1680$ 万。

⑤ 辐射和环保:主要有多种认证,如“能源之星”节能标准的显示器可有效节约电力。通过 MPRII 和 TCO 认证的显示器能防止发生信息泄露并确保人身安全。

显示控制器也称为显卡,主要由显示控制电路、显示存储器、绘图处理器和接口电路组成。显卡一般插在主板上的 PCI 插槽或者 AGP 总线扩展槽上。现在显卡已经越来越多地集成在芯片组中,不再需要独立的显卡。

二、打印机

打印机是计算机的输出设备之一,用于将计算机处理结果打印在相关介质上,按照工作方式分为针式打印机、喷墨式打印机、激光打印机等。针式打印机通过打印机和纸张的物理接触来打印字符图形,而后两种是通过喷射墨粉来印刷字符图形的。

1. 针式打印机

针式打印机是通过打印头中的针击打复写纸,从而形成字体,在使用中,用户可以根据需求来选择多联纸张,多层套打,在银行、超市等用于票单打印的地方应用广泛。

针式打印机在打印机历史的很长一段时间曾经占据着重要的地位,从 9 针到 24 针,可以说针式打印机的历史贯穿着这几十年的始终。

2. 激光打印机

激光打印机是将激光扫描技术和复印技术相结合的打印输出设备。其基本工作原理是由计算机传来的二进制数据信息,通过视频控制器转换成视频信号,再由视频接口/控制系统把视频信号转换为激光驱动信号,然后由激光扫描系统产生载有字符信息的激光束,最后由电子照相系统使激光束成像并转印到纸上。较其他打印设备,激光打印机有打印速度快、成像质量高等优点,但使用成本相对高昂。

3. 喷墨打印机

喷墨打印机是在针式打印机之后发展起来的,采用非打击的工作方式。比较突出的优点有体积小、操作简单方便、打印噪音低、使用专用纸张时可以打出和照片相媲美的图片等等。

在技术上,喷墨打印机分为压电喷墨技术和热喷墨技术两类,其中最关键的技术是喷头。喷墨打印机基本的工作原理都是先产生小墨滴,再利用喷头把细小的墨滴导引至设定的位置上,墨滴越小,打印的图片就越清晰。

4. 打印机的主要性能指标

① 打印精度:每英寸可打印的点数,例如,180 dpi。

② 打印速度:针式打印机是用每秒打印的字符数目表示。其他两种用每分钟打印页数表示。

③ 色彩数目:是指打印机可打印的不同颜色的总数。

④ 其他:包括打印成本、噪音、打印幅面大小、可打印字体的数目及种类、功耗及节能功能、与主机的接口等。

1.5.7 PC 机的组装

小王熟悉了计算机各配件的相关理论知识和性能后,在老师的指导下进行了选购,配置了装机的必备工具,选择一个面积足够大的工作台着手组装 PC 机。

一、安装 CPU 和 CPU 风扇(如图 1－6 和图 1－7)

CPU 是计算机的核心部件,组装计算机时,通常也是第一个进行安装的部件。与此同时,CPU 的散热非常重要,需要配套安装 CPU 的风扇。

图 1－6　安装 CPU

图 1－7　安装 CPU 风扇

二、安装内存条(如图 1－8)

主板上一般配有两到四个内存条插槽,如果只有一根内存条,自行选择一条插槽,如果有两根内存条需要插入,要选择相同颜色的插槽,可以打开双通道功能,提高系统性能。

图 1－8　安装内存条

三、安装主板(如图 1－9)

安装主板时将主板固定在机箱内,需要将机箱背面的 I/O 接口区域的挡板先拆卸下来,更换为和主板配套的接口挡板。

图 1-9　安装主板

四、安装电源(如图 1-10)

电源是计算机稳定的磐石,不可小瞧。

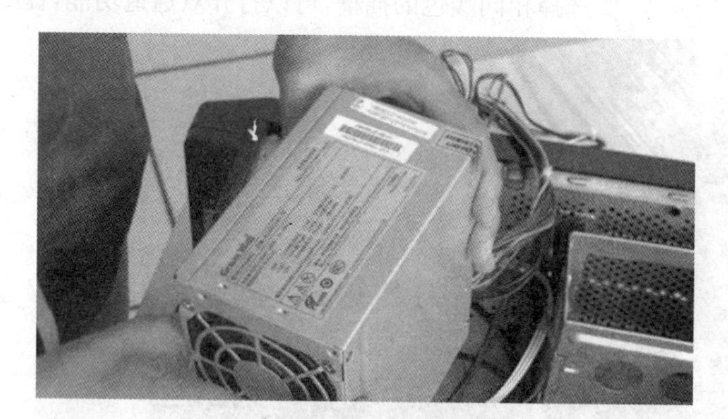

图 1-10　安装电源

五、安装硬盘、光驱(如图 1-11)

图 1-11　安装硬盘、光驱

六、安装独立显卡(如图1－12)

有独立显卡时,需要进行显卡的安装。

图1－12 安装独立显卡

七、安装机箱内部的连接线(如图1－13)

仔细阅读主板说明书,找到PC喇叭信号线、机箱电源指示灯信号线、主机启动信号线、前置USB接口线等位置。

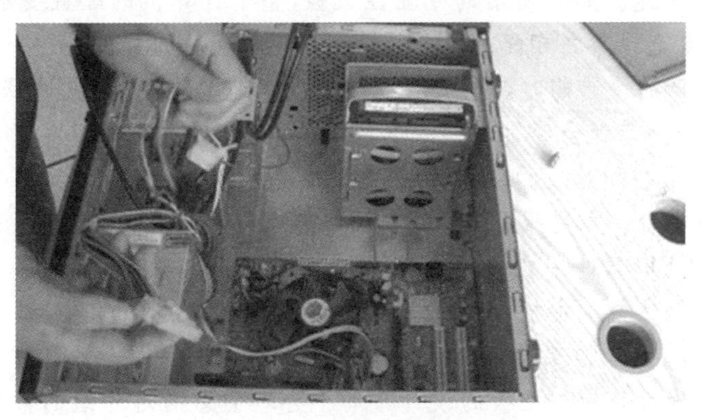

图1－13 安装机箱内部的连接线

八、检查测试

① 按上述步骤安装完之后,一台计算机就组装完成了,首先要进行逐一检查,确保各个硬件安装到位,连接线连接正确。

② 接通电源,开机进行测试,加电后,计算机会进行加电自检,如果听到"滴"的一声,说明计算机硬件启动正常。

③ 如果计算机启动后没有任何反应,说明在组装中有错误,需要断掉电源,进行检查。

经过上述安装步骤,小王完成了计算机的组装,开始利用计算机进行学习工作了。

知识拓展

一、计算机配件选购指南

1. CPU的选购指南

选购CPU时一定要根据计算机的用途进行选购，若配置的计算机只是用于学习、处理文档和上网等活动，CPU的性能可以低一些，但如果是用来做平面设计、CAD制图和3D建模设计，则要考虑处理器性能较强的CPU。

市场假冒伪劣商品横行，购买时注意辨别真伪，可利用外包装、防伪标签、检查序列号、软件测试法来进行辨别。

另外也需要注意CPU附件的选购，CPU散热器和CPU散热胶。这些附件可以提高CPU性能，并起到为CPU散热的作用。

2. 主板的选购指南

目前市场上主板的种类繁多，功能各不相同，质量也参差不齐，价格也相差不少。在购买时，应充分考虑主板对CPU、内存、硬盘、显卡等设备的支持，以及主板的兼容性和升级扩展等问题，另外还要注意主板芯片型号和生产厂家。一般来说，要考虑以下几个方面：

(1) 明确使用用途。如果使用的专业性很强，整个计算机的配置要求高，CPU规格要求也比较高，则就要选择与之相配的各方面性能都比较优越的主板。

(2) 认准主流产品。选购时，应先考虑品牌主板，比如微星、华硕、技嘉和精英等。有实力的主板厂商，各个环节都会经过严格的技术把关，其售后服务也相对完善，可以保证购买的主板得到更好的维护和升级。

(3) 确认适用平台。主要跟CPU的厂商要保持一致。Intel CPU只能用在Intel平台的主板上。AMD CPU只能用在AMD平台的主板上。

(4) 注意芯片组参数。主板上的芯片组决定了主板的主要参数，如所支持的CPU类型、内存容量和类型、接口和工作的稳定性等，选购时要特别注意。

(5) 观察主板设计布局。主板的设计布局不合理会影响芯片组的散热性能，进而影响整台计算机的性能发挥。

3. 内存的选购指南

内存是计算机的主要部件之一，内存的好坏会直接影响到计算机的运行速度，选择内存一定要慎重。一要看品牌，认准防伪商标。二是看需求。了解市场的主要内存品牌、特性、防伪及售后服务知识后，用户则需要根据自己的需求选择合适类型的内存。玩游戏的计算机则要求内存运行速度快、超频能力强，可以考虑中、高端的内存品牌；如果用于办公和家庭娱乐，则要求计算机的运行稳定，那么就要使用兼容性好、稳定性好的内存品牌。三是看质量。用户在选购时可以通过眼睛粗略判断内存的质量，可以查看PCB、线路设计、做工、内存颗粒和金手指。PCB的层数越多，电子线路的布线空间越大，能够优化线路、减少电磁干扰和不稳定因素的影响，提高稳定性。另外PCB的导电层越厚，越光滑，内存的性能就越好。好的内存线路设计中，会使用大面积覆铜工艺，采用大于135°的转角和大量蛇形直线设计，线路间距均匀，保证产品有良好的导电性能和抗干扰能力。好的内存做工精细，元件型号统一,板上电阻、电容元件越多越好,整体布局规则,线路清晰明了,各元件排列整齐、有序,焊点饱满、牢固、有光泽。正品内存颗粒大多采用正规厂的品牌颗粒,内存颗粒的型号清晰可见。好的内存金手指颜色均匀,特殊涂层较厚,能够提供优良的接触性、耐磨性和抗氧化性。四是看指标。内存的性能指标很多,主要注意容量和带宽。容量一般来说越大越好,内存的带宽要高于CPU的带宽,避免出现性能瓶颈。

4. 外围设备:输入设备和输出设备

随着图形化操作界面的普及,鼠标作为标准化输入设备,是电脑中必不可少、经常使用的设备,好的鼠标易于操作、移动灵敏、定位准确,能有效地提高工作效率。选购时,从以下几个方面考虑。一是品牌。雷柏、雷蛇、双飞燕、惠普、联想等。二是用途。游戏玩家则选用反应速度快,定位准确的游戏鼠标。长时间使用鼠标的人除性能外还要考虑人体工程学设计上的舒适度。三是鼠标质量。重点考虑CPI及扫描频率、定位精确度、反应速度及外形舒适度。四是质保。

键盘选购主要从键盘功能、手感、生产工艺和质量、设计布局以及品牌几个方面来考虑。

5. 硬盘的选购指南

硬件在计算机中是非常重要的存储设备,计算机中所有的应用程序和数据都存储在此硬件内,一旦硬件损坏,用户的损失是无法估量的,因此,在选购时要从各方面考虑。首先要考虑接口。通常使用的是IDE和SATA接口。目前Serial ATA已经成为硬盘的主流接口。其次是容量。容量越大越好。单碟容量也是,尽量购买单碟容量大的硬盘,性能比单碟容量小的硬盘好。另外还要选择速度快、稳定性好、缓存容量大以及有质保的硬盘。

二、装机的准备工作及装机的注意事项

1. 装机的准备工作

组装计算机是一项细致而严谨的工作,在计算机组装之前不仅要了解各个硬件的特点,还需要做好充足的准备工作。

现在市场上已经出现了免工具拆装的机箱,组装拆解非常方便。但是在本课程中我们还是以常用的普通PC为实践对象,所以还是需要准备一些必备的装机工具。

一般常用的工具有:螺丝刀、镊子、毛刷、万用表、尖嘴钳、防静电手套等(如图1-14)。

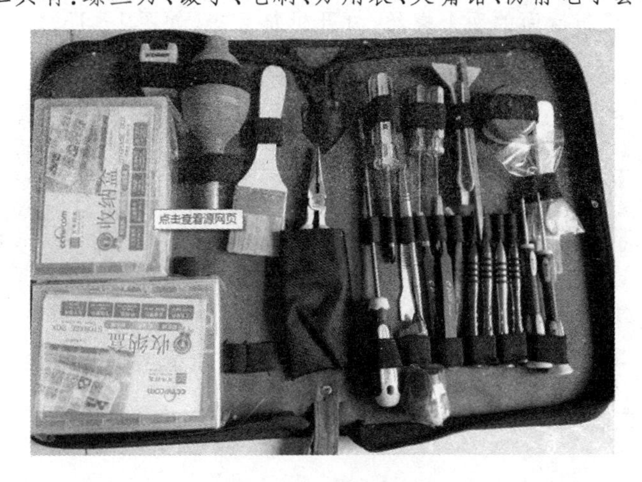

图1-14 装机工具

除了以上这些工具之外，还需要清点各个硬件，准备好一个多功能的电源插座，质量要上乘。准备好一个小器皿，用来盛放安装时一些小的螺丝或一些小零件，以防丢失。

计算机组装还需要一个工作台，工作台面积要足够大，并且高度适中，放在干净整洁的室内。

2. 装机注意事项

组装计算机是一项比较细致的工作，任何不当或者错误的操作都可能导致组装后的计算机无法正常工作，严重的还有可能损坏硬件，因此，在组装之前要了解一下组装计算机的注意事项。

① 防止静电。装机前要用手触摸地板，或者洗手来释放身上携带的静电。

② 防止液体进入。在装机时严禁将液体带入到操作平台上。

③ 安装之前先清点各个硬件，确认需要的部件不缺少，未安装使用的元器件需要放在防静电包装内。

④ 注意轻拿轻放，妥善保管各个硬件，正确地组装，避免损坏元器件。

⑤ 组装时，建议先只装必要的设备，如主板、CPU、内存、硬盘等，待确认必要设备没有问题之后再安装其他设备。

⑥ 装机时不要连接电源线，一旦通电后不要触碰机箱内的部件。

⑦ 组装计算机时需要先制定一个安装流程，明确每一步的工作。

三、计算机的拆解

对于台式计算机，当计算机不能正常运行时，某些硬件出现问题时，往往要打开主机进行检查，必要时还需要进行硬件的拆装。这里就给出计算机拆解的注意事项和计算机拆解的步骤，一旦遇到问题可以自行尝试解决。

1. 拆解的注意事项

① 要进行计算机拆解之前，先要正常关机，并断电，一定不能进行带电拆装。

② 拆解过程中，拆下来的小零件一定要妥善放置。

③ 拆解下来的硬件，要轻拿轻放，不要人为造成损坏。

2. 拆解步骤

(1) 外部设备及机箱拆解。断开与计算机主机背面接口相连的外部设备，比如键盘、鼠标、显示器等。拧开机箱后面的两个螺丝，打开机箱后盖(如图 1－15)。

图 1－15　断开外部设备及打开机箱后盖

(2) 内存和硬盘的拆解。轻轻用力掰开内存条两端的卡栓，两端稍用力拔出内存条(如图 1－16)。

图1-16 拔出内存条

顺着接口所在方向轻轻用力，分别拔掉硬盘的电源连接线和数据连接线，再顺着卡槽取出硬盘（拧开硬盘两侧的四个螺丝）即可（如图1-17）。

图1-17 取出硬盘

(3) CPU的拆解。打开CPU风扇的固定的卡栓（如图1-18），取出CPU风扇，打开CPU边上的卡栓，使其成直角，再拧开CPU四周的螺丝，即可取出CPU（如图1-19）。

图1-18 打开风扇固定卡栓

图 1-19　取出 CPU

(4) 主板和电源的拆解。找到电源四周的固定螺丝，一一拧开，再打开中间的主板卡，轻轻取出主板即可(如图 1-20)。

图 1-20　取出主板

拧开主机背面及主机内的电源固定螺丝，连同电源线一起取出(如图 1-21)。

图 1-21　取出电源

课后练习

一、选择题

1. 扩展人们眼、耳、鼻等感觉器官功能的信息技术中，一般不包括________。

A. 感测技术　　B. 识别技术　　C. 获取技术　　D. 存储技术

2. 日常所说的"IT 行业"一词中，"IT"的确切含义是________。

A. 交互技术　　B. 信息技术　　C. 制造技术　　D. 控制技术

3. 下列说法中，比较合适的是："信息是一种________。"

A. 物质　　B. 能量　　C. 资源　　D. 知识

4. 下列有关信息技术和信息产业的叙述中，错误的是________。

A. 信息技术与传统产业相结合，对传统产业进行改造，极大提高了传统产业的劳动生产率

B. 信息产业专指生产制造信息设备的行业与部门，不包括信息服务业

C. 信息产业已经成为世界范围内的朝阳产业和新的经济增长点

D. 我国现在已经成为世界信息产业的大国

5. 在计算机中，8 位无符号二进制整数可表示的十进制数最大的是________。

A. 128　　B. 255　　C. 127　　D. 256

6. 二进制数 01 与 01 进行算术加和逻辑加运算，其结果用二进制形式分别表示为________。

A. 01、10　　B. 01、01　　C. 10、01　　D. 10、10

7. 某计算机硬盘容量是 100 GB，则它相当于________ MB。

A. 102 400　　B. 204 800　　C. 100 000　　D. 200 000

8. 下列不同进制的四个数中，数值最小的是________。

A. 二进制数 1100010　　B. 十进制数 65

C. 八进制数 77　　D. 十六进制数 45

9. 当前计算机中 CPU 采用的超大规模集成电路，其英文缩写名为________。

A. SSI　　B. VLSI　　C. LSI　　D. MSI

10. CPU 中用来对数据进行各种算术运算和逻辑运算的部件是________。

A. 总线　　B. 运算器　　C. 寄存器组　　D. 控制器

11. PC 机使用的芯片组大多由两块芯片组成，它们的功能主要是提供________和 I/O 控制。

A. 寄存数据　　B. 存储控制

C. 运算处理　　D. 高速缓冲

12. PC 机主板上所能安装的主存储器最大容量及可使用的内存条类型，主要取决于________。

A. CPU 主频　　B. 北桥芯片　　C. I/O 总线　　D. 南桥芯片

13. U 盘和存储卡都是采用________芯片做成的。

A. DRAM　　B. 闪烁存储器　　C. SRAM　　D. Cache

14. 根据"存储程序控制"的原理,计算机硬件如何动作最终是由________决定的。

A. CPU所执行的指令　　B. 算法

C. 用户　　D. 存储器

15. 光盘片根据其制造材料和信息读写特性的不同,一般可分为________。

A. CD、VCD

B. CD、VCD、DVD、MP3

C. 只读光盘、可一次性写入光盘、可擦写光盘

D. 数据盘、音频信息盘、视频信息盘

16. 几年前PC机许多显卡使用AGP接口,但目前越来越多的显卡开始采用性能更好的________接口。

A. PCI-Ex16　　B. PCI　　C. PCI-Ex1　　D. USB

17. 下列关于VCD和DVD的叙述,正确的是________。

A. DVD与VCD相比,压缩比高,因此,画面质量不如VCD

B. CD是小型光盘的英文缩写,最早应用于数字音响领域,代表产品是DVD

C. DVD影碟采用MPEG-2视频压缩标准

D. VCD采用模拟技术存储视频信息,而DVD则采用数字技术存储视频信息

18. 下列关于台式PC机主板的叙述,正确的是________。

A. PC主板的尺寸可按需确定,并无一定的规格

B. 主板上安装有存储器芯片,例如ROM芯片、CMOS芯片等

C. CPU是直接固定在主板上的,不可更换

D. 主板上安装有电池,在计算机断开交流电后,临时给计算机供电,供计算机继续工作

19. 下列选项中,不属于硬盘存储器主要技术指标的是________。

A. 数据传输速率　　B. 盘片厚度

C. 缓冲存储器大小　　D. 平均存取时间

20. 下面关于喷墨打印机特点的叙述中,错误的是________。

A. 能输出彩色图像,打印效果好　　B. 打印时噪音不大

C. 需要时可以多层套打　　D. 墨水成本高,消耗快

21. 下面关于硬盘使用注意事项的叙述中,错误的是________。

A. 硬盘正在读写操作时不能关掉电源

B. 及时对硬盘中的数据进行整理

C. 高温下使用硬盘,对其寿命没有任何影响

D. 工作时防止硬盘受震动

22. 移动存储器有多种,目前已经不常使用的是________。

A. U盘　　B. 存储卡

C. 移动硬盘　　D. 磁带

23. 与CRT显示器相比,LCD显示器有若干优点,但不包括________。

A. 工作电压低、功耗小　　B. 较少辐射危害

C. 不闪烁、体积轻薄　　D. 成本较低、不需要使用显示卡

24. 下列光盘存储器中,可对盘片上写入的信息进行改写的是________。
A. CD-RW　　　　　　B. CD-R
C. CD-ROM　　　　　D. DVD-ROM
25. 银行使用计算机和网络实现个人存款业务的通存通兑,这属于计算机在________方面的应用。
A. 辅助设计　　B. 科学计算　　C. 数据处理　　D. 自动控制
26. 与激光、喷墨打印机相比,针式打印机最突出的优点是________。
A. 打印速度快　　　　B. 打印噪音低
C. 能多层套打　　　　D. 打印分辨率高
27. 从逻辑功能上讲,计算机硬件系统中最核心的部件是________。
A. 内存储器　　　　B. 中央处理器
C. 外存储器　　　　D. I/O 设备
28. 若台式 PC 机需要插接一块无线网卡,则网卡应插入到 PC 机主板上的________内。
A. 内存插槽　　　　B. PCI 或 PCI-E 总线扩展槽
C. SATA 插口　　　D. IDE 插槽
29. 下列关于打印机的叙述中,正确的是________。
A. 打印机的工作原理大体相同,但生产厂家和生产工艺不一样,因而有多种打印机类型
B. 所有打印机的打印质量相差不多,但价格相差较大
C. 所有打印机都使用 A4 规格的打印纸
D. 使用打印机都要安装打印驱动程序,一般由操作系统自带,或由打印机厂商提供
30. 下面关于 PC 机内存条的叙述中,错误的是________。
A. 内存条上面安装有若干 DRAM 芯片
B. 内存条是插在 PC 主板上的
C. 内存条两面均有引脚
D. 内存条上下两端均有引脚
31. 下面列出的四种半导体存储器中,属于非易失性存储器的是________。
A. SRAM　　B. DRAM　　C. Cache　　D. Flash ROM
32. 计算机有很多分类方法,按其字长和内部逻辑结构目前可分为________。
A. 服务器/工作站　　　　B. 16 位/32 位/64 位计算机
C. 小型机/大型机/巨型机　D. 专用机/通用机
33. 下面关于硬盘存储器信息存储原理的叙述中,错误的是________。
A. 盘片表面的磁性材料粒子有两种不同的磁化方向,分别用来记录"0"和"1"
B. 盘片表面划分为许多同心圆,每个圆称为一个磁道,盘面上一般都有几千个磁道
C. 每条磁道还要分成几千个扇区,每个扇区的存储容量一般为 512 字节
D. 与 CD 光盘片一样,每个磁盘片只有一面用于存储信息
34. 运行 Word 时,键盘上用于把光标移动到行首位置的键位是________。
A. End　　B. Home　　C. Ctrl　　D. NumLock

35. Moore定律认为，单块集成电路的________平均每18—24个月翻一番。

A. 芯片尺寸　　B. 线宽　　C. 工作速度　　D. 集成度

36. PC机主板上所能安装的主存储器最大容量及可使用的内存条类型，主要取决于________。

A. CPU主频　　B. 北桥芯片　　C. I/O总线　　D. 南桥芯片

37. PC机主板上芯片组通常由北桥和南桥两个芯片组成，下面叙述中错误的是________。

A. 芯片组与CPU的类型必须相配

B. 芯片组规定了主板可安装的内存条的类型、内存的最大容量等

C. 芯片组提供了存储器的控制功能

D. 所有外部设备的控制功能都集成在芯片组中

38. 打印机的打印分辨率一般用dpi作为单位，dpi的含义是________。

A. 每厘米可打印的点数　　B. 每平方厘米可打印的点数

C. 每英寸可打印的点数　　D. 每平方英寸可打印的点数

39. 各种不同类型的扫描仪都是基于________原理设计的。

A. 模数转换　　B. 数模转换

C. 光电转换　　D. 机电转换

40. 关于PC机主板上的CMOS芯片，下面说法中，正确的是________。

A. CMOS芯片用于存储计算机系统的配置参数，它是只读存储器

B. CMOS芯片用于存储加电自检程序

C. CMOS芯片用于存储BIOS，是易失性的

D. CMOS芯片需要一个电池给它供电，否则其中的数据在主机断电时会丢失

二、判断题

1. CMOS芯片是一种易失性存储器，必须使用电池供电，才能在计算机关机后保证它所存储的信息不丢失。

2. BIOS的作用之一是在PC机加电时诊断计算机故障及启动计算机工作。

3. 扫描仪的主要性能指标有分辨率、色彩位数等，其中色彩位数越多，扫描仪所能反映的色彩就越丰富，扫描的图像效果也越真实。

4. 用数码相机拍摄的照片以数字图像文件形式存储在相机内部的RAM存储芯片中。

5. Photoshop、ACDSee32和Frontpage都是图像处理软件。

6. USB接口使用4线连接器，虽然插头比较小，插拔方便，但必须在关机情况下方能插拔。

7. 在PCI总线的基础上，近些年来，PC机开始流行使用一种基于串行传输原理的性能更好的高速PCI-E总线。

8. 在计算机中，4GB容量的U盘与4GB容量的内存相比，内存容量略微大一些。

9. 在数字计算机CPU中，1个触发器有2种不同的状态，所以可用来存储2个比特。

10. 总线的重要指标之一是带宽，它指的是总线中数据线的宽度，用二进制位数来表示（如16位，32位总线）。

三、填空题

1. 指令是一种用二进制代码表示的命令语言，多数指令由两部分组成，即________与操作数。

2. 独立显卡中有一个专用处理器，称为________，它执行一组适合图像和图形处理的专用指令，既减轻了 CPU 的负担，又加快了处理速度。

3. CPU 唯一“认识”的“语言”是________，任何程序的运行最终都是由 CPU 一条一条地执行它来完成的。

4. 笔记本电脑中，用来替代鼠标器的最常用设备是________。

5. 计算机系统中所有实际物理装置的总称是计算机________件。

6. 前些年计算机使用的液晶显示器大都采用荧光灯管作为其背光源，这几年开始流行使用________背光源，它的显示效果更好，也更省电。

7. 显示器屏幕上显示的所有像素的颜色其二进制值都必须事先存储在显示存储器中，显示存储器大多包含在________中。

8. 一台计算机内往往有多个微处理器，它们有其不同的任务，其中承担系统软件和应用软件运行任务的处理器称为“________”，它是任何一台计算机必不可少的核心组成部分。

9. 在键盘输入、联机手写输入、语音识别输入、印刷体汉字识别输入方法中，易学易用，适合用户在移动设备(如手机等)上使用的是________输入。

10. 用于在 CPU、内存、外存和各种输入输出设备之间传输信息并协调它们工作的部件称为________，它含传输线和控制电路。

单元 2

软件与 Windows 7 操作系统

大家都知道，一个完整的计算机系统是由硬件系统和软件系统组成的，两者缺一不可。通过本单元的学习，我们能对计算机软件的概念、分类及特点、常用程序设计语言的相关知识有一个初步的认识，全面掌握操作系统的功能和管理以及 Windows 7 操作系统，从而可以进一步地提高自己的操作技能。

任务 2.1 初识计算机软件

任务描述

计算机系统由两个最基本的部分组成，即计算机硬件系统和计算机软件系统。通过学习，我们已经知道计算机硬件系统是各种物理部件的有机组合，是系统赖以工作的实体。那么，计算机软件的作用是什么？它能帮助我们做些什么呢？

任务实现

2.1.1 计算机软件概述

国际标准化组织 ISO 对软件的定义指出，软件是包含与数据处理系统操作有关的程序、规程、规则以及相关文档的智力创作。

扫一扫可见微课
"初识计算机软件"

软件往往指的是设计比较成熟、功能比较完善、具有某种使用价值且有一定规模的程序。软件既包含程序，也包含与程序相关的数据和文档，程序是软件的主体，数据指的是程序运行过程中处理的对象和必须使用的一些参数（如三角函数表、英汉词典等），文档指的是与程序开发、维护及操作有关的一些资料（如设计报告、维护手册和使用指南等）。

2.1.2 计算机软件的特性

由于计算机软件是一种智力创作，因而有如下一些特性：

① 不可见性（软件是原理、规则、方法的体现，相对硬件的有形、有色，看得见、摸得着，软件不能被人们直接观察和触摸，欣赏和评价）；

② 适用性（可以适应一类应用问题的需要）；

③ 依附性（依附于特定的硬件、网络和其他软件）；

④ 复杂性（规模越来越大，开发人员越来越多，开发成本也越来越高）；

⑤ 无磨损性（功能和性能一般不会发生变化）；

⑥ 易复制性（软件是以二进位表示，以电、磁、光等形式存储和传输的，因而软件可以非常容易且毫无失真地进行复制）；

⑦ 不断演变性（软件的生命周期，例如，微软公司 1989 年推出 Word 1.0，1997 年推出 Word 97，2000 年推出 Office 2000，2003 年推出 Office 2003，2007 年推出 Office 2007，2010 年推出 Office 2010，2012 年推出 Office 2013）；

⑧ 有限责任（有限保证）；

⑨ 脆弱性（黑客攻击、病毒入侵、信息盗用……）。

2.1.3 计算机软件的分类

扫一扫可见微课
"初识计算机软件"

按照不同的原则和标准，可以将软件划分为不同的类别。

一、从应用角度通常把软件大致划分为系统软件和应用软件两大类

1. 系统软件

系统软件是负责管理计算机系统中各种独立的硬件，使得它们可以协调工作。系统软件使得计算机使用者和其他软件将计算机当作一个整体而不需要顾及底层每个硬件是如何工作的。一般来讲，系统软件包括操作系统（如 Windows）和一系列基本的工具（比如编译器、数据库管理、存储器格式化、文件系统管理、用户身份验证、驱动管理、网络连接等方面的工具）。

系统软件的主要特征是：它与计算机硬件有很强的交互性，能对硬件资源进行统一的控制、调度和管理；系统软件具有基础性和支撑作用，它是应用软件的运行平台。在当今计算机系统中，系统软件必不可少，通常在购买计算机时，计算机供应商会提供给用户一些最基本的常用的系统软件，否则无法工作。

关于操作系统的详细介绍见下一章节。

2. 应用软件

应用软件泛指那些专门用于解决各种具体应用问题的软件。由于计算机的通用性和应用的广泛性，应用软件比系统软件更丰富多样、五花八门。按照应用软件的开发方式和适用范围，可以将应用软件再分成通用应用软件和定制应用软件两大类。

（1）通用应用软件。近几十年来，计算机在各个领域得到广泛普及，特别是人们利用各种各样的应用软件进行书写、阅读、通信、娱乐、查找信息等，极大地方便了人们，节约了时间，提高了效率。这些几乎人人都需要使用的软件统称为通用应用软件。

通用应用软件根据应用途径不同，可以分成若干类。例如，文字处理软件、信息检索软件、游戏软件、媒体播放软件、网络通信软件、办公软件、信息管理软件等。表2-1中列举了常用的通用应用软件及其功能和典型软件示例。这些软件设计精巧、易学易用，被广大用户所熟悉，几乎不经过培训就能使用，大大加速了计算机的普及进程。

表2-1 通用应用软件的主要类别和功能

类别	功能	典型软件举例
办公软件	文字处理、报表制作、邮件管理、内容演示等日常办公使用的软件	Microsoft Office（Word、Excel、PowerPoint、Outlook等）、WPS Office
图形图像处理软件	图像处理、各种图形绘制、动画制作等	AutoCAD、Photoshop、CorelDraw、Flash、MAYA、3DS MAX
媒体播放软件	各种数字音频、视频播放	千千静听、Foobar2000、Winamp 、Media Player、暴风影音、WMP
网络通信软件	进行文字、语音、视频通信	MSN、QQ、Skype
信息检索软件	在因特网上查找需要的信息	Google、百度
信息管理软件	记事本、日程安排、通信录	Outlook、Lotus Notes
下载管理软件	从因特网或其他计算机中拷贝资源	迅雷、电驴
网页浏览软件	浏览网页信息	IE、Firefox、Google、Safari、Opera
信息安全软件	清除病毒、木马，保护系统安全	卡巴斯基、诺顿、360安全卫士
游戏软件	游戏娱乐	纸牌、棋类

(2) 定制应用软件。通用应用软件主要满足人们日常生活、工作中的需求，但是面对各个生产领域、各个不同类型用户，我们需要专门设计符合他们特定应用目的的软件，我们称之为定制应用软件。这些软件具有很强的针对性、专用性，设计和开发成本较高，一般只是在某个行业、某些特定用户，甚至是某个机构中使用，通常需要花费较大的价格购买使用。例如，制造业的生产管理系统、高校的教务管理系统、医院的门诊管理系统、酒店的客房管理系统等。很明显，这些软件具有非常强的行业特色、用户特色，满足的是特定用户的特定任务需求。

不管是通用应用软件还是定制应用软件，它们都具备了以下共同特征：

- 与其他工具或人相比，它们能更高效、方便地完成任务。
- 它们能完成其他工具或人难以完成的任务，扩展了人的能力。

需要说明的是，由于应用软件是在系统软件的基础上运行的，它不能独立在硬件系统上运行，而系统软件多种多样，如果开发的应用软件需要在多平台上运行，那在每个平台上开发一个该应用软件的版本显然会导致成本大大增加。目前，有一种叫"中间件"的技术，它作为应用软件与各种系统软件之间的桥梁，使应用软件的开发可以独立于系统软件之外，实现应用软件跨平台的运行。

二、从软件权益如何处置可以分为商业软件、共享软件、免费软件、自由软件

1. 商业软件(Commercial Software)

商业软件是在计算机软件中指被作为商品进行交易的软件，用户需要购买才能得到其使用权。它不仅受版权保护，通常还受软件许可证的保护。软件许可证是一种法律合同，它

确定了用户对软件的使用方式，扩大了版权法给予用户的权利。例如，版权法规定将一个软件复制到其他计算机中使用是非法的，但是软件许可证允许用户购买的软件可以同时安装在本单位的若干台计算机上使用，或者允许若干个用户共同使用。

2. 共享软件(Shareware)

共享软件是一种“买前免费试用”的具有版权的软件。它通常允许用户免费得到该软件，并给予用户部分或全部的软件功能，让用户试用一段时间。但过了试用期后，用户如果想继续使用，必须交纳一定的费用获得该软件的运行许可。这是一种节约市场营销成本的软件销售策略。

3. 免费软件(Freeware)

免费软件指用户可以自由而且免费地使用该软件，也可以拷贝给别人，而且不必支付任何费用给软件的作者，使用上也不会出现任何日期的限制或是软件使用上的限制。不过拷贝给别人的时候，不得收取任何费用或转为其他商业用途。在未经软件作者的同意下，更是不能擅自修改该软件的程序代码，否则视同侵权。

4. 自由软件(Free Software)

根据自由软件基金会的定义，自由软件是一种可以不受限制地自由使用、复制、研究、修改和分发的软件。这方面的不受限制正是自由软件最重要的本质。要将软件以自由软件的形式发表，通常是让软件以“自由软件授权协议”的方式被分配发布，公开软件原始码。自由软件是信息社会下以开放创新、共同创新为特点的创新 2.0 模式在软件开发与应用领域的典型体现。

任务 2.2　认识程序设计语言和算法

任务描述

人们日常使用的自然语言用于人与人的通信，由于计算机只能识别二进制代码，与自然语言有很大的不同，而程序设计语言正是架起了人与计算机之间通信的桥梁。使用计算机解决某个问题，首先必须针对该问题设计一个解题步骤，然后再据此编写程序并交给计算机执行。这里所说的解题步骤就是“算法”。通过本任务的学习，大家能对程序设计语言和算法的相关知识有一个初步的认识。

任务实现

扫一扫可见微课
“认识算法与程序设计语言”

2.2.1　程序设计语言的分类

按语言级别，有低级语言和高级语言之分。低级语言包括机器语言和汇编语言。它的特点是与特定的机器有关,效率高,但使用复杂、繁琐、费时、易出差错。高级语言要比低级语言更接近于待解问题,其特点是在一定程度上与具体机器无关,易学、易用、易维护。

一、机器语言

机器语言就是计算机的指令系统。机器语言是用二进制(八进制、十六进制)代码表示的计算机能直接识别和执行的一种机器指令的集合。它是计算机的设计者通过计算机的硬件结构赋予计算机的操作功能。机器语言具有灵活、直接执行和速度快等特点。不同型号的计算机其机器语言是不相通的,按着一种计算机的机器指令编制的程序,不能在另一种计算机上执行。

用机器语言编写程序,编程人员要首先熟记所用计算机的全部指令代码和代码的含义。编写程序时,程序员需要自己处理每条指令和每一数据的存储分配和输入输出,还得记住编程过程中每步所使用的工作单元处在何种状态。这是一件十分繁琐的工作,编写程序花费的时间往往是实际运行时间的几十倍或几百倍,而且,编出的程序都是 0 和 1 的指令代码,直观性差,还容易出错。现在,除了计算机生产厂家的专业人员外,绝大多数的程序员已经不再去学习机器语言了。

二、汇编语言

汇编语言(Assembly Language)是面向机器的程序设计语言。在汇编语言中,用助记符(Memoni)代替操作码,用地址符号(Symbol)或标号(Label)代替地址码。这样用符号代替机器语言的二进制码,就把机器语言变成了汇编语言,所以汇编语言亦称为符号语言。使用汇编语言编写的程序,机器不能直接识别,要由一种程序将汇编语言翻译成机器语言,这种起翻译作用的程序叫汇编程序,汇编程序是系统软件中的语言处理系统软件。汇编程序把汇编语言翻译成机器语言的过程称为汇编。

比如用 ADD 表示加法,SUB 表示减法,MOV 表示传送数据等。用汇编语言编写的程序(如图 2-1(b)所示)与机器语言程序(如图 2-1(a)所示)相比,虽然可以提高一点效率,但是仍然不够直观便捷。

汇编语言不像其他大多数的程序设计语言一样被广泛用于程序设计,在今天的实际应用中,它通常被应用在底层硬件操作和高要求的程序优化的场合。驱动程序、嵌入式操作系统和实时运行程序都需要汇编语言。

```
B8 7F01
BB 21 02
03 D8
B8 1F 04
2B C3
```

(a) 机器语言(十六进制)

```
MOV AX 383
MOV BX 545
ADD BX AX
MOV AX 1055
SUB AX BX
```

(b) 汇编语言

```
s=1055-(383+545)
```

(c) 高级语言

图 2-1 三种语言编写的计算机 1055-(383+545)的程序

三、高级语言

为了克服机器语言晦涩难懂、汇编语言助记符量大难记的缺点,提高编写程序和维护程序的效率,一种接近人们自然语言(通常是英语)的程序设计语言应运而生,这就是高级语言。

高级语言要比低级语言更接近于待解问题，其特点是在一定程度上与具体机器无关，易学、易用、易维护。当高级语言程序翻译成相应的低级语言程序时，一般说来，一个高级语言程序单位要对应多条机器指令，相应的编译程序所产生的目标程序往往功效较低。例如，若要计算 1055－(383＋545)的值，并把结果值赋给变量 s，高级语言，如图 2－1(c)所示，可将它直接写成：

$$s=1055-(383+545)$$

显然，这样的写法与数学语言描述基本一致，而且只要具有该高级语言处理能力的计算机系统都能对其进行处理。因此，高级语言可以更有效、更方便地用来编制各种用途的计算机程序。

程序设计语言从机器语言到高级语言的发展，带来的主要好处是：

① 高级语言接近算法语言，易学、易掌握，一般工程技术人员只要几周时间的培训就可以胜任程序员的工作。

② 高级语言为程序员提供了结构化程序设计的环境和工具，使得设计出来的程序可读性好，可维护性强，可靠性高。

③ 高级语言远离机器语言，与具体的计算机硬件关系不大，因而所写出来的程序可移植性好，重用率高。

④ 由于把繁杂琐碎的事务交给了编译程序去做，所以自动化程度高，开发周期短，且程序员得到解脱，可以集中时间和精力去从事对于他们来说更为重要的创造性劳动，以提高程序的质量。

必须指出，高级语言虽然接近自然语言，但是与自然语言存在很大差异，主要表现在：高级语言对于所采用的符号、各种语言成分及其构成、语句的格式等都有专门的规定，即语法规则极为严格。其主要原因是高级语言的处理系统是计算机，而自然语言的处理系统则是人。到目前为止，计算机所具有的任何功能都是由开发人员预先赋予的，计算机本身不具备自动适应变化的能力，缺乏高级的智能。

2.2.2 算法

一、什么是算法？

扫一扫可见微课
“认识算法与程序设计语言”

我们先来看生活中的一个实例：有蓝和红两瓶墨水，但现在却错把蓝墨水装在了红墨水瓶中，红墨水装在了蓝墨水瓶中，现需将其交换。如何解决这个问题呢？方法很简单，假设将蓝墨水瓶设为 A，红墨水瓶设为 B，找来一个空瓶设为 C。只要按图 2－2 所示的步骤，就可以实现两瓶墨水的交换了。

算法一旦给出，人们就可以直接按算法去解决问题。算法(Algorithm)是指解题方案的准确而完整的描述，是一系列解决问题的清晰指令，算法代表着用系统的方法描述解决问题的策略机制。也就是说，能够对一定规范的输入，在有限时间内获得所要求的输出。如果一个算法有缺陷，或不适合于某个问题，执行这个算法将不会解决这个问题。不同的算法可能用不同的时间、空间或效率来完成同样的任务。一个算法的优劣可以用空间复杂度与时间复杂度来衡量。

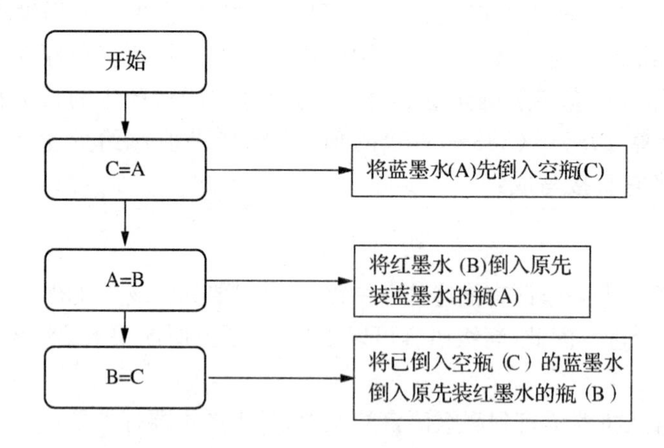

图 2－2　算法的流程图表示

算法的表示方法有文字说明、流程图、伪代码(一种介于自然语言和程序设计语言之间的文字和符号表达工具)。

二、算法的特点

尽管由于需要解决问题的不同,使得算法千变万化,繁简不一,但不同的算法都必须满足以下要求,也可称之为算法的特点:

① 有穷性。算法的有穷性是指算法必须能在执行有限个步骤之后终止。

② 确切性。算法的每一步骤必须有确切的定义。

③ 可行性。算法中执行的任何计算步骤都是可以被分解为基本的可执行的操作步骤,即每个计算步骤都可以在有限时间内完成(也称之为能行性)。

④ 输出项。一个算法有一个或多个输出,以反映对输入数据加工后的结果,没有输出的算法是毫无意义的。

人们常说:"软件的主体是程序,程序的核心是算法。"可以看出,开发计算机应用程序的核心内容是研究和设计解决实际应用问题的算法并将其在计算机上实现。

2.2.3　程序设计语言处理系统

除了机器语言程序外,其他程序设计语言编写的程序都不能直接在计算机上直接运行,需要对它们进行适当的转换,变成能被计算机所识别的代码。语言处理系统的作用就是把程序语言(包括汇编语言和高级语言)编写的程序转换成可以在计算机上执行的程序,或进而直接执行得到计算结果。负责完成这些功能的软件是编译程序、解释程序和汇编程序,它们统称为"程序设计语言处理系统"。

程序设计语言处理系统是系统软件中的一大类,它随被处理的语言及其处理方法和处理过程的不同而不同。任何一个语言处理系统通常都包含一个翻译程序,它把一种语言的程序翻译成等价的另一种语言的程序。被翻译的语言和程序分别称为源语言和源程序,而翻译生成的语言和程序分别称为目标语言和目标程序。按照不同的翻译处理方法,翻译程序可分为以下三类:

① 从汇编语言到机器语言的翻译程序，称为汇编程序。

② 按源程序中语句的执行顺序，逐条翻译并立即执行相应功能的处理程序，称为解释程序。

③ 从高级语言到汇编语言（或机器语言）的翻译程序，称为编译程序。

除了翻译程序外，语言处理系统通常还包括连接程序（将多个分别编译或汇编过的目标程序和库文件进行组合）和装入程序（将目标程序装入内存并启动执行）等，整个程序处理过程如图 2－3 所示。

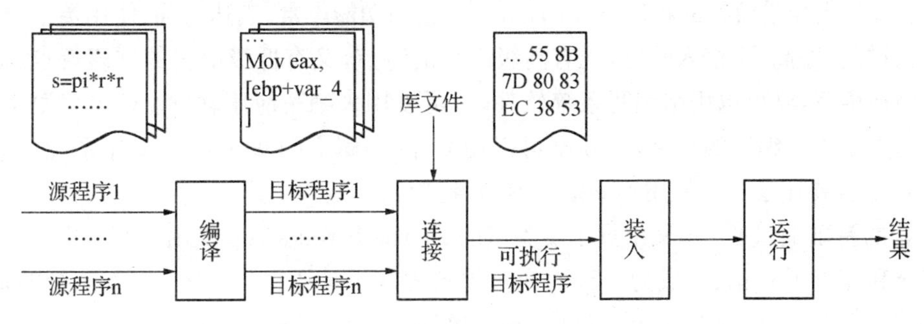

图 2－3　高级语言程序的处理过程

2.2.4　常用程序设计语言介绍

到目前为止，各种不同应用的程序设计语言种类繁多，下面介绍几种当今常用的程序设计语言。

一、脚本语言（Script Language）

脚本语言是为了缩短传统的编写—编译—链接—运行（edit—compile—link—run）过程而创建的计算机编程语言。此命名起源于一个脚本“screenplay”，每次运行都会使对话框逐字重复。

早期的脚本语言经常被称为批量处理语言或工作控制语言。一个脚本通常是解释运行而非编译。

虽然许多脚本语言都超越了计算机简单任务自动化的领域，成熟到可以编写精巧的程序，但仍然还是被称为脚本。几乎所有计算机系统的各个层次都有一种脚本语言，包括操作系统层，如计算机游戏、网络应用程序、字处理文档、网络软件等。在许多方面，高级编程语言和脚本语言之间互相交叉，二者之间没有明确的界限。

脚本编程速度更快，且脚本文件明显小于同类 C 程序文件。这种灵活性是以执行效率为代价的。脚本通常是解释执行的，速度可能很慢，且运行时更耗内存。在很多案例中，如编写一些数十行的小脚本，它所带来的编写优势就远远超过了运行时的劣势，尤其是在当前程序员工资趋高和硬件成本趋低时。

当前流行的脚本语言有 Python、JavaScript、VBScript、Ruby 等。

二、C/C＋＋语言

C 语言是在 20 世纪 70 年代初问世的。1978 年美国电话电报公司（AT&T）贝尔实验室正式发表了 C 语言。同时由 B. W. Kernighan 和 D. M. Ritchit 合著了著名的“THE C

PROGRAMMING LANGUAGE"一书，通常简称为 K&R，也有人称之为 K&R 标准。但是，在 K&R 中并没有定义一个完整的标准 C 语言，后来由美国国家标准学会在此基础上制定了一个 C 语言标准，于 1983 年发表，通常称之为 ANSI C。

早期的 C 语言主要用于 UNIX 系统。由于 C 语言的强大功能和各方面的优点逐渐为人们认识，到了 80 年代，C 语言开始进入其他操作系统，并很快在各类大、中、小和微型计算机上得到了广泛的使用，成为当代最优秀的程序设计语言之一。

C 语言是当今最流行的程序设计语言之一，它的功能丰富、表达力强、使用灵活方便、应用面广、目标程序高、可植入性好，既有高级语言的特点，又有低级语言的许多特点，适合作为系统描述语言，既可以用来编写系统软件，也可以用来编写应用软件。C 语言诞生后，许多原来用汇编语言编写的软件，现在都可以用 C 语言编写了(如 UNIX 操作系统)，而学习和使用 C 语言要比学习和使用汇编语言容易得多。

在 C 的基础上，1983 年又由贝尔实验室的 Bjarne Strou-strup 推出了 C++。C++进一步扩充和完善了 C 语言，成为一种面向对象的程序设计语言。C++目前流行的最新版本是 Borland C++4.5，Symantec C++6.1 和 Microsoft Visual C++ 2.0。C++提出了一些更为深入的概念，它所支持的这些面向对象的概念容易将问题空间直接地映射到程序空间，为程序员提供了一种与传统结构程序设计不同的思维方式和编程方法，因而也增加了整个语言的复杂性，掌握起来有一定难度。

C 是 C++的基础，C++语言和 C 语言在很多方面是兼容的。因此，掌握了 C 语言，再进一步学习 C++就能以一种熟悉的语法来学习面向对象的语言，从而达到事半功倍的目的。

三、Java 语言

Java 是一种可以撰写跨平台应用软件的面向对象的程序设计语言，是由 Sun Microsystems 公司于 1995 年 5 月推出的 Java 程序设计语言和 Java 平台(即 JavaSE，JavaEE，JavaME)的总称。Java 技术具有卓越的通用性、高效性、平台移植性和安全性，广泛应用于个人 PC、数据中心、游戏控制台、科学超级计算机、移动电话和互联网，同时拥有全球最大的开发者专业社群。在全球云计算和移动互联网的产业环境下，Java 具备了显著优势和广阔的应用前景。

四、C#语言

C#(C Sharp)是微软(Microsoft)为.NET Framework 量身定做的程序语言，C#拥有 C/C++的强大功能以及 Visual Basic 简易使用的特性，是第一个组件导向(Component-oriented)的程序语言，和 C++与 Java 一样亦为对象导向(object-oriented)的程序语言。

C#是微软公司在 2000 年 6 月发布的一种新的编程语言，并定于在微软职业开发者论坛(PDC)上登台亮相。C#看起来与 Java 有着惊人的相似，它包括了诸如单一继承、界面、与 Java 几乎同样的语法和编译成中间代码再运行的过程。但是 C#与 Java 有着明显的不同，它借鉴了 Delphi 的一个特点，与 COM(组件对象模型)是直接集成的，而且它是微软公司.NET Windows 网络框架的主角。

任务 2.3　计算机信息系统与数据库

任务描述

进入 21 世纪以来，互联网成为计算机应用的重要基础设施，基于网络和数据库的计算机信息系统，已经广泛应用于各个行业和领域的信息化建设。目前，人们正在着力于信息系统对决策应用支持的研究，并已取得了显著成果。通过本任务的学习，大家能够掌握并了解计算机信息系统和数据库的相关知识。

任务实现

扫一扫可见微课
“计算机信息系统与数据库”

2.3.1　什么是计算机信息系统

许多情况下，计算机信息系统(computer information system)是一个很笼统的概念。本任务所说的计算机信息系统(以下简称信息系统)，是特指一类以提供信息服务为主要目的的数据密集型、人机交互式的计算机应用系统。它有下列四个特点：

① 涉及的数据量很大，有时甚至是海量的。例如，银行信息系统中包含了数以千万计的集团客户和个人客户的所有存、贷款和交易数据。

② 绝大部分数据是持久的，它们不会随着程序运行结束而消失，需要长期保留在计算机系统中。

③ 这些持久数据为多个应用程序和多个用户所共享，用户范围小则一个部门、一个单位，大则整个行业、地区甚至全国或全球共享使用。

④ 除具有数据采集、存储、处理、传输和管理等基本功能外，信息系统还可向用户提供信息检索、统计报表、事务处理、分析、控制、预测、决策、报警、提示等多种信息服务。

在计算机硬件、系统软件和网络等基础设施支撑下运行的计算机信息系统，通常可以划分为四个层次：

① 基础设施层：硬件、系统软件和网络。

② 资源管理层：包括各种类型的数据信息，主要有数据库、数据库管理系统和目录服务系统等。

③ 业务逻辑层：由实现各种业务功能、流程、规则、策略等应用业务的一组程序代码构成。

④ 应用表现层：通过人机交换方式，将业务逻辑和资源紧密结合，并以直观形象的形式向用户展现。

当前，计算机信息系统已广泛应用于各个行业和领域的信息化建设，种类繁多。从功能来分，常见的有电子数据处理、管理信息系统、决策支持系统；从应用领域来分，有办公自动化系统、军事指挥信息系统、医疗信息系统、民航订票系统、电子商务系统、电子政务系统等。必须指出，上面叙述中使用的"信息"和"数据"这两个术语，其概念在计算机信息处理中是既有区别又有联系的。计算机信息处理是比较宏观的属于计算机应用层面的提法，微观上（或者说技术上）它就是由计算机进行数据处理的过程。也就是说，通过采集和输入信息，将信息以二进制数据的形式存储到计算机系统，并对数据进行编辑、加工、分析、计算、解释、推论、转换、合并、分类、统计和传送等操作，最终向人们提供多种多样的信息服务。在许多场合下，如果不引起混淆的话，信息和数据一般并不严格加以区分。这一点请读者注意。

2.3.2 信息系统与数据库

通常，信息系统中的资源管理层是由数据库和数据库管理系统所组成的。

一、数据库

数据库是长期存储在计算机内、有组织、可共享的数据集合。顾名思义，它是存放大量数据的"仓库"。数据库中的数据必须按一定的方式（称为"数据模型"）进行组织、描述和存储，具有较小的冗余度、较高的数据独立性和易扩展性，并可为各种用户所共享。

数据库在大量信息的有效存储和快速存取方面发挥着重要作用，它是大型信息系统的核心和基础。数据库的应用领域从传统的面向商业与事务处理已经扩展到科技、经济、社会、生活的各个领域。

数据库的设计和建立是一项技术要求很高、工作量很大的任务。即使数据库建成了，为保证数据库系统的正常运行和服务质量，数据库需要经常性地进行数据更新和维护、数据库监护、安全控制等，有时还需要进行调整、重组甚至重构，这些都是由称之为"数据库管理员"的专业人员负责的。

二、数据库管理系统

资源管理层中与数据库紧密相关的另一个部分是数据库管理系统（Data Base Management System，DBMS），它是一种操纵和管理数据库的大型系统软件，其任务是统一管理和控制整个数据库的建立、运行和维护，使用户能方便地定义数据和操纵数据，并保证数据的安全性、完整性、多用户对数据的并发使用及发生故障后的数据库恢复。用户可以通过 DBMS 访问数据库中的数据，数据库管理员也通过 DBMS 进行数据库的维护工作。

DBMS 提供多种功能，可使多个应用程序和用户用不同的方法在相同或不同时刻去建立、修改和查询数据库。通常，数据库管理系统具有以下几个方面的功能：

① 定义数据库的结构，组织与存取数据库中的数据；

② 提供交互式的查询；

③ 管理数据库事务运行；

④ 为维护数据库提供工具。

现在流行使用的数据库管理系统有多种。代表性的有：美国甲骨文公司的 ORACLE，IBM 公司的 DB2，微软公司的 Microsoft SQL Server、Access 和 VFP，以及自由软件 MySQL 和 POSTGRES 等。

三、数据库中的数据如何组织——数据模型

为了有效存取和快速处理数据库中的数据，数据库中的数据都是有序地、有组织地进行存储的，或者说它们是按照指定的“数据模型”进行存储的。

在常见的数据库系统中，根据实体集之间的不同结构，通常把数据模型分为层次模型、网状模型、关系模型三种。

以二维表格形式来组织数据的方法称为关系模型。现实世界中的各种实体以及实体之间的各种联系均可以用关系模型来表示。20 世纪 80 年代以来，关系数据库已经成为数据库技术的主流。

2.3.3 关系数据库

扫一扫可见微课
“认识关系数据库”

采用关系模型的数据库就是关系数据库（relational database），它采用二维表结构来表示各类实体及其间的联系，二维表由行和列组成。关系模型的三大要素分别是结构、完整性和操作。一个关系数据库由许多张二维表组成。每张表由表名、行和列组成。表的每一行称为一个元组（Tuple），每一列称为一个属性（Attribute）。例如，如图 2－4 所示的学生登记表（S），可以用关系模式来描述为：S(SNO，SNAME，DEPART，SEX，BDATE，HEIGHT)，其中 S 为关系模式名，即二维表的表名；括号里的是属性名，也就是表中的数据项名。

学生登记表(S)

SNO	SNAME	DEPART	SEX	BDAIE	HEIGHT
C005	张　雷	计算机	男	1987－06－30	1.75
C008	王　宁	计算机	女	1986－08－20	1.62
A041	周光明	自动控制	男	1986－08－10	1.70
M038	李霞霞	应用数学	女	1988－10－20	1.65
R098	钱　欣	管理工程	男	1986－05－16	1.80
……	……	……	……	……	……

图 2－4　学生登记表

学生登记表(S)，课程开设表(C)与学生选课成绩表(SC)之间的联系如图 2－5 所示，上述数据对象(S 和 C)以及数据对象之间的联系(SC)表示成关系模式分别为：

S (SNO，SNAME，DEPART，SEX，BDATE，HEIGHT)

C (CNO，CNAME，LHOUR，SEMESTER)

SC(SNO，CNO，GRADE)

在关系数据库中，通常可以定义一些操作来通过已知的关系(二维表)创建新的关系(二维表)。最常用的关系操作有：传统的集合操作(并、交、差 、笛卡尔积、除)和专门的关系操作(选择、投影、连接、插入、更新、删除)。

SNO	SNAME	DEPART	SEX	BDATE	HEIGHT
A041	周光明	自动控制	男	1986-8-10	1.7
C005	张雷	计算机	男	1987-6-30	1.75
C008	王宁	计算机	女	1986-8-20	1.62
M038	李霞霞	应用数学	女	1988-10-20	1.65
R098	钱欣	管理工程	男	1986-5-16	1.8

学生登记表(S)

SNO	CNO	GRADE
A041	CC112	92
A041	ME234	92.5
A041	MS211	90
C005	CC112	84.5
C005	CS202	82
M038	ME234	85
R098	CS202	75
R098	MS211	70.5

学生选课成绩表(SC)

CNO	CNAME	LHOUR	SEMESTER
CC112	软件工程	60	春
CS202	数据库	45	秋
EE103	控制工程	60	春
ME234	数学分析	40	秋
MS211	人工智能	60	秋

课程开设表(C)

图 2-5　S,C 和 SC 三表及其联系

1. 选择

选择操作是一元操作。它应用于一个关系并产生另一个新关系。新关系中的元组(行)是原关系中元组的子集。选择操作根据要求从原先关系中选择部分元组。结果关系中的属性(列)与原关系相同(保持不变)。例如,从学生登记表(S)中,选出性别为“男”的学生元组,组成一个新关系“男学生登记表”,如图 2-6 所示。

S

SNO	SNAME	DEPART	SEX	BDATE	HEIGHT
A041	周光明	自动控制	男	1986-8-10	1.7
C005	张雷	计算机	男	1987-6-30	1.75
C008	王宁	计算机	女	1986-8-20	1.62
M038	李霞霞	应用数学	女	1988-10-20	1.65
R098	钱欣	管理工程	男	1986-5-16	1.8

选择

SNO	SNAME	DEPART	SEX	BDATE	HEIGHT
A041	周光明	自动控制	男	1986-8-10	1.7
C005	张雷	计算机	男	1987-6-30	1.75
R098	钱欣	管理工程	男	1986-5-16	1.8

图 2-6　“选择”操作

2. 投影

投影是一元操作,它作用于一个关系并产生另一个新关系。新关系中的属性(列)是原关系中属性的子集。在一般情况下,虽然新关系中的元组属性减少了,但其元组(行)的数量与原关系保持不变。例如,需要了解学生选课情况而不关心其成绩时,可对学生选课成绩表(SC)进行相关的投影操作,如图 2-7 所示。

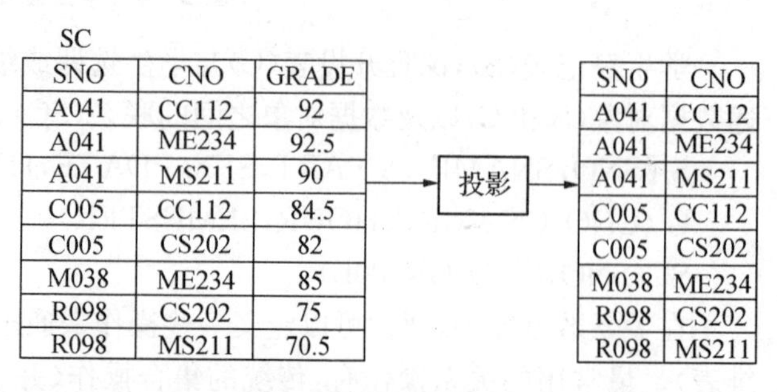

SC

SNO	CNO	GRADE
A041	CC112	92
A041	ME234	92.5
A041	MS211	90
C005	CC112	84.5
C005	CS202	82
M038	ME234	85
R098	CS202	75
R098	MS211	70.5

投影

SNO	CNO
A041	CC112
A041	ME234
A041	MS211
C005	CC112
C005	CS202
M038	ME234
R098	CS202
R098	MS211

图 2-7　“投影”操作

3. 连接

连接是一个二元操作。它基于共有属性把两个关系组合起来。连接操作比较复杂并有较多的变化。例如,学生登记表(S)和学生选课成绩表(SC)的连接,生成一个信息更全面的关系,如图 2-8 所示。

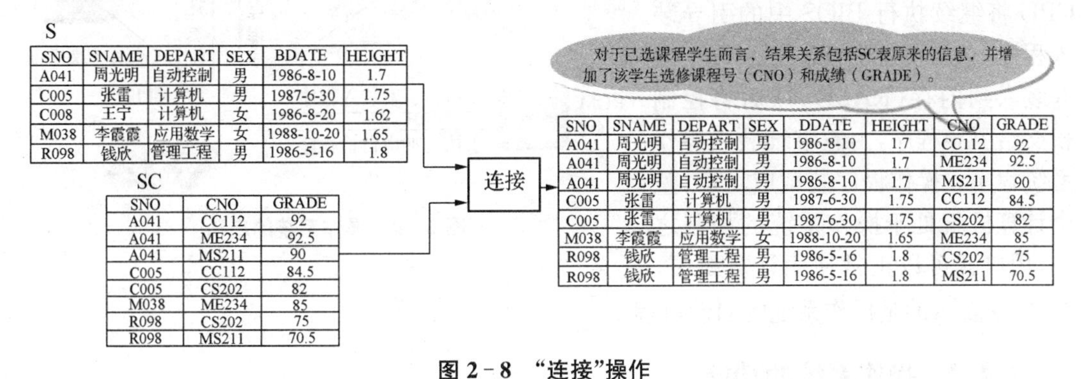

S

SNO	SNAME	DEPART	SEX	BDATE	HEIGHT
A041	周光明	自动控制	男	1986-8-10	1.7
C005	张雷	计算机	男	1987-6-30	1.75
C008	王宁	计算机	女	1986-8-20	1.62
M038	李霞霞	应用数学	女	1988-10-20	1.65
R098	钱欣	管理工程	男	1986-5-16	1.8

SC

SNO	CNO	GRADE
A041	CC112	92
A041	ME234	92.5
A041	MS211	90
C005	CC112	84.5
C005	CS202	82
M038	ME234	85
R098	CS202	75
R098	MS211	70.5

SNO	SNAME	DEPART	SEX	DDATE	HEIGHT	CNO	GRADE
A041	周光明	自动控制	男	1986-8-10	1.7	CC112	92
A041	周光明	自动控制	男	1986-8-10	1.7	ME234	92.5
A041	周光明	自动控制	男	1986-8-10	1.7	MS211	90
C005	张雷	计算机	男	1987-6-30	1.75	CC112	84.5
C005	张雷	计算机	男	1987-6-30	1.75	CS202	82
M038	李霞霞	应用数学	女	1988-10-20	1.65	ME234	85
R098	钱欣	管理工程	男	1986-5-16	1.8	CS202	75
R098	钱欣	管理工程	男	1986-5-16	1.8	MS211	70.5

图 2-8 “连接”操作

任务 2.4　Windows 7 基础

任务描述

在前面的任务中,我们已经知道计算机的软件分为系统软件和应用软件两大类。而操作系统是最重要的系统软件,它如同一个管家管理着计算机的软硬件资源。本次任务我们将学习操作系统的功能和作用,掌握 Windows 7 的基本操作。

任务实现

2.4.1　操作系统的作用

扫一扫可见微课
“认识操作系统”

操作系统(Operating System,OS)是计算机系统中最重要的一种系统软件。它是一系列程序功能的集合,能以尽量有效、合理的方式组织和管理计算机的软硬件,自由、合理地安排计算机的工作流程,控制和支持应用程序的运行,并向用户提供各种服务,使用户能灵活、方便、有效、安全地使用计算机,也使整个计算机系统高效率地运行,它有如下作用:

① 为计算机中运行的程序管理和分配系统中的各种软硬件资源;

② 为用户提供友善的人机界面(图形用户界面);

③ 为应用程序的开发和运行提供高效率的平台。

计算机安装了操作系统后,操作系统的系统文件一般驻留在硬盘存储器中,但用户按下计算机电源按钮后,计算机进入启动系统程序状态。首先,计算机的电源加电,CPU 通电后执行计算机主板上的 ROM BIOS 中的自检程序，测试计算机各部件（主板、内存、硬盘、显卡、网卡、鼠标、键盘等）是否正常。若无异常情况，CPU 将继续执行 BIOS 中的引导装入程序，它从硬盘中读出主引导记录并装入到内存(RAM)，然后将控制权交给引导程序，由它继续装入操作系统程序。操作程序装载成功后，整个计算机就处于操作系统的控制之下，用户就可以正常使用计算机了，图 2－9 表示的是操作系统的启动过程。

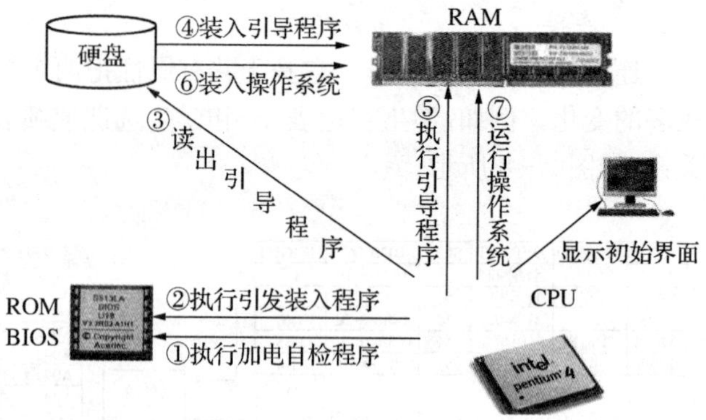

图 2－9　操作系统的启动

2.4.2　操作系统的功能

操作系统是管理软硬件资源的最重要的系统软件，具有任务管理、文件管理、存贮管理和设备管理四大功能。

一、任务管理

1. 任务

指一个被装入内存并启动运行的应用程序，通常一个任务对应一个窗口。

2. 多任务处理

为了提高 CPU 的利用率，操作系统一般都支持若干个程序同时运行。Windows 是一个多任务操作系统。图 2－10 所示为“Windows 任务管理器”，用户借助“Windows 任务管理器”可以随时了解系统中任务运行的状态。

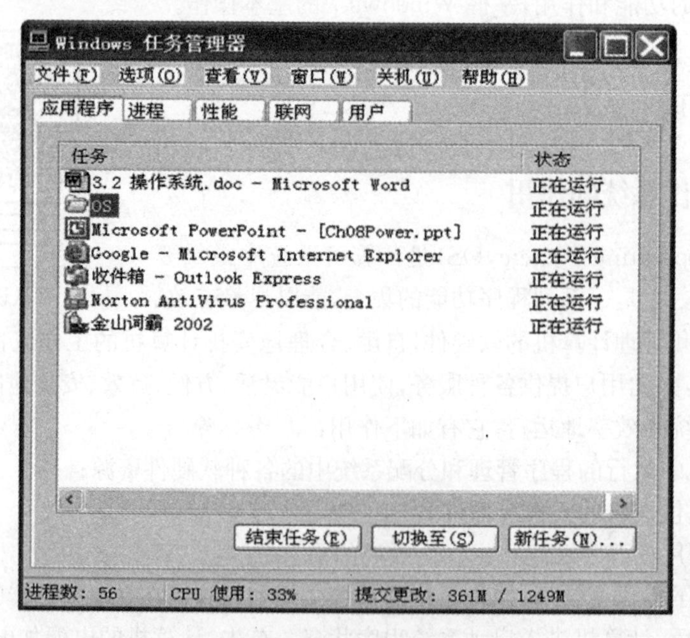

图 2－10　Windows 任务管理器

3. 活动窗口和前台任务

当前可以接受用户输入的窗口只能有一个，称活动窗口。活动窗口对应的任务称为前台任务，其他称为后台任务。

在 Windows 中，不管是前台任务还是后台任务，它们都能分配到 CPU 的使用权，因而可以同时运行，这叫作并发多任务。宏观上并发，但微观上任何时刻只有一个任务在执行。CPU 的分配，是按照时间片轮转的策略，只要时间片结束，正在执行的任务将被强行中止，这叫抢占式多任务方式。

二、文件管理

1. 文件

文件是存储在外存储器中的一组相关信息的集合。计算机中的程序和数据通常都组织成为文件存放在外存储器中，并以文件为单位进行存取操作。不同计算机之间也以文件为单位进行信息交换。为了区分各种不同类型的程序和数据，它们分别具有特定的文件类型名(也称为文件扩展名或文件后缀)。例如，在 PC 中可执行程序的文件类型是 exe，图像文件的类型是 jpg，音频文件的类型是 mp3，视频文件的类型是 mp4，文本文件的类型是 txt，等等。

为了进一步区别各个文件，每个文件除了具有类型名之外，还都有自己的名字(称为文件名)，用户(或软件)可以通过文件名来存取文件。在 Windows 7 中，文件名可以长达 200 多个字符，用户命名文件时应选择有意义的词或短语，以帮助记忆。

每个文件除了它所包含的内容(程序或数据)之外，为了管理的需要，还包含了一些关于该文件的说明信息。例如，Windows 操作系统使用的文件说明信息有文件名、文件类型、文件物理位置、文件大小、文件时间(创建时间、最近修改时间、最近访问时间等)、文件创建者、文件属性等。应该注意的是，文件的说明信息和文件的具体内容是分开存放的，前者保存在该文件所属目录中，后者则保存在磁盘的数据区中。

文件说明信息中的文件属性在文件管理中有重要的作用，它用于指出该文件是否为系统文件、隐藏文件、存档文件或只读文件。例如，若标注为系统文件，表示该文件是操作系统本身所包含的文件，删除时系统会给出警告，资源管理器若不特别设置为“显示全部文件”(在“文件夹选项”对话框中设置)时，不会在文件列表中显示；若标注为隐藏文件，且资源管理器又设置为“不显示隐藏文件”时，它不会在文件列表中列出。存档属性通常被当作文件的一种标识，“文件备份程序”通过该属性来决定文件是否需要进行备份，新建的文件或在备份后又被修改过的文件，系统自动地将其属性设置为存档，在执行了备份操作后所有被备份的文件均被清除存档属性；只读文件表示该文件只能阅读，不允许进行修改，若需修改，则操作系统给出提示或警告。在 Windows 7 操作系统中，除上述属性外，文件还可以具有“压缩”、“加密”和“编制索引”属性，前两个属性分别用来指出该文件的数据在保存到磁盘存储器时是否需要进行数据压缩(为了节省磁盘空间)和数据加密(不让无关用户了解文件的内容)，后一个属性可以帮助编制该文件的索引，以利于快速进行检索。Windows 操作系统允许一个文件兼有多种属性。

2. 文件目录(文件夹)

计算机中有数以千万计的文件，它们都存放在外存储器中。为了能方便地查找和使用文件，操作系统、应用软件和用户总是把所有文件分门别类地组织在各个文件目录中。

Windows 中文件目录也称为文件夹，它采用树状结构进行组织。在这种结构中，每一个磁盘（或磁盘上的分区）有一个根目录（根文件夹），它包含若干文件和文件夹，文件夹中不但可以包含文件，而且还可以包含下一级的文件夹，这样依次类推下去就形成了多级的树状文件夹结构。

多级文件夹既可以帮助用户把不同类型和不同用途的文件分类存储，又方便了文件的查找，还允许不同文件夹中的文件使用相同的名字。

与文件相似，文件夹也有若干与文件类似的说明信息，除了文件夹名字之外，还包括存放位置、大小、创建时间、文件夹的属性（存档、只读、隐藏，以及“压缩”、“加密”和“编制索引”）等。

使用文件夹的另一个优点是它为文件的共享和保护提供了方便。以 Windows XP、Windows 7 操作系统为例，任何一个文件夹均可以设置为“共享”或者为“非共享”，前者表示该文件夹中的所有文件可以被网络上的其他用户（或共同使用同一台计算机的其他用户）共享，后者则表示该文件夹中的所有文件只能由用户本人使用，其他用户不能访问。当文件夹被设置成为共享时，用户还可以规定其他用户的访问权限，例如文件只能读不能修改，或者既可读也可以修改，还可以规定访问文件时是否需要使用口令等。这些措施都在一定程度上提高了文件的安全性。

三、存贮管理

虽然计算机的内存容量不断扩大，但限于成本和安装空间等原因，其容量总有限制。在运行规模很大或需要处理大量数据的程序时，内存往往不够使用。特别是在多任务处理时，存储器被多个任务所共享，矛盾更加突出。因此，如何对存储器进行有效的管理，不仅直接影响到存储器的利用率，而且还对系统的性能有重大影响，所以存储管理是操作系统的一项非常重要的任务。现在，操作系统一般都采用虚拟存储技术（也称虚拟内存技术，简称虚存）进行存储管理。

虚拟存储技术的基本思想如下。程序员在一个假想的容量极大的虚拟存储空间中编程和运行程序，程序（及其数据）被划分成一个个“页面”，每页为固定大小。在用户启动一个任务而向内存装入程序及数据时，操作系统只将当前要执行的一部分程序和数据页面装入内存，其余页面放在硬盘提供的虚拟内存中，然后开始执行程序。在程序的执行过程中，如果需要执行的指令或访问的数据不在物理内存中（称为缺页），则由 CPU 通知操作系统中的存储管理程序，将所缺的页面从硬盘的虚拟内存调入到实际的物理内存，然后再继续执行程序。当然，为了腾出空间来存放将要装入的程序（或数据），存储管理程序也应将物理内存中暂时不使用的页面调出保存到硬盘的虚拟内存中。页面的调入和调出完全由存储管理程序自动完成。这样，从用户角度来看，该系统所具有的内存容量比实际的内存容量大得多，这种技术称为虚拟存储器。

在 Windows 操作系统中，虚拟存储器是由计算机中的物理内存（主板上的 RAM）和硬盘上的虚拟内存（一个名为 pagefile. sys 的大文件，称为“交换文件”或“分页文件”）联合组成的。操作系统通过在物理内存和虚拟内存之间来回地自动交换程序和数据页面，达到下列两个效果：① 开发应用程序时，每个程序都在各自独立的容量很大的虚拟存储空间里进行编程，几乎不用考虑物理内存大小的限制；② 程序运行时，用户可以启动许多应用程序运行，其数目不受内存容量的限制（当然，容量小而同时运行的程序很多时，响应速度会变慢，甚至死机),也不必担心它们相互间会不会发生冲突。

Windows 系统中的虚拟内存(pagefile. sys 文件)通常位于系统盘的根目录下。用户可以自行设置虚拟内存的大小,也可以指定虚拟内存放在哪个硬盘中。

iOS 操作系统的虚拟内存可以启用,也可以关闭。启用虚拟内存之后,如果运行的后台程序太多引起内存紧张的话,操作系统可以把后台程序中的部分内容放到虚拟内存,释放一部分空间,减缓对内存的压力。

四、设备管理

操作系统中的“设备管理”程序负责对系统中的各种输入/输出设备进行管理,处理用户(或应用程序)的输入/输出请求,方便、有效、安全地完成输入/输出操作。

2.4.3 常用操作系统介绍

自 20 世纪 60 年代操作系统诞生以来,随着硬件技术不断进步,功能不断扩展,应用领域不断延伸,产品类型越来越丰富。早期的操作系统只是单一的批处理系统或者分时处理系统,现在已不多见了。目前个人计算机使用的操作系统一般都具有单用户多任务处理功能,而安装在网络服务器上运行的“网络操作系统”则具有多用户多任务处理的能力,它们都具有多种网络通信功能,提供丰富的网络应用服务。另外,一些特殊用途的应用系统,如军事指挥和武器控制系统、电力网调度和工业控制系统、证券交易信息处理系统等,这种操作系统对计算机完成任务有严格的时间约束,对外部事件能快速做出响应,具有很高的可靠性和安全性,这些系统所使用的操作系统称为“实时操作系统”。现代计算机技术的发展,特别是手持设备的急速发展,使“嵌入式操作系统”应用越来越广泛,它在嵌入式的计算机上运行,能快速、高效、实时处理任务,但代码又非常紧凑。

下面对目前常用的几种操作系统作简单介绍。

一、Windows 操作系统

Windows 操作系统是一款由美国微软微软公司开发的窗口化操作系统。采用了 GUI 图形化操作模式,比起从前的指令操作系统,如 DOS,更为人性化。Windows 操作系统是目前世界上使用最广泛的操作系统。Windows 是系列产品,它在发展过程中推出了多种不同的版本。

微软公司从 1983 年开始研制 Windows 系统,最初的研制目标是在 MS - DOS 的基础上提供一个多任务的图形用户界面。第一个版本的 Windows 1.0 于 1985 年问世,它是一个具有图形用户界面的系统软件。1987 年推出了 Windows 2.0 版,最明显的变化是采用了相互叠盖的多窗口界面形式。1990 年推出的 Windows 3.0 是一个重要的里程碑,它以压倒性的商业成功确定了 Windows 系统在 PC 领域的垄断地位。现今流行的 Windows 窗口界面的基本形式也是从 Windows 3.0 开始基本确定的。1992 年主要针对 Windows 3.0 的缺点推出了 Windows 3.1。

1995 年开始,微软公司陆续发布 Windows 9X 系列,包括 Windows 95,Windows 98,Windows 98 se 以及 Windows Me。Windows 9X 的系统基层主要程式是 16 位的 DOS 源代码,它是一种 16 位/32 位混合源代码的准 32 位操作系统,故不稳定,主要面向桌面电脑。

在开发 Windows 9X 系列的同时,从 1989 年开始,微软公司还为商用 PC 机专门开发了一种新的操作系统——Windows NT，目的是为了使系统具有较高性能，在安全性方面达到一定的标准。2000年，Windows NT进一步发展推出了Windows 2000，其包含了四个版本：Professional、Server、Advanced Server和Datacenter Server。Professional专业版适合移动家庭用户使用，采用标准化的安全技术，稳定性高，最大的优点是不会再像Windows 9X那样频繁地出现非法程序的提示而死机。Windows 2000 Server是服务器版本，可面向一些中小型的企业内部网络服务器，但它同样可以应付企业、公司等大型网络中的各种应用程序的需要。Advanced Server是Server的企业版，Datacenter Server是目前为止最强大的服务器系统，可用于大型数据库、经济分析、科学计算以及工程模拟等方面。

2001年8月微软公司发布了一款新型视窗操作系统Windows XP，它既适合家庭，也适合商业用户使用。Windows XP有家庭版（Home Edition）、专业版（Professional Edition）、媒体中心版（Media Center Edition）、平板PC版（Tablet PC Edition）和64位版等多种版本。它有丰富的音频、视频和网络通信功能，工作更加可靠，最大可支持4GB内存和两个CPU。此外，它还增强了防病毒功能，增加了系统安全措施（例如Internet防火墙、文件加密等）。Windows XP是目前使用最广泛的个人计算机操作系统，但是，随着计算机的发展，它正在被后续更有优势的操作系统所代替，比如2009年发布的Windows 7操作系统。

2006年底，微软公司开始推出称为“Windows Vista”的新一代操作系统。该系统相对于Windows XP，内核几乎全部重写，带来了大量的新功能。Windows Vista较上一个版本Windows XP增加了上百种新功能，其中包括被称为“Aero”的全新图形用户界面、加强后的搜寻功能（Windows Indexing Service）、新的多媒体创作工具（例如Windows DVD Maker）以及重新设计的网络、音频、输出（打印）和显示子系统。Vista也使用点对点技术（peer-to-peer）提升了计算机系统在家庭网络中的通信能力，将让在不同计算机或装置之间分享文件与多媒体内容变得更简单。但是，不可否认的是，在当时来讲Windows Vista对硬件要求高、资源消耗大、开关机速度慢等相当明显的缺陷限制了它的广泛应用，业界部分专家认为，它只是Microsoft发布的最新操作系统Windows 7之前的过渡版本。

2009年10月22日微软于美国正式发布Windows 7。Windows 7同时也发布了服务器版本——Windows Server 2008 R2，主要版本包括家庭普通版、家庭高级版、专业版、企业版、旗舰版等。Windows 7做了许多方便用户的设计，如快速最大化、窗口半屏显示、跳转列表（Jump List）、系统故障快速修复等。Windows 7大幅缩减了Windows的启动时间，使用户在使用过程中能深刻体验到Windows 7带来的方便、快速、简单、安全，Windows 7的Aero效果华丽，有碰撞效果、水滴效果，还有丰富的桌面小工具，让用户印象深刻。Windows 7的安装配置要求虽然比较高，但是随着计算机硬件技术的发展，当前主流计算机的配置已经完全能适用Windows 7，因此，Windows 7已经越来越受到个人计算机用户的欢迎。

在Windows Vista发布之前，微软公司发布了两个服务器版本：Windows Server 2003和Windows Server 2008。Windows Server 2003是目前微软推出的使用最广泛的服务器操作系统，于2003年3月28日发布。Windows Server 2008代表了下一代Windows Server。使用Windows Server 2008，IT专业人员对其服务器和网络基础结构的控制能力更强，从而可重点关注关键业务需求。

在手持电子设备领域，微软公司于20世纪90年代中期推出了Windows CE 32位基于掌上型电脑类的电子设备操作系统。2003年又发布了新一代移动设备操作系统Windows

Mobile(简称 WM),该操作系统的设计初衷是尽量接近于桌面版本的 Windows,微软按照电脑操作系统的模式来设计 WM,以便能使得 WM 与电脑操作系统一模一样。随着苹果公司的 iPhone 发布,WM 在与 iPhone 的战斗中失败,2010 年微软发布新一代手机操作系统 Windows Phone 7,它将微软旗下的 Xbox LIVE 游戏、Zune 音乐、MSN 和 Bing 等产品整合至手机中,并且使用 Metro 作为设计语言。Windows Phone 系列的竞争对手有苹果公司的 iOS 和谷歌公司的 Android。

二、UNIX 和 Linux 操作系统

UNIX 和 Linux 也是目前广泛使用的主流操作系统,它主要应用于巨型机、大型机、服务器等设备中,作为网络操作系统使用,也可以用于个人计算机和嵌入式系统当中。

UNIX 是一个功能强大、性能全面的多用户、多任务操作系统,可以应用于从巨型计算机到普通 PC 机的多种不同的平台,是应用面最广、影响力最大的操作系统。

Linux 是一种自由和开放源码的类 Unix 操作系统。目前存在着许多不同的 Linux,但它们都使用了 Linux 内核。Linux 可安装在各种计算机硬件设备中,从手机、平板电脑、路由器和视频游戏控制台,到台式计算机、大型机和超级计算机。Linux 是一个领先的操作系统,世界上运算最快的 10 台超级计算机运行的都是 Linux 操作系统。严格来讲,Linux 这个词本身只表示 Linux 内核。

基于 Linux 内核的 Linux 操作系统版本众多,一个典型的 Linux 发行版包括:Linux 核心,一些 GNU 库和工具,命令行 shell,图形界面的 X 窗口系统和相应的桌面环境,如 KDE 或 GNOME,并包含数千种从办公包、编译器、文本编辑器到科学工具的应用软件。主流的 Linux 发行版 Ubuntu, DebianGNU/Linux,Fedora,Gentoo,MandrivaLinux,PCLinuxOS,SlackwareLinux,openSUSE,ArchLinux,Puppylinux,Mint,CentOS,Red Hat 等。

三、Mac 操作系统

Mac OS X 是全球领先的操作系统。基于坚如磐石的 UNIX 基础,设计简单直观,让处处创新的 Mac 安全易用,高度兼容,出类拔萃。Mac OS X 以简单易用和稳定可靠著称。

Mac 操作系统只是苹果 Apple 公司的创新作品之一,更让全球用户津津乐道的是 Apple 公司发布的多款产品:早期的 Apple 机,电脑类的 iMac、eMac、iBook、MacBook,数字产品 iPod 系列、iPad 系列,通信产品 iPhone 系列,Apple 公司创造性地将优秀的操作系统、完美的用户交互体验和绚丽的外观设计融合在一起,在全球掀起了一波又一波的苹果热。特别是搭载在苹果手持设备上的 iOS 操作系统,占据了目前电子市场的半壁江山。

2.4.4 Windows 7 基本操作

一、启动 Windows 7 系统

1. *第一次启动* Windows 7

按下主机上的“电源”按钮,计算机启动,并显示启动画面,如果用户没有设置用户名密码,则直接进入 Window 7 的默认主界面(称为“桌面”),这样就可以使用计算机了。

扫一扫可见微课
“Windows 7 操作系统的基本操作”

2. 重新启动 Windows 7

当计算机连续使用较长时间后,后台运行程序将占用大量内存,若出现运行变慢或发生系统错误等现象,此时可重新启动 Windows 7,以释放一些内存空间。具体操作如下。

① 单击 Windows 7 桌面左下角的 按钮,在弹出的菜单中选择最右下方的 关机 菜单项上的小三角图标。

② 在弹出对话框的下拉菜单中选择"重新启动"选项,如图 2-11 所示,Windows 7 开始保存设置并关闭计算机,稍后又重新启动计算机。

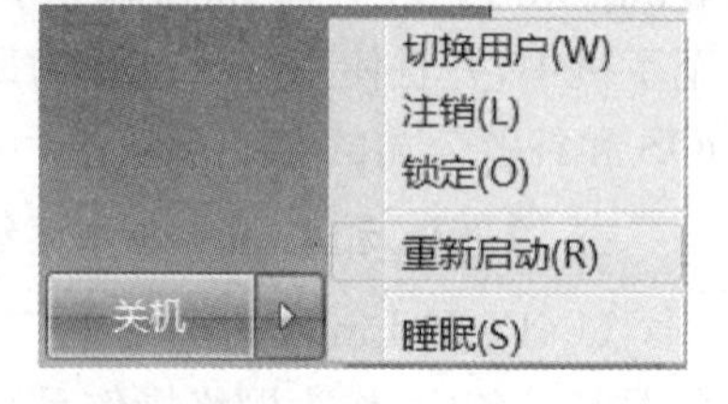

图 2-11　选择"重新启动"选项

3. 复位启动 Windows 7

复位启动是指已进入到操作系统界面,由于系统运行中出现异常且按前面介绍的方法重新启动失效而采用的一种重新启动计算机的方法。其方法是:按下主机箱上的"复位"按钮,重新启动计算机。

二、个性化设置

不同的用户会对 Windows 的桌面有不同的要求,只有符合自己习惯的桌面才能充分体现用户的个性,方便日常操作。

1. 认识 Windows 7 的桌面

登录 Windows 7,屏幕上整个区域即为 Windows 7 的桌面,它主要由桌面图标、开始菜单、快速启动栏以及桌面底部的输入法状态栏和通知区域等组成,如图 2-12 所示。

图 2-12　Windows 7 主界面

2. 排列桌面图标

随着计算机的长期使用,用户可能在桌面上创建了大量的快捷方式,使桌面很乱。这既影响了桌面的美观,也不利于用户选择需要的项目,导致工作效率降低。为此,Windows 7 提供了一些命令,帮助用户重新组织或清除桌面上的图标以使桌面整洁。

要安排桌面图标,可在桌面上单击鼠标右键打开桌面快捷菜单,如图 2－13 所示。

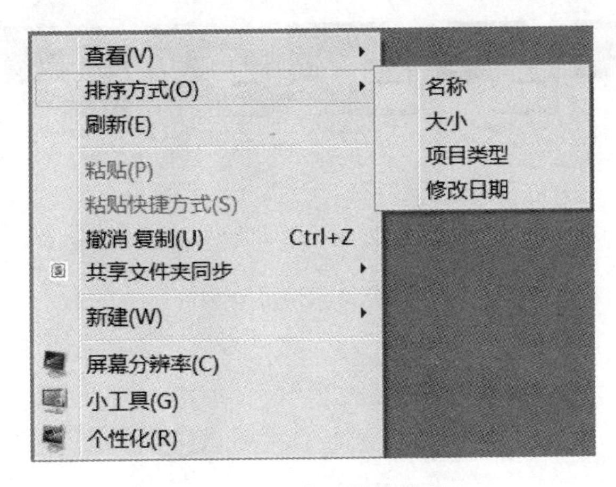

图 2－13　桌面快捷菜单

3. 个性化桌面设置

桌面空白位置单击右键,弹出快捷菜单,如图 2－13 所示,选择个性化(R)选项,弹出个性化设置对话框(如图 2－14),可以在"我的主题"栏中点击相应的选项,一键设定桌面主题。主题是背景加一组声音、图标,只需单击即可帮助用户个性化设置自己的计算机的元素。用户也可以分别对桌面背景、窗口颜色、声音及屏幕保护程序进行单独的设置,如图 2－15 所示,只需分别点击下方的相应选项,即可打开相应的设置窗口,完成相应的设置。

图 2－14　个性化桌面设置

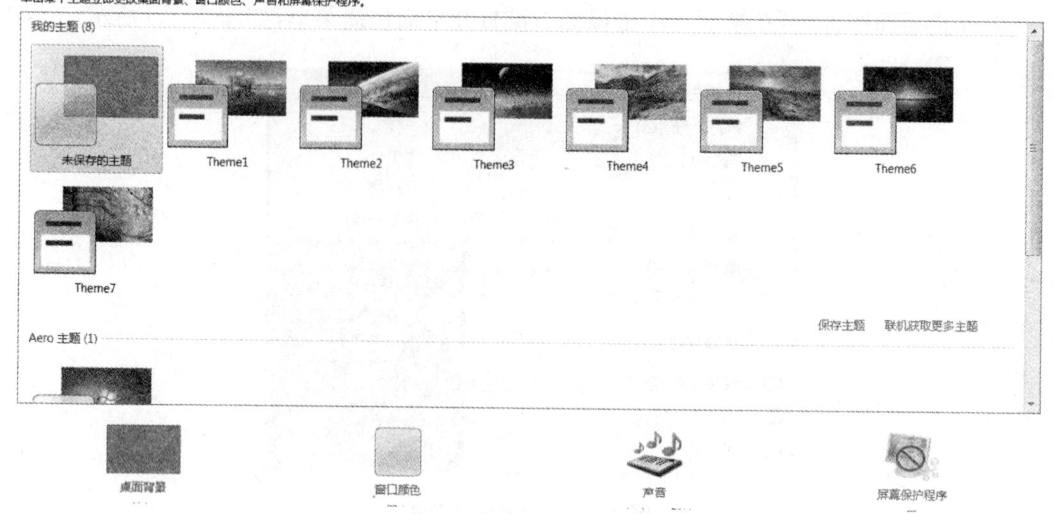

图 2-15　个性化桌面设置窗口

三、控制面板的使用

对控制面板的使用是娴熟使用操作系统的重要途径之一。

1. 认识控制面板

控制面板可以帮助用户调整 Widows 7 的操作环境、查看和添加设备、添加与删除各种软硬件等。单击“开始”菜单，选择“控制面板”选项，可以看到“控制面板”窗口，如图2-16 所示。

图 2-16　控制面板窗口

2. 设置用户账户

Windows 7 是一个多用户、多任务的操作系统，它允许通过设置用户账户，让每个人建立自己的专用工作环境，从而限制用户执行某些操作的能力，提高计算机安全性能。设置“建立用户账户”的具体操作步骤如下：

打开“控制面板”窗口，并在窗口中单击“用户账户和家庭安全”选项，单击“添加或删除用户账户”选项，弹出“管理账户”对话框，如图 2－17 所示。用户可以选择“创建一个新账户”，弹出“创建新账户”窗口，如图 2－18 所示，新建的账户可以是管理员账户，也可以是标准账户，选择“标准用户”单选按钮，在文本框中输入用户名，单击“创建用户”按钮，即完成了一个新账户的创建。

图 2－17 用户账户管理窗口

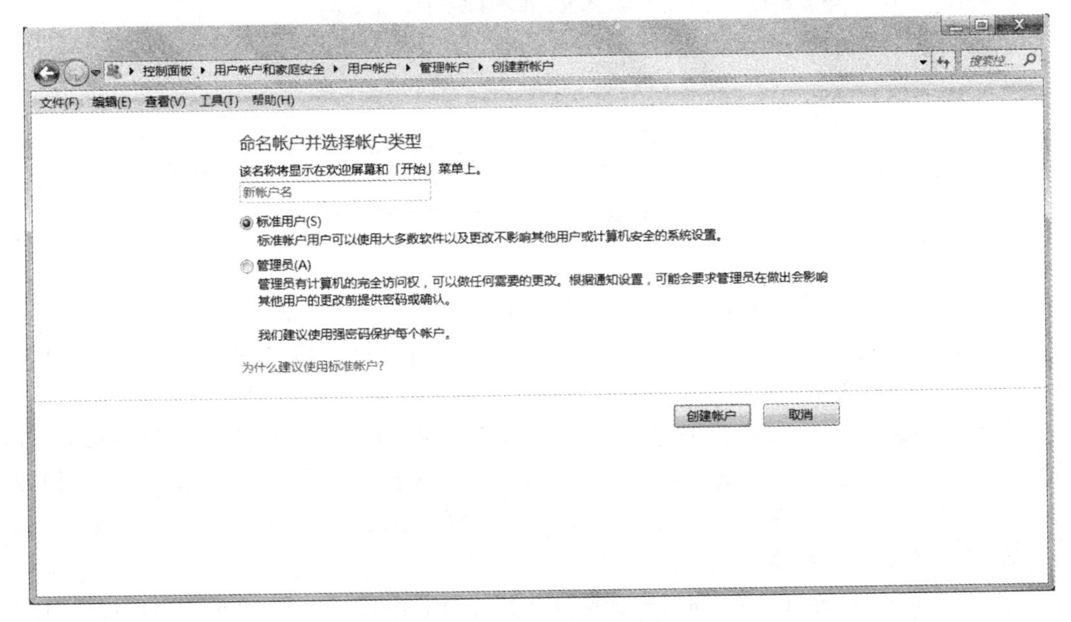

图 2－18 “创建新账户”窗口

四、任务管理器的使用

任务管理器提供有关计算机性能的信息，并显示计算机上所运行的程序和进程的详细信息；如果连接到网络，那么还可以查看网络状态，并迅速了解网络的运行情况。

1. 启动任务管理器

在 Windows 7 中最常见的启动方法如下：

方法一：按下 Ctrl+Alt+Delete 组合键后单击“任务管理器”按钮。

方法二：可以用鼠标右键单击任务栏，选择“任务管理器”菜单项。

启动后的任务管理器如图 2 - 19 所示。它的用户界面提供了文件、选项、查看、窗口、关机、帮助等 6 大菜单项，其下还有应用程序、进程、服务、性能、联网、用户等 6 个选项卡，窗口底部则是状态栏，从这里可以查看到当前系统的进程数、CPU 使用比率、更改的内存容量等数据，默认设置下系统每隔两秒钟对数据进行一次自动更新，也可以选择“查看”|“更新速度”命令重新设置。

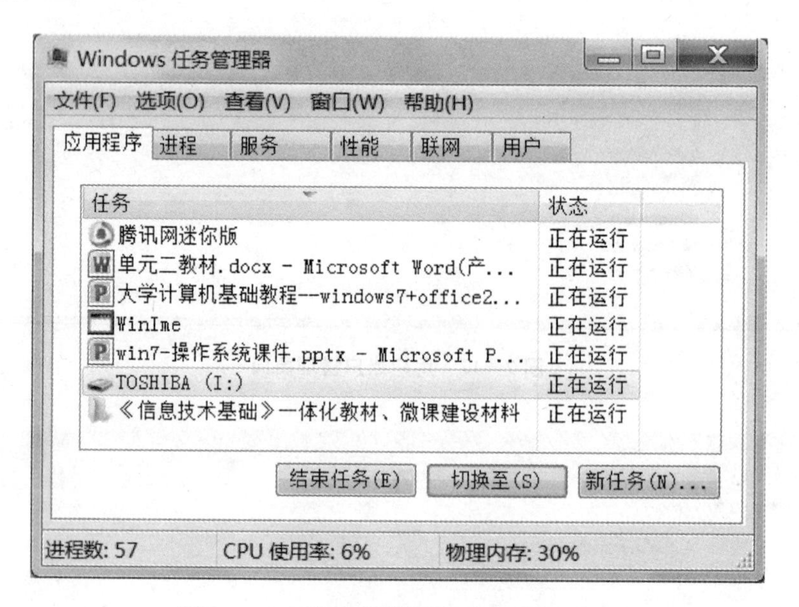

图 2 - 19 任务管理器的“应用程序”选项卡

2. 查看、管理应用程序

在“Windows 任务管理器”窗口中选择“应用程序”选项卡，如图 2 - 17 所示。这里显示了所有当前正在运行的应用程序，不过它只会显示当前已打开窗口的应用程序，而 QQ、MSN 、Messenger 等最小化至系统托盘区的应用程序则并不会显示出来。

用户可以通过单击“结束任务”按钮直接关闭某个应用程序，如果需要同时结束多个任务，可以按住 Ctrl 键复选；单击“新任务”按钮，可以直接打开相应的程序、文件夹、文档或 Internet 资源，如果不知道程序的名称，可以单击“浏览”按钮进行搜索。

3. 查看系统运行状态

在“Windows 任务管理器”窗口中选择“性能”选项卡，如图 2 - 20 所示。用户可以看到计算机性能的动态概念，例如 CPU 和各种内存的使用情况等。

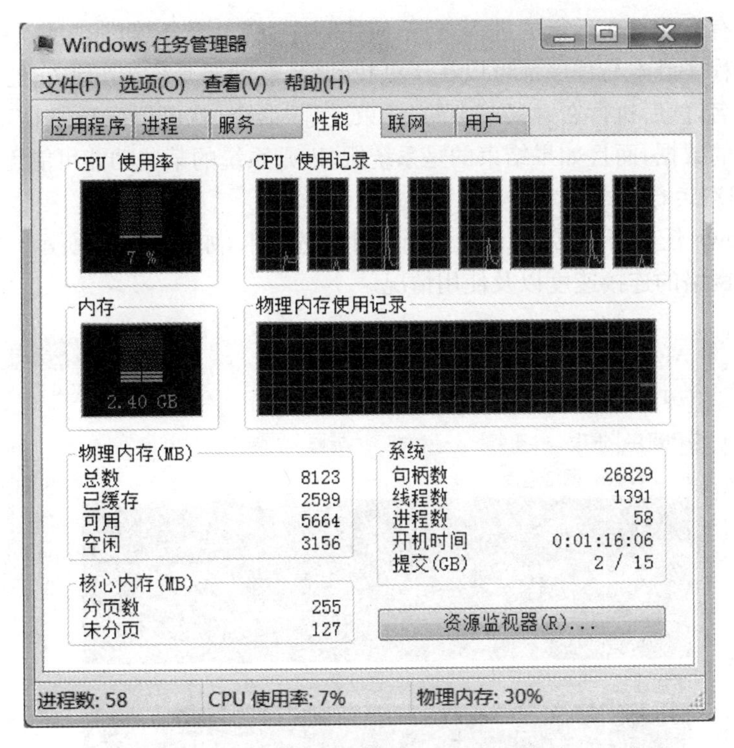

图 2-20　任务管理器的"性能"选项卡

4. 查看、管理计算机进程

在"Windows 任务管理器"窗口中选择"进程"选项卡，如图 2-21 所示。在"进程"选项

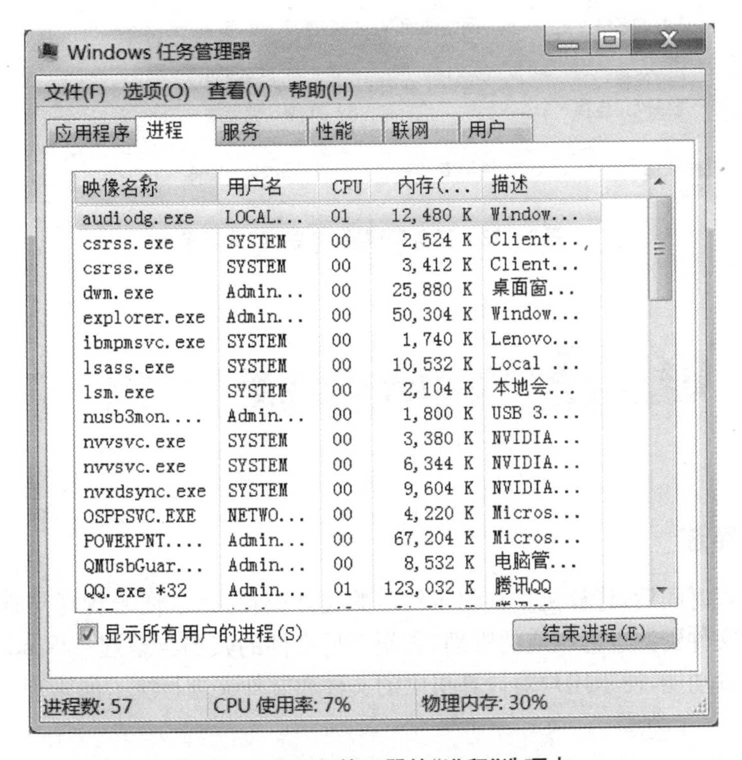

图 2-21　任务管理器的"进程"选项卡

卡中显示了所有当前正在运行的进程，包括应用程序、后台服务等，那些隐藏在系统底层深处运行的病毒程序或木马程序都可以在这里找到，当然前提是你要知道它的名称。找到需要结束的进程名，然后执行右键菜单中的“结束进程”命令，就可以强行终止，不过这种方式将丢失未保存的数据，而且如果结束的是系统服务，则系统的某些功能可能无法正常使用。

5. 查看网络运行状态

在“Windows 任务管理器”窗口中选择“联网”选项卡，如图 2－22 所示。在“联网”选项卡中可以查看网络的连接速度以及使用情况。

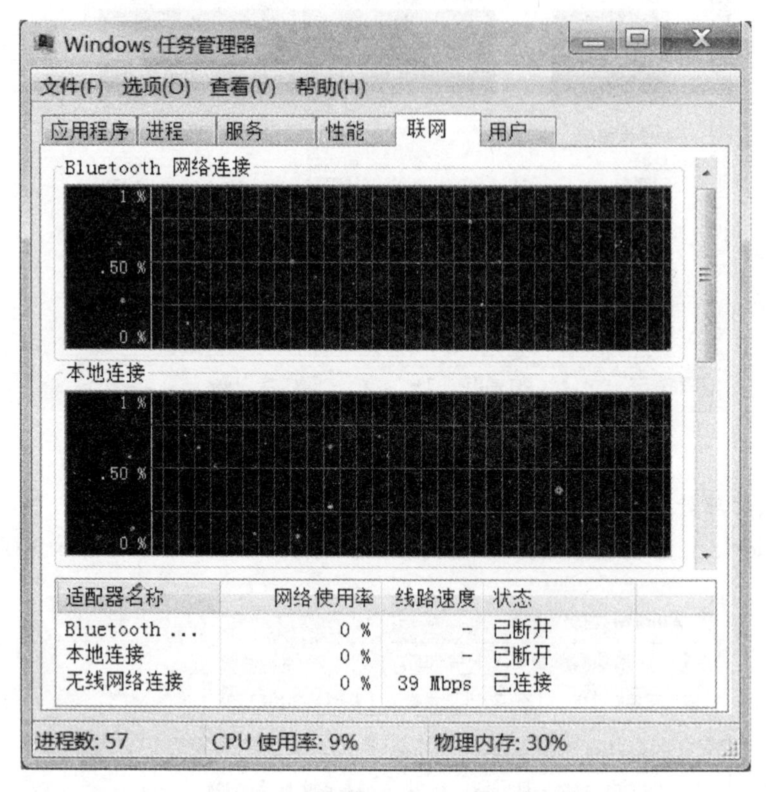

图 2－22 任务管理器的“联网”选项卡

任务 2.5 文件与文件夹管理

任务描述

当工作一段时间后，计算机中存储了较多的文件资料，为了便于管理与查找，我们需要对计算机中的文件资源进行相应的管理，方便今后文件的归档与整理。Windows 操作系统提供了文件管理功能，便于用户对计算机中的文件和文件夹进行统一的管理。

任务实现

扫一扫可见微课
“文件的管理和操作”

2.5.1　文件和文件夹的概念

文件是按一定格式存储在外存储器中的信息集合，是操作系统中基本的存储单位。文件包括程序文件和数据文件两类。数据文件一般必须和一定的程序文件相联系才能起作用。如图形数据文件必须和一个图形处理程序相联系才能看到图形，声音数据文件必须和一个声音播放程序相联系才能听到声音等。每个文件都被赋予了一个主文件名，并且属于一种特定的类型，这种类型用扩展名来标识。文件名应由主文件名和扩展名两部分组成，格式为“主文件名. 扩展名”。

文件夹是系统组织和管理文件的一种形式，可以极大地方便用户查找、管理、维护和存储文件。它既可以包含文件，也可包含下一级文件夹。在文件夹中创建子文件夹，即建立多层文件夹后，文件夹的排列就像一颗倒置的树。在 Windows 7 中就是采用树形结构对文件及文件夹进行管理，“计算机”窗口和 Windows 资源管理器是 Windows 7 提供的用于管理文件和文件夹的工具，如图 2 - 23 所示，利用它们可以显示文件及文件夹的相关信息。

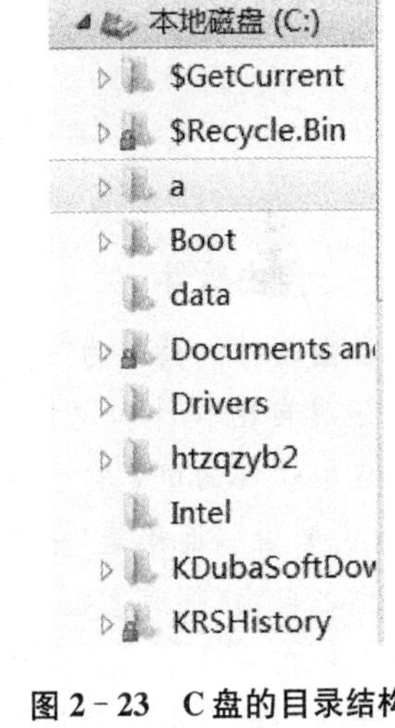

图 2 - 23　C 盘的目录结构

2.5.2　文件和文件夹的命名

① 文件名或文件夹名最长可由 255 个字符组成，但实际操作时一般不超过 20 个字符，名字太长不便于记忆。

② 文件名中可以使用多个分隔符“. ”，以最后一个分隔符后面部分作为扩展名。

③ 文件名或文件夹名不区分大小写。

④ 文件名允许使用空格、汉字(每个汉字当作 2 个字符)。

⑤ 文件名中不能使用以下字符：“/”、“\\”、“:”、“ * ”、“?”、““”、“<”、“>”、“|”。

2.5.3　文件和文件夹的管理

一、创建文件和文件夹

在桌面或文件夹内空白处单击右键，弹出快捷菜单，单击“新建”选项，选择需要创建的文件类型，如图 2 - 24 所示。

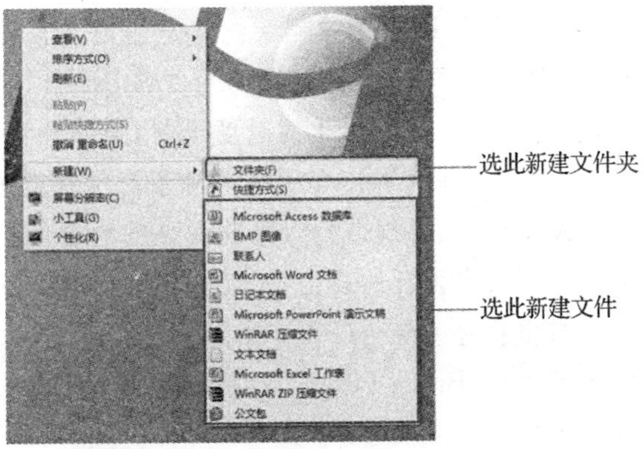

选此新建文件夹
选此新建文件

图 2 - 24　创建文件和文件夹快捷菜单

二、删除文件和文件夹

删除文件和文件夹：首先选取需要删除的文件或文件夹在其上点击右键，选择删除(或者在选取后按下 Delete 键)，弹出删除文件对话框，选择“是”，文件被删除，此时文件并没有被彻底删除，而是进入了回收站。如果需要直接删除不放入回收站，可以在选中后按下 Shift+Delete 键进行删除。

三、文件和文件夹的管理

1. 文件和文件夹的复制

选中需要复制的文件和文件夹，点击右键，选择复制，打开要复制到的文件夹或某一个目标位置，选择粘贴，就完成了文件或文件夹的复制，即在某一个目标位置产生了与原位置相同的一个副本。

2. 文件和文件夹的剪切

选中需要复制的文件和文件夹，点击右键，选择复制，打开用户要剪切到的文件夹或某一个目标位置，选择粘贴，就完成了文件或文件夹的剪切，剪切后原位置的文件或文件夹将不复存在，而是将文件或文件夹移动到了新的目标位置。

知识拓展

一、自由软件

自由软件的英文为“free software”，“free”一词有“自由”、“免费”的双重含意，因此，要如何分辨自由软件和免费软件。自由软件运动的创始人理查德·斯托曼提供了以下的定义：“自由软件的重点在于自由权，而非价格。要了解其所代表的概念，你应该将‘自由’想成是‘自由演讲’，而不是‘免费啤酒’。”更精确地说，自由软件代表电脑使用者拥有选择和任何人合作之自由、拥有掌控他们所用的软件之自由。在 GNU 宣言(GNU Manifesto)中包含了斯托曼在一开始对自由软件使用定义的混淆。

大部分的自由软件都是在线(online)发布，并且不收任何费用，或是以离线(off-line)实体的方式发行，有时会酌收最低限度的费用(例如工本费)，而人们可用任何价格来贩售这些软件。然而，自由软件与商业软件是可以共同并立存在的：因为禁止贩卖软件违反了自由软件的定义。

最早的开放源代码(Open source)定义是在 1998 年创建，来自 Debian 的自由软件指引。当时大多数的开放源代码软件同时也是自由软件，反之亦然。

基于自由 BSD 的操作系统都是使用类似自由软件的授权协议，FreeBSD、OpenBSD 以及 NetBSD，不同的是它们对于“Copyleft”的阐述。这些操作系统的使用者常认为“Copyleft”是一种对自由的过度限制，是一种自由的侵害。

“免费软件”(freeware)是一种不需付费就可取得的软件，但是通常有其他的限制，使用者并没有使用、复制、研究、修改和分发的自由。该软件的源代码不一定会公开，也有可能会限制重制及再发行的自由，所以免费软件的重点是不需要花钱，而不是自由的软件。

自由软件基金会(FSF)对免费软件的定义首次于 1989 年发表。这份定义后来被布鲁斯·裴伦斯(Bruce Perens)改写为“Debian Free Software Guidelines”(DFSG，Debian 自由软件指引)。

自由软件可以免费取得，并且它的源代码可以自由修改并散布，但它并不是没有版权。

版权是当某项作品完成时就自然产生了,不需申请或注册。以本文为例,本文在写作的同时,作者即拥有版权,任何人皆无法剥夺。而当使用者花钱购买某套软件时,所购买的只是“使用权”,使用者必须接受该软件的“软件授权”,才能使用这个软件;而软件的原作者则仍然保有其“版权”。

自由软件是信息技术发展引发信息革命所推动的以开放创新、共同创新为特点的创新2.0模式在IT行业的具体体现,是符合知识社会的发展潮流的,其最根本的意义在于它有利于人类共同意义上的交流、合作和发展。然而,自由软件运动的发展仅仅依靠少数自由软件工作人员、仅仅依靠人们的一些业余行为、仅仅依靠激发人们对自由的热爱和追求行得通吗?肯定不行!自由软件运动,在人们普遍为生计而辛劳、为生存而挣扎时,是不可能有什么大的发展的。理查德·斯托曼先生在谈话中对自由软件运动的现状流露出了一丝悲哀,同时又表达了他心中的希望。我们可以期望自由软件运动有一个历史转折点,那就是当人们不再普遍需要为生计而辛劳、为生存而挣扎的时候(物质基础)。自由软件运动的发展需要一大批的参加者,将来这一大批的参加者必然有这样的特点:基本生活有保障、有坚定的追求理想的精神,他们的生活不一定是最好的,但是他们希望生活得不如他们的人们的生活有所改善并志愿为此做出贡献(精神基础)。自由软件运动一旦越过转折点,软件技术的发展将会产生革命性的飞跃并进一步推动面向知识社会的创新2.0(下一代创新)模式发展。

二、软件的生命周期

软件生命周期(Systems Development Life Cycle,SDLC)是软件从产生直到报废的生命周期,周期内有问题定义、可行性分析、总体描述、系统设计、编码、调试和测试、验收与运行、维护升级到废弃等阶段,这种按时间分程的思想方法是软件工程中的一种思想原则,即按部就班、逐步推进,每个阶段都要有定义、工作、审查,并形成文档以供交流或备查,以提高软件的质量。但随着新的面向对象的设计方法和技术的成熟,软件生命周期设计方法的指导意义正在逐步减少。

同任何事物一样,一个软件产品或软件系统也要经历孕育、诞生、成长、成熟、衰亡等阶段,一般称为软件生存周期(软件生命周期)。把整个软件生存周期划分为若干阶段,使得每个阶段有明确的任务,使规模大、结构复杂和管理复杂的软件开发变得容易控制和管理。通常,软件生存周期包括可行性分析与开发项计划、需求分析、设计(概要设计和详细设计)、编码、测试、维护等活动,可以将这些活动以适当的方式分配到不同的阶段去完成。

三、Android 系统

Android 是一种以 Linux 为基础的开放源码操作系统,主要使用于便携设备,目前尚未有统一的中文名称,中国大陆地区较多人使用“安卓”或“安致”。Android 操作系统最初由 Andy Rubin 开发,最初主要支持手机。2005 年由 Google 收购注资,并组建开放手机联盟开发改良,逐渐扩展到平板电脑及其他领域上。Android 的主要竞争对手是苹果公司的 iOS 以及 RIM 的 Blackberry OS。2011 年第一季度,Android 在全球的市场份额首次超过塞班系统,跃居全球第一。根据 2012 年 2 月的数据,Android 占据全球智能手机操作系统市场52.5%的份额,中国市场占有率为 68.4%。

Android 一词最早出现于法国作家利尔亚当(Auguste Villiers de l'Isle - Adam)在

1886年发表的科幻小说《未来夏娃》(L'ève future)中。他将外表像人的机器起名为Android。

Android的Logo是由Ascender公司设计的,其中的文字使用了Ascender公司专门制作的被称为“Droid”的字体。Android是一个全身绿色的机器人,绿色也是Android的标志。颜色采用了PMS 376C和RGB中十六进制的#A4C639来绘制,这是Android操作系统的品牌象征。有时候,它们还会使用纯文字的Logo。

Android用甜点作为它们系统版本的代号的命名方法开始于Android 1.5发布的时候。作为每个版本代表的甜点的尺寸越变越大,然后按照26个字母顺序:纸杯蛋糕、甜甜圈、松饼、冻酸奶、姜饼、蜂巢、冰激凌三明治。

四、几种常用的算法设计与分析的基本方法

1. 递推法

递推算法是一种用若干步可重复的简单运算(规律)来描述复杂问题的方法,递推是序列计算机中的一种常用算法。它是按照一定的规律来计算序列中的每个项,通常是通过计算机前面的一些项来得出序列中的指定项的值。其思想是把一个复杂的庞大的计算过程转化为简单过程的多次重复,该算法利用了计算机速度快和机器不知疲倦的特点。

2. 递归法

程序调用自身的编程技巧称为递归(recursion)。一个过程或函数在其定义或说明中直接或间接调用自身,它通常把一个大型复杂的问题层层转化为一个与原问题相似的规模较小的问题来求解,递归策略只需少量的程序就可描述出解题过程所需要的多次重复计算,大大地减少了程序的代码量。递归的能力在于用有限的语句来定义对象的无限集合。一般来说,递归需要有边界条件、递归前进段和递归返回段。当边界条件不满足时,递归前进;当边界条件满足时,递归返回。

注意	① 递归就是在过程或函数中调用自身。 ② 在使用递归策略时,必须有一个明确的递归结束条件,称为递归出口。

3. 动态规划法

动态规划是一种在数学和计算机科学中使用的,用于求解包含重叠子问题的最优化问题的方法。其基本思想是将原问题分解为相似的子问题,在求解的过程中通过子问题的解求出原问题的解。动态规划的思想是多种算法的基础,被广泛应用于计算机科学和工程领域。动态规划程序设计是解最优化问题的一种途径、一种方法,而不是一种特殊算法。不像前面所述的那些搜索或数值计算那样,具有一个标准的数学表达式和明确清晰的解题方法。动态规划程序设计往往是针对一种最优化问题,由于各种问题的性质不同,确定最优解的条件也互不相同,因而动态规划的设计方法对不同的问题,有各具特色的解题方法,而不存在一种万能的动态规划算法,可以解决各类最优化问题。因此,读者在学习时,除了要对基本概念和方法正确理解外,必须具体问题具体分析处理,以丰富的想象力去建立模型,用创造性的技巧去求解。

4. 迭代法

迭代法也称辗转法,是一种不断用变量的旧值递推新值的过程,跟迭代法相对应的是直

接法(或者称为一次解法),即一次性解决问题。迭代法又分为精确迭代和近似迭代。“二分法”和“牛顿迭代法”属于近似迭代法。迭代算法是用计算机解决问题的一种基本方法。它利用计算机运算速度快、适合做重复性操作的特点,让计算机对一组指令(或一定步骤)进行重复执行,在每次执行这组指令(或这些步骤)时,都从变量的原值推出它的一个新值。

课后练习

一、选择题

1. 如果你购买了一个软件商品,通常就意味着得到了它的________。

A. 修改权　　B. 拷贝权　　C. 使用权　　D. 版权

2. 未获得版权所有者许可就使用的软件被称________软件。

A. 共享　　B. 盗版　　C. 自由　　D. 授权

3. 针对具体应用问题而开发的软件属于________。

A. 系统软件　　B. 应用软件　　C. 财务软件　　D. 文字处理软件

4. Excel 属于________软件。

A. 电子表格　　B. 文字处理　　C. 图形图像　　D. 网络通信

5. 以下所列软件产品中,________不是数据库管理系统软件。

A. Access　　B. Visual FoxPro

C. Excel　　D. Oracle

6. 以下所列软件产品中,________属于网络通信软件。

A. Access　　B. Excel　　C. Outlook Express　D. Frontpage

7. 以下所列软件中,________是操作系统。

A. WPS　　B. Excel　　C. PowerPoint　　D. Unix

8. 下列有关操作系统作用的叙述中,正确的是________。

A. 有效地管理计算机系统的资源是操作系统的主要作用之一

B. 操作系统只能管理计算机系统中的软件资源,不能管理硬件资源

C. 操作系统提供的用户界面都是图形用户界面

D. 在计算机上开发和运行应用程序与安装和运行的操作系统无关

9. 下列叙述中,________是错误的。

A. 操作系统具有管理计算机资源的功能

B. 存储容量要求大于实际存储器容量的程序在采用虚拟存储技术的操作系统上同样不能运行

C. 操作系统在读写磁盘上的一个文件中的数据时,需要用到该文件的说明信息

D. 多任务操作系统允许同时运行多个应用程序

10. 操作系统具有存储器管理功能,它可以自动“扩充”内存,为用户提供一个容量比实际内存大得多的________。

A. 虚拟存储器　　B. 脱机缓冲存储器

C. 高速缓冲存储器　　D. 离线后备存储器

11. ________运行在计算机系统的底层，并负责实现计算机各类资源管理的功能。

A. 操作系统　　B. 应用软件　　C. 绘图软件　　D. 数据库系统

12. 计算机启动时，引导程序在对计算机系统进行初始化后，把________程序装入主存储器。

A. 编译系统　　B. 系统功能调用

C. 操作系统核心部分　　D. 服务性程序

13. 在各类程序设计语言中，相比较而言，________程序的执行效率最高。

A. 机器语言　　B. 汇编语言

C. 面向过程的语言　　D. 面向对象的语言

14. ________不是程序设计语言。

A. FORTRAN　　B. C＋＋　　C. Java　　D. Flash

15. 一个程序中的算术表达式，如 X＋Y－Z，属于高级程序语言中的________部分。

A. 数据　　B. 运算　　C. 控制　　D. 传输

16. 机器指令时一种命令语言，它用来规定 CPU 执行什么操作、对象所在的位置。机器指令大多是由________两部分组成的。

A. 运算符和寄存器号　　B. ASCII 码和汉字编码

C. 程序和数据　　D. 操作码和操作数

17. 高级语言的控制结构主要包括________。

① 顺序结构　② 自顶向下结构　③ 条件选择结构　④ 循环结构

A. ①②③　　B. ①③④　　C. ①②④　　D. ②③④

18. 对 C 语言中语句“while(P)S;”的含义，下列解释正确的是________。

A. 先执行语句 S，然后根据 P 的值决定是否再执行语句 S

B. 若条件 P 的值为真，则执行语句 S，如此反复，直到 P 的值为假

C. 语句 S 至少会被执行一次

D. 语句 S 不会被执行两次以上

二、判断题

1. 计算机软件是用户与硬件系统的接口，是用户操作硬件系统的桥梁。（　　）

2. 系统软件的任务是控制和维护计算机的正常运行，管理计算机的各种资源，以满足应用软件的需要。（　　）

3. 软件著作权即软件开发完成之日起就自动产生，是授予软件作者某种独占权利的一种合法的保护形式。（　　）

4. 软件产品的设计报告、维护手册和用户使用指南等不属于计算机软件的组成部分。（　　）

5. 一台计算机只要装入系统软件后，即可进行文字处理或数据处理工作。（　　）

6. 一旦计算机系统安装了操作系统，它将一直驻留在计算机的内存中。（　　）

7. 计算机系统中最重要的应用软件是操作系统。（　　）

8. 操作系统三个重要作用体现在：管理系统硬件软件资源，为用户提供各种服务界面，为应用程序开发提供平台。（　　）

9. 引导程序的功能是把操作系统的一部分程序从内存写入磁盘。 ( )

10. 支持多任务处理和图形用户界面是 Windows 的两个特点。 ( )

11. 一般将用高级语言编写的程序称为源程序，这种程序不能直接在计算机中运行，需要由相应的语言处理程序翻译成机器语言程序才能执行。 ( )

12. 任何高级程序设计语言编写的程序都必须经过转换才能由计算机执行。 ( )

13. 程序语言中的条件选择结构可以直接描述重复的计算过程。 ( )

14. 程序设计语言课可按级别分为机器语言、汇编语言和高级语言，其中高级语言比较接近自然语言，而且易学易用，程序易修改。 ( )

单元 3

计算机网络基础与 Internet 应用

任务 3.1 通信技术

任务描述

近十多年来，计算机网络得到了飞速的发展，特别是遍布全球的互联网(Internet，也称因特网)已经并且还在改变着我们的工作、学习和生活。从广义的角度来说，各种信息传递均可称为通信(communication)。但现代通信指的是使用电波或光波传递信息的技术，通常称为电信(telecommunication)，如电报、电话、传真等。广播和电视也使用电(光)波传递信息，不过它们主要是从单点向多点发送信息的单向通信。

早在 18 世纪和 19 世纪初，人们就开始使用电进行远距离传输信息的试验。1836 年英国建成第一条电报线路。1876 年美国人 A. G. 贝尔研制成可供实用的电话。20 世纪初意大利人 G. W. 马可尼实现了跨越大西洋的无线电报通信。1918 年出现收音机和无线电广播。1938 年第一个电视台开始播出。电子管、晶体管和集成电路等电子器件的发明，大大促进了通信和广播事业的发展，有线载波通信、微波通信、数字通信、卫星通信、光纤通信、彩色电视和卫星电视等技术相继出现，特别是计算机网络的出现和它们与通信、广播的结合，使通信和电视从单纯的信息传输发展为具有信息存储、检索、识别、转换和处理等多种功能的信息系统。本节将重点介绍数字通信技术。

任务实现

扫一扫可见微课
“通信技术基本原理”

3.1.1 通信的基本原理

一、通信系统的简单模型

通信的基本任务是传递信息，因而至少需三个组成要素，即信息的发送者(称为信源)和信息的接收者(称为信宿)，携带了信息的电(或光)信号，以及信息的传输通道(称为信道)。最简单的通信系统模型如图 3-1 所示。以有线电话系统为例，发话人(及其使用的电话机)和受话人(及其使用的电话机)相当于信源和信宿,说话人的话音经电话机转换得到强度随时间而变化的电流就是携带了信息的信号,信号在电话线和中继器、交换机等设备中传输,电话线是信号的传输介质,它和中继器、交换机等构成了传输信号的信道。信源和信宿中使用的发信和收信设备(电话机),也称为通信终端。

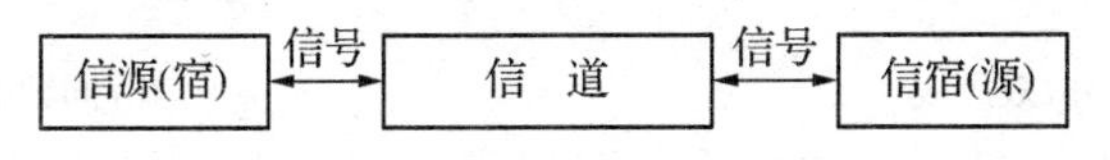

图 3-1 通信系统的简单模型

通信系统中被传输的信息都必须以某种电(或光)信号的形式才能通过传输介质进行传输。电(或光)信号有两种形式:模拟信号和数字信号。模拟信号通过连续变化的物理量(如信号电平的幅度或电流的强度)来表示信息,例如人们打电话或者播音员播音时声音经话筒(麦克风)转换得到的电信号就是模拟信号。数字信号的电平高低或电流大小只有有限个状态(一般是两个状态),它们在时间上有时也是不连续的。例如电报机、传真机和计算机发出的信号都是数字信号(如图 3-2)。

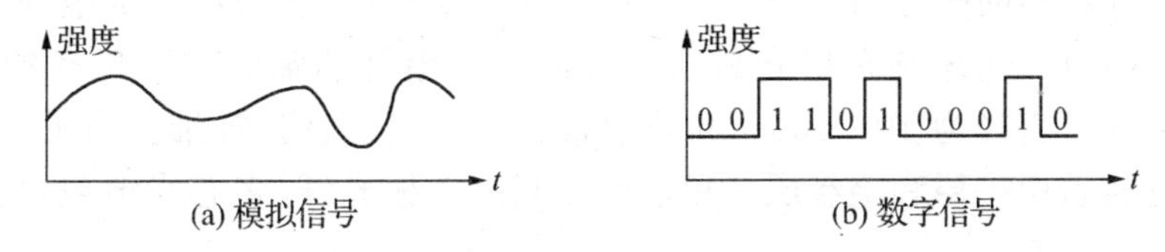

图 3-2 模拟信号与数字信号

模拟信号在传输过程中容易受噪声信号的干扰,传输质量不够稳定。随着数字技术的发展,目前已经越来越多地把模拟信号转换成数字信号后再进行传输(或信源发出的本身就是数字信号),这种通信传输技术称为数字通信。数字通信的抗干扰能力强,差错可控制,可靠性好,还可以方便地对信号加密,安全性更容易得到保证。由于传输的是数字信号,因而可以直接由计算机进行信息的存储、处理和管理。

手机通信、数字有线电视(或卫星电视)和固定电话中继通信(及长途通信)都是将信源发出的声音和图像的模拟信号转换成数字信号进行传输的例子。

二、有线与无线通信

按信号传输所使用传输介质的类型,通信分有线通信和无线通信两大类。有线通信中使用的传输介质是金属导体或光导纤维,金属导体利用电流传输信息,光导纤维通过光波来传输信息;无线通信不需要物理连接,而是通过电磁波在空间的传播来传输信息。不同的传输介质具有不同的传输特性,使用的通信设备也不一样,成本相差很大,因而各有其不同的应用范围。

1. 电缆通信

通信使用的金属电缆有双绞线和同轴电缆两类(如图 3-3)。双绞线由两根相互绞合成均匀螺纹状的导线所组成,多根这样的双绞线捆在一起,外面包上护套,就构成双绞线电缆。双绞线有屏蔽双绞线和无屏蔽双绞线两种,前者在双绞线外面加上了用金属丝编织成的屏蔽层,可用于较远距离的数据传送;后者价格便宜,在计算机局域网中普遍采用。双绞线的缺点是易受外部高频电磁波干扰,误码率较高,通常只在建筑物内部使用。

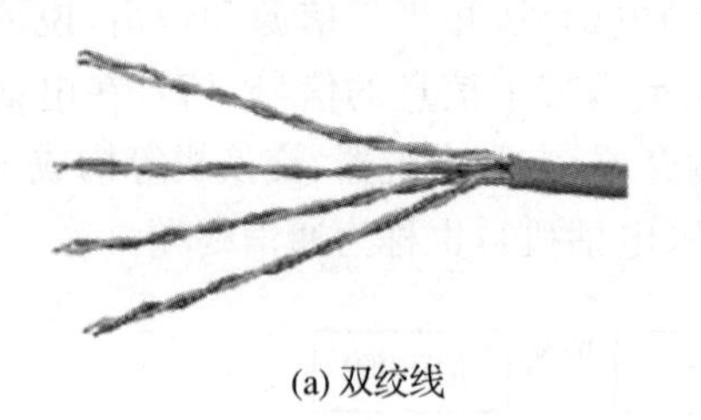

(a) 双绞线

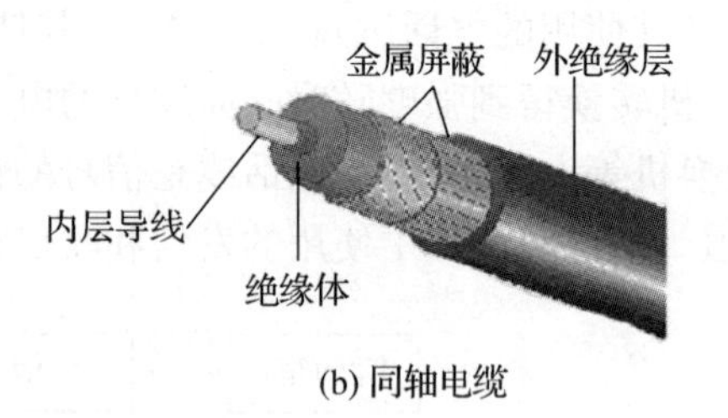

(b) 同轴电缆

图 3-3 双绞线与同轴电缆

常用的一种同轴电缆是有线电视电缆，它将居民家中的电视机连接到广播电视传输网，用于传输广播电视信号，最大传输距离可达几千米甚至几十千米。

双绞线和同轴电缆需要耗费大量金属材料，成本很高。现在，光纤的传输性能已远远超过了金属电缆，成本也已大幅度降低，因此，目前各种通信（广播）系统和计算机网络的长途（或主干）线路部分，光纤已全面取代了电缆。

2. 光纤通信

光纤是光导纤维的简称，它由纤芯、包层和涂覆层组成，涂覆层可屏蔽外部光源的干扰（如图 3-4(a)）。光纤具有把光封闭在纤芯中并沿纤芯轴向进行传播的功能（如图 3-4(b)）。纤芯是直径为 10—100 μm 的细石英玻璃丝，透明、纤细。为了保护光纤，光纤之外通常还覆盖保护层和绝缘层。单芯光缆只有 1 根光纤，多芯光缆包含有多根光纤（如图 3-4(c)）。

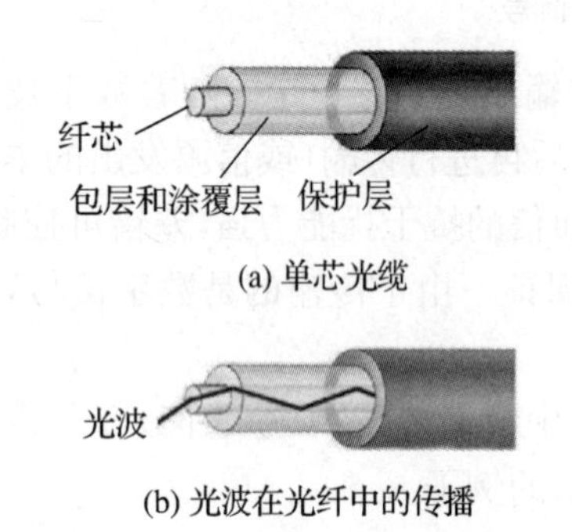

(a) 单芯光缆

(b) 光波在光纤中的传播

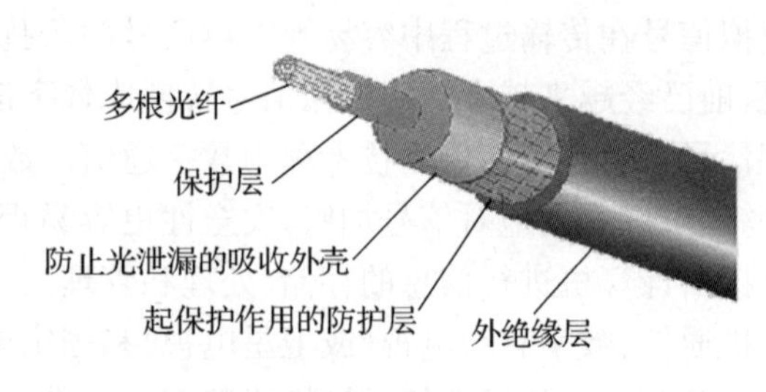

(c) 多芯光缆

图 3-4 光纤、光缆和光波在光纤中的传播

光纤除了具有通信容量大和传输距离远（无中继通信距离可达几十、甚至上百公里）的优点之外，由于是绝缘体，不会受高压线和雷电电磁感应的影响，抗核辐射的能力也强。光缆几乎可以做到不漏光，因此，保密性强。光缆的重量轻，便于运输和铺设。正是由于上述许多优点，因此，从 20 世纪 80 年代起，世界各国开始大规模铺设光纤通信线路，光纤传输网已经成为几乎所有现代通信网和计算机网的基础平台。

3. 无线和微波通信

无线传输（通信）借助电磁波在空间的传播进行信息的传输，它不仅可以省去金属线缆或光缆及其架设的费用，而且允许通信终端在一定范围内随意移动。过去无线通信主要是在那些难以铺设传输线的边远山区和沿海岛屿使用，现在已经成为人们使用便携式设备进行移动通信和上网必不可少的条件。但电波通过自由空间时能量较分散，传输效率没有有线通信高，同时，无线通信存在着易被窃听、易受干扰等缺点。

无线电波可以按频率(或波长)分成中波、短波、超短波和微波(如图 3－5)。由于不同波段电磁波的传播特性各异,因此,可以应用于不同的通信系统。例如,中波主要沿地面传播,绕射能力强,适用于广播和海上通信。短波具有较强的电离层反射能力,适用于环球通信。超短波和微波频带很宽,但绕射能力较差,只能作为视距或超视距中继通信。

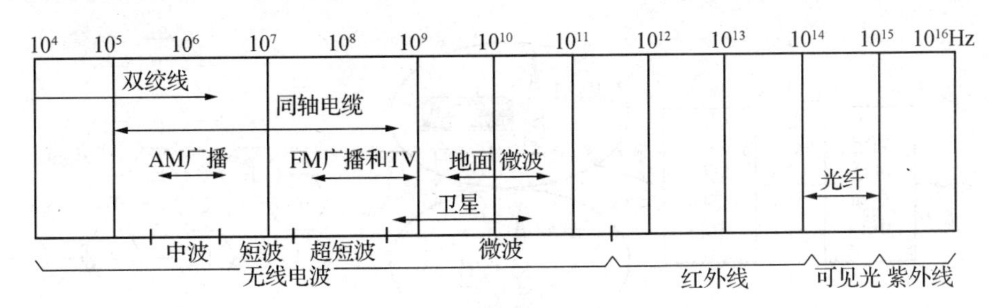

图 3－5　电磁波的频谱

微波是一种 300 M—300 GHz 的电磁波,它具有类似光波的特性,在空间主要是直线传播,也可以从物体上得到反射,但不能像无线电的中波那样沿地球表面传播,因为地面会很快把它吸收掉。微波也不像短波那样,可以经电离层反射传播到地面上很远的地方,因为它会穿透电离层,进入宇宙空间而不再返回地面。手机和无线局域网(WiFi)都使用微波进行通信。

利用微波进行远距离通信(如图 3－6)需要依靠微波站进行接力通信,如终端 A 通过中继站 1 和中继站 2 与终端 B 进行通信,中继站之间的距离一般为 50 km 左右。中继站也可以安装在人造卫星上,此类微波通信称为“卫星通信”。

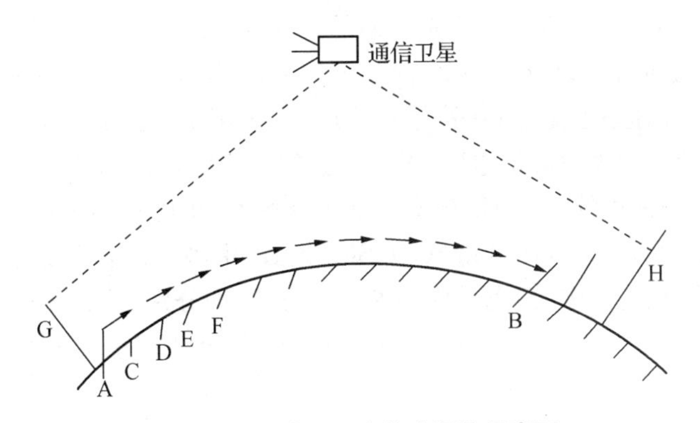

图 3－6　微波远距离接力通信示意图

4. 移动通信

移动通信指的是处于移动状态的对象之间的通信,也是微波通信的一种。最有代表性的移动通信是手机——个人移动通信系统,它由移动台(手机)、基站、移动电话交换中心等组成(如图 3－7)。基站是与移动台(手机)联系的一个无线信号收发机,它固定架设在地面高处,每个基站负责与其周围区域内所有的手机进行通信。基站和移动交换中心之间通过微波或有线信道交换信息,移动交换中心再与固定电话网进行连接(如图 3－7(a))。每个基站的有效区域既相互分割,又彼此有所交叠,整个移动通信网就像是蜂窝(如图 3－7(b)),所以也称为“蜂窝式移动通信”。

第1代个人移动通信采用的是模拟通信技术。随着技术的进步，个人移动通信很快便进入了第2代(2G)，多年来我国广泛使用的GSM和CDMA都属于第2代移动通信系统。它们采用数字通信技术，除了进行话音通信之外，还提供速率为100—200 kb/s的低速数据业务(可以收发短消息、传输文本信息等)，受到用户的广泛欢迎，不少用户至今仍在使用。

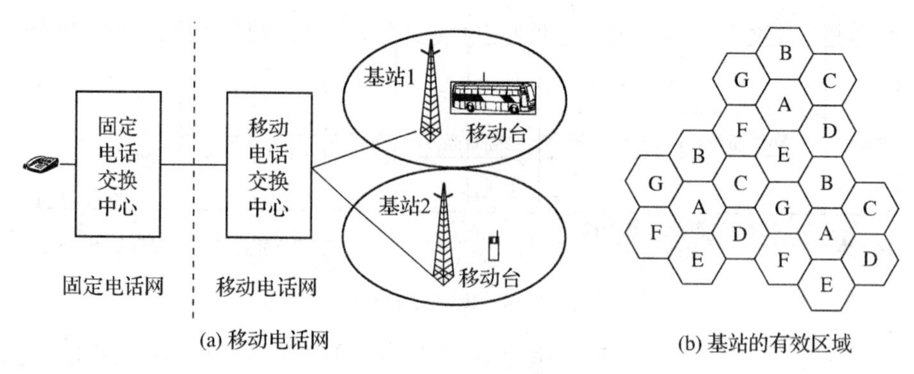

图3-7 移动通信系统

近几年我国开始全面使用第3代个人移动通信(3G)。3G的频谱利用率比2G高，使用的频段也成倍增长，因此，数据传输能力比2G高出10倍左右(一般情况可达几个Mb/s，移动中也可达几百kb/s)，能以较高质量进行多媒体通信，包括话音通信、数据通信和图像通信等。智能手机的普及更使3G移动通信的应用达到了前所未有的程度。

我国的3G通信有三种技术标准。中国移动采用的是我国自主研发的TD-SCDMA(时分-同步码分多址接入)技术，中国电信采用的是CDMA2000技术，中国联通采用的是WCDMA技术。三种不同标准的网络是互通的，但终端设备(手机)互不兼容。

当前，我国正在加紧建设性能更好的第4代移动通信(4G)，其传输速率理论上可达100 Mb/s左右，实际速率也比3G提高了近10倍。采用4G之后上网速度可以媲美目前家庭宽带的速度，能流畅地播放高清电影、进行大数据传输等，当然资费是一大问题。

我国三大运营商采用的4G通信技术标准仍有区别：中国移动采用TD-LTE制式，其4G手机将兼容3G(TD-SCDMA)和2G(GSM)模式；中国电信和联通采用FDD-LTE制式，其终端设备(手机、上网卡等)也采用多模工作方式，即分别与原先使用的3G和2G模式保持兼容。这样，更换了4G手机的用户，在只有3G甚至2G通信条件的地区仍能正常地进行通信。

三、调制与解调技术

由于导体存在电阻，电信号直接传输的距离不能太远。研究发现，高频振荡的正弦波信号在长距离通信中能够比其他波形信号传送得更远。因此，可以把这种高频正弦波信号作为携带信息的"载波"。信息传输时，利用信源信号去调整(改变)载波的某个参数(幅度、频率或相位)，这个过程称为"调制"，经过调制后的载波携带着被传输的信号在信道中进行长距离传输，到达目的地时，接收方再把载波所携带的信号检测出来恢复为原始信号的形式，这个过程称为"解调"。

扫一扫可见微课
"调制与解调技术"

载波信号是频率比被传输信号(称为基带信号或调制信号)高得多的正弦波。调制的方法主要有三种:幅度调制、频率调制和相位调制,图 3－8 是三种不同调制方法的示意图。

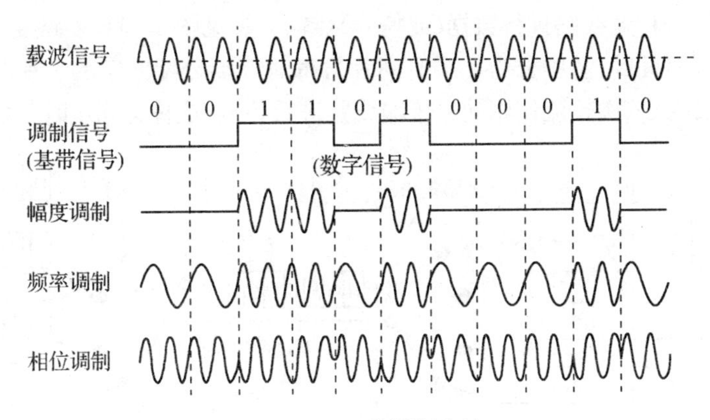

图 3－8 三种调制方法

对载波进行调制所使用的设备称为“调制器”,调制器输出的信号即可在信道上进行长距离传输。到达目的地之后再由接收方使用“解调器”进行解调,以恢复出被传输的基带信号。不同类型的调制信号和不同的调制方法,需采用不同的调制和解调设备。由于大多数情况下通信总是双向进行的,所以调制器与解调器往往做在一起,这样的设备称为“调制解调器”(MODEM)(如图 3－9)。

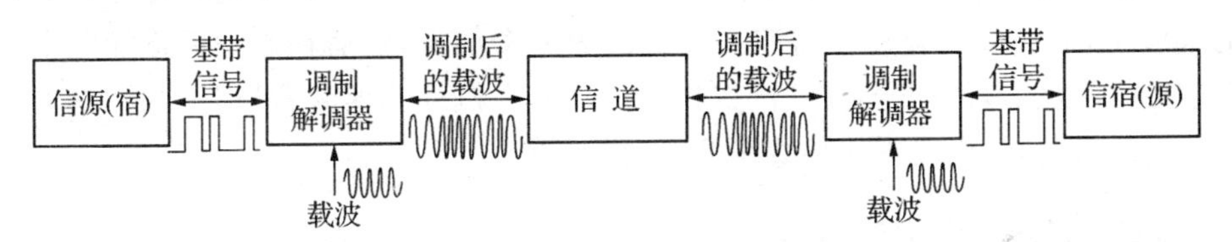

图 3－9 使用调制解调器进行远距离通信

无论是有线通信还是无线通信,通信距离稍远就需要采用调制解调技术。以光纤通信为例,光纤传输信息时,在发信端,由需要传输的数字信号(电信号)去驱动一个光源(半导体激光器或发光二极管)发光,并对发出的光信号进行调制(例如通过电信号中的 0 或 1 来控制光信号的通或断)。调制后的光信号通过光纤传送到接收端,信号经放大后由光检测器(半导体光电管)进行检测、解调,转换成电信号之后再发送给接收设备。为了补偿光纤线路的损耗,消除信号失真和噪声干扰,每隔一定的距离需要接入中继器(如图 3－10)。

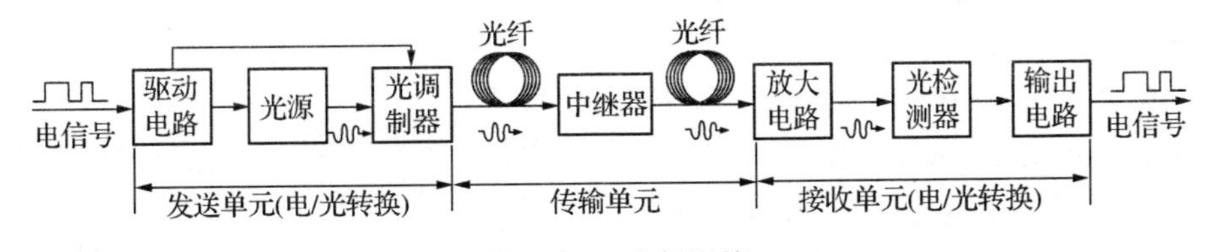

图 3－10 光纤通信

四、多路复用技术

由于传输线路的建设和维护成本在整个通信系统中占相当大的份额,而且一条传输线路的容量通常也远远超过传输一路用户信号所需的带宽。为了提高传输线路的利用率,降低通信成本，一般总是让多路信号同时共用一条传输线进行传输，这就是多路复用技术。

多路复用技术有两类。“时分多路复用”(TDM)技术中各终端设备(计算机)以事先规定的顺序轮流使用同一传输线路进行数据(或信号)传输。参见图 3－11，多路复用器将轮转一周的时间划分为若干时间片(图中分为 4 个时间片)，每对终端分配固定的一片时间用来传输一组数据(或信号)，大家依次轮流使用同一传输线路进行传输，这称为同步时分多路复用。

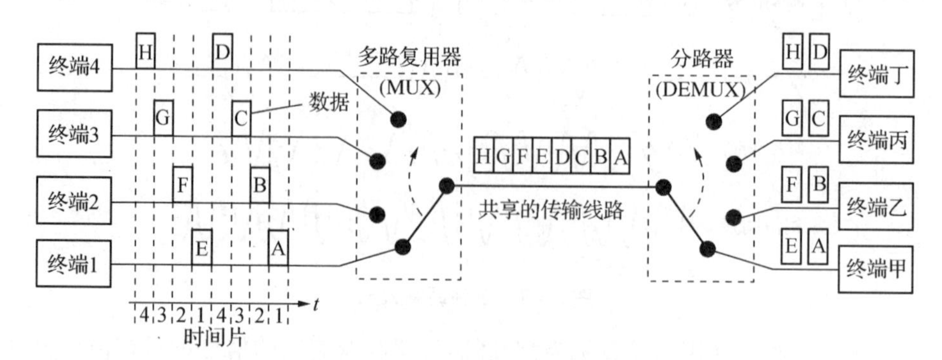

图 3－11　同步时分多路复用原理

时分多路复用技术中，收方和发方也可以异步地进行信息的传输，只要在被传输的信息中附加上接收方的“地址”即可，这是计算机网络中使用的主要方式。

另一种多路复用技术是“频分多路复用”(FDM)，它将每个信源发送的信号调制在不同频率的载波上，通过多路复用器将它们复合成为一个信号，然后在同一传输线路上进行传输。抵达接收端之后，借助分路器(例如收音机和电视机的调谐装置)把不同频率的载波送到不同的接收设备，从而实现传输线路的复用(如图 3－12)。

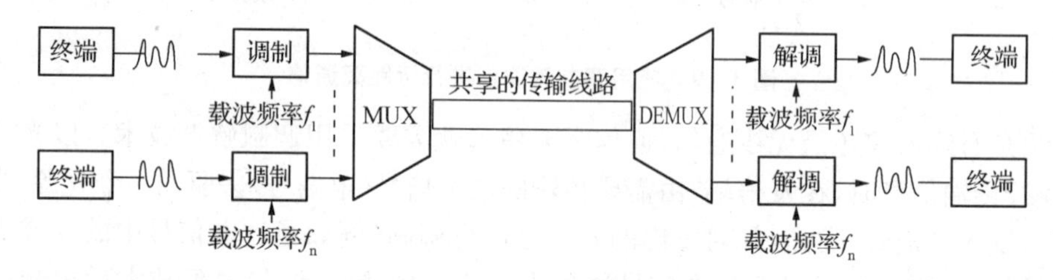

图 3－12　频分多路复用原理

使用光纤传输信息时，光波的频率为 1014—1015Hz，波长为微米级，一束光每秒能携带几十个 G 的二进位信号。即使如此，通过多路复用技术(称为波分多路复用技术，WDM)还可以进一步提高光纤的通信容量。

所谓波分多路复用就是在一根光纤中同时传输几种不同波长的光波，其原理如图 3－13 所示。其中发送端有 N 个发送单元，它们所发出的 N 个不同波长的光波通过复用器(称为合波器)合并起来，进入同一根光纤进行传输。到达接收端后，通过分路器(称为分波器)将它们分开，分别送到各自相应的光电检测器中，恢复出原始的信号。这样，一根光纤的传输容量就能

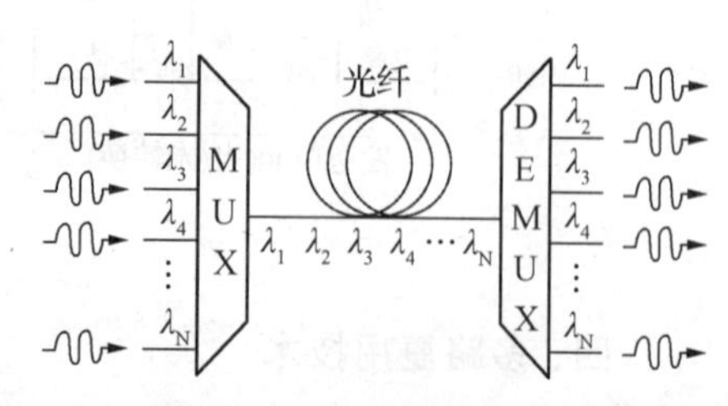

图 3－13　波分多路复用

达到 1Tb/s 以上。

移动通信(手机)系统中,第 1 代模拟蜂窝系统采用的是频分多路复用技术(称为 FDMA),第 2 代的 GSM 系统主要采用时分多路复用技术(称为 TDMA),第 3 代移动通信使用的是码分多路寻址(CDMA,简称“码分多址”)技术。

CDMA 使用扩频技术以广播方式将数字化的通话信息(数据包)进行传输,传输前要对数据包进行特殊的编码,从 440 亿个代码中指定某个代码代表这次通话,使得同时传输的所有数据包可互相区分。当接听人接通手机后,就能从接收到的所有信息中识别出标识着特定代码的数据包并将它们还原为发送方送出的通话信息。CDMA 在扩频技术的基础上综合发挥了时分多路和频分多路的优点,它的通话容量大,话音也最清晰。

总之,采用多路复用技术后,同轴电缆、光纤、无线电波等可以同时传输成千上万路不同信源的信号,大大降低了通信的成本。

3.1.2　交换技术

一、电路交换与分组交换

在电话出现后不久,人们便认识到,在所有电话机之间架设直达的线路对资源不仅是极大的浪费,而且也是不可能的,必须依靠电话交换机实现用户之间的互连。电话交换机采用的是“电路交换”技术,即通话前经过拨号接通双方的线路(建立一条物理通路),通话后再释放该线路(拆线)。电路交换的特点是:在通话的全部时间内用户始终占用端到端的传输信道。

计算机网络也是通信网络的一种,它连接着许多计算机,发送和接收的都是二进制数据。为了把源计算机发送的数据传输到目的计算机去,如果像电话那样使用电路交换技术是行不通的。因为计算机传送数据具有突发性和不连续性,线路上真正用来传输数据的时间不到 10%,甚至不到 1%,绝大多数时间里线路是空闲的,效率太低。解决的方案是采用“分组交换”技术。

分组交换也称为包交换,它是针对数据通信的特点而提出的一种交换技术。所谓“交换”,从通信资源分配的角度来看,就是按照某种方式动态地分配传输线路。采用分组交换方式进行数据通信时,源计算机把需要传输的数据(例如 MP3 格式的一只歌曲)划分为若干适当大小的数据块,为每块数据附加上收发双方的地址、数据块的编号、校验信息等有关信息(称为“头部”),组成一个一个的“包”(packet,也称为“分组”)(如图 3-14),然后以包为单位通过网络向目的计算机发送。到达目的计算机之后,由目的计算机接收和处理。

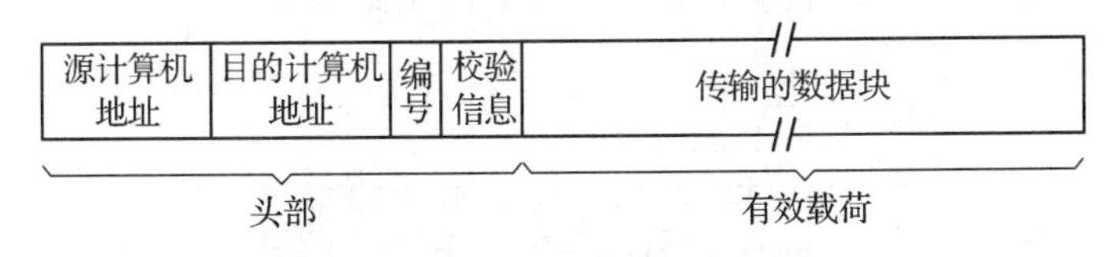

图 3-14　分组交换中数据包的格式

参看图 3-15,假设计算机 A 要向计算机 B 发送 1 个文件,该文件被分成 3 个包,然后依次送入网络。网络中有若干分组交换机,它们之间由许多通信链路连接。数据包在网络中被分组交换机一站一站地向前传输，每个包经过的途径不一定完全相同，到达目的地的先后次序也可能发生变化。当这些包全部到达目的计算机之后，由目的计算机剥去其头部，再将它们按编号顺序重新合并成为原来的数据文件。

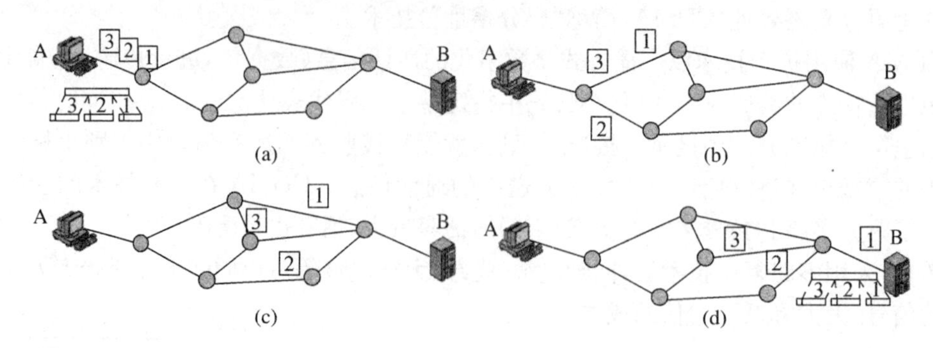

图 3－15　分组交换原理

> **注意**　图 3－15 中只画出了两台计算机进行数据通信。实际上，网络中连接着许多计算机且可以同时进行数据通信，为了保证它们相互能正确有效地进行通信，分组交换机是必不可少的一种通信控制设备。

二、分组交换机与存储转发

为了实现分组交换方式的数据传输，网络中必须使用一种关键设备——分组交换机（图 3－15 中的小圆圈）。交换机与交换机之间是高速数字通信线路，如光纤、微波、卫星频道等。

分组交换机的基本工作模式是“存储转发”，即每当交换机从端口收到一个包后，就检查该数据包要送达的目的计算机地址，然后查表决定应该由哪个端口转发出去（如图 3－16）。考虑到经常会有许多包需要在同一端口进行转发，分组交换机的每个端口都有一个输出缓冲区，需要发送的包在该端口的缓冲区中排队。端口每发送完一个包，就从缓冲区中提取下一个包进行发送，这就是存储转发技术。

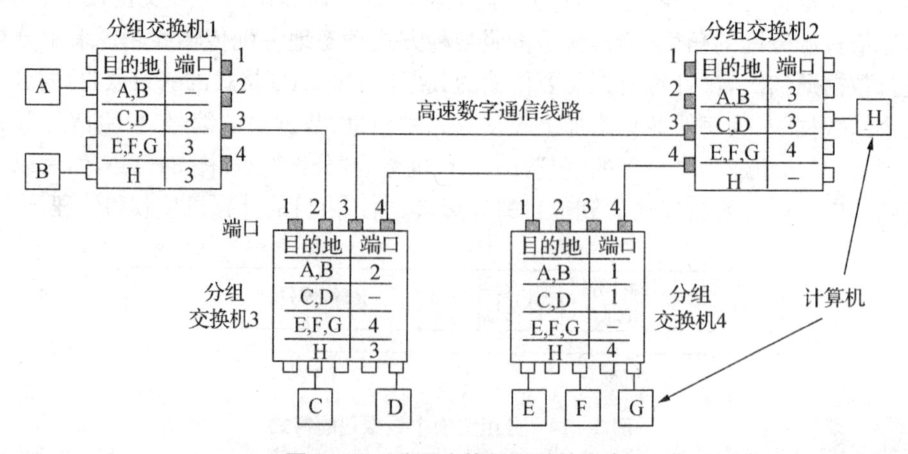

图 3－16　分组交换机及其转发表

为了使每一个数据包均能正确地送达目的计算机，交换机每收到一个包，就要根据包中

的目的计算机地址去查一张表(称为“转发表”),该表的功能是指出发送给哪台目的计算机的包应该从哪个端口转发出去。网络中每台交换机都必须有自己的转发表,表中包含了通向所有可能目的地的转发信息(称为“路由”信息)。转发表是交换机中的软件根据计算机与交换机、交换机与交换机之间的连接情况自动计算得到的。每当网络中的交换机、计算机或者它们之间的数据链路情况发生变化时,转发表就需要重新计算和更新。

计算机网络采用分组交换和存储转发技术的好处是:

① 传输线路的利用率高。由于包的大小是有限制的,一般都比较小(例如以太网中最大不得超过 1500 字节),把大的数据文件分成包以后,就可以使得网络中所有需要传送数据的计算机都能及时而迅速地得到传输服务,而不会发生一台计算机长时间地独占传输线路而使其他计算机没有机会传输数据的情况。

② 数据通信可靠。由于数据包长度比较小,又包含有校验信息,传输过程中出了错(包括整个包中途丢失),很容易被交换机或目的计算机发现。发生这种情况时会通知发送方,发送方可以重发出错或丢失的包。另外,网络中即使少数通信链路发生拥塞或者交换机出现故障,也可以灵活地改变数据传输的路由,不致引起通信的中断。

③ 灵活性好。分组交换机的输出端口有缓冲,输入端口也有缓冲。这样,收发双方并不需要同步工作。当线路拥塞或接收方忙碌而来不及接收数据包时,交换机可以起一定的缓冲作用。此外,计算机还可以给数据包设置优先级,交换机可区分包的轻重缓急,使重要的数据能优先得到传输。

分组交换技术也带来一些缺点。例如包在交换机中转发时,因为要在缓冲区中排队,总会产生一定的时延,特别是网络中通信量过大时,这种时延有时可能很显著;数据分组时必须携带头部信息,这也产生了一定的额外开销;此外,交换机需要具有较高性能的处理和控制功能,其成本也不容小视。

三、分组交换的应用

由于分组交换技术的种种优点,因此,在数据通信和计算机网络中被广泛采用。从 20 世纪七八十年代开始,工业发达国家建设了一些地域覆盖范围很广的公用分组交换网(即传统的广域网,如 X. 25 网等),向公众提供数据通信服务。

局域网中采用的也是分组交换技术。交换式以太局域网中使用的局域网交换机也可以看作是分组交换机中的一种。蜂窝移动通信系统(即手机网)中也采用了分组交换技术。

需要注意的是,尽管公用分组交换网、局域网等都采用了分组交换技术,但由于它们的用途不同,传输技术不同、拓扑结构不同等诸多因素,不同网络的帧(包)格式和计算机编址方案等均各不相同。

任务 3.2 网络概述

任务描述

本节介绍网络的基本概念,分类和组成,拓扑结构,网络的主要性能指标和工作模式。

3.2.1 计算机网络的概念

21 世纪是以网络为核心的信息时代，其重要特征是数字化、网络化、信息化。计算机网络是将地理位置分散、各自具备独立功能的计算机(或其他智能设备)利用通信设备和线路连接起来的，实现相互通信、资源共享等功能的一个系统。

计算机组网的目的主要包括数据通信、资源共享、协同工作、提高系统可靠性四个方面。

① 数据通信。计算机之间和计算机用户之间能够相互通信，实现信息资源的交流。

② 资源共享。这是计算机组网最根本的目的。用户可以共享网络中其他计算机的软件、硬件和数据资源。

③ 协同工作。计算机之间或计算机用户之间协同工作，实现分布式信息处理。

④ 提高系统可靠性。网络中的计算机之间可以互相协作、互相备份，当某台计算机出现故障时，网络中其他计算机可以自动接替其任务。

3.2.2 计算机网络的组成

扫一扫可见微课
“计算机网络的组成与分类”

一般来说，计算机网络包括下列四个组成部分。

1. 计算机等“智能”设备

计算机是实现网络通信的最基本的设备，而随着电子技术的飞速发展，越来越多的电子产品，如手机、电视机顶盒等都可以接入计算机网络。

2. 传输介质

用于网络数据传输的双绞线、同轴电缆、光缆，以及各种通信控制设备，如网卡、集线器、交换机、路由器、调制解调器等，构成了计算机之间的数据通信链路。

3. 网络协议

为了使网络中计算机之间能正确地进行数据通信和资源共享，它们必须使用“相同的语言”，即必须共同遵循相同的一组规则、标准或约定，这些规则、约定就称为网络协议，简称协议。目前，世界上最大规模的计算机网络——因特网，采用了美国国防部提出的 TCP/IP 协议系列。

4. 网络操作系统和网络应用软件

常见的网络操作系统有 UNIX、Linux、Windows 系统的服务器版等。要使计算机能连接到网络当中，计算机必须安装具有网络通信功能的操作系统，并且遵循通信协议支持网络通信，现在的操作系统普遍具有网络通信功能。而网络应用软件可以为用户提供各种服务，包括浏览软件、通信软件、网络游戏软件等。

3.2.3 计算机网络的分类

对计算机网络进行分类的标准很多。

① 按照使用的传输介质可分为有线网和无线网。

② 按照网络的使用对象可以分为企业网、政府网、金融网和校园网等。

③ 按照网络作用分布距离的长短可以分为局域网、广域网和城域网。

局域网(Local Area Network,LAN)是局部区域内通过高速线路互联而成的计算机网络。在局域网中,所有计算机和其他互联设备一般分布在有限的地理范围内(如一栋建筑物或一个单位内),这是应用最广的一种网络。

广域网(Wide Area Network,WAN)也称为远程网,是指将分布在不同国家、地域,甚至全球范围内的各种局域网、计算机、终端等互联而成的大型计算机网络,它覆盖的范围可以从几百公里到几千公里,可跨越城市、国家甚至大洲。因特网是覆盖全球的最大的计算机广域网。有关因特网的内容将在本章 3.4 和 3.5 中介绍。

城域网(Metropolitan Area Network,MAN)是介于局域网和广域网之间的一种大范围的高速网络,通常由许多局域网互联而成,是网络运营商在城市范围内组建的一种高速网络。

3.2.4　计算机网络的拓扑结构

计算机网络的拓扑结构,是指网络中的计算机或设备与传输媒介形成的结点与线的物理构成模式。网络的拓扑结构有很多种,如星型结构、环型结构、总线结构、分布式结构、树型结构、网状结构、蜂窝状结构等。

1. 星型结构

各节点通过点到点的链路与中心节点相连,如图 3－17 所示。这种结构特点是很容易在网络中增加新的节点,数据的安全性和优先级容易控制,易实现网络监控,但中心节点的故障会引起整个网络瘫痪。

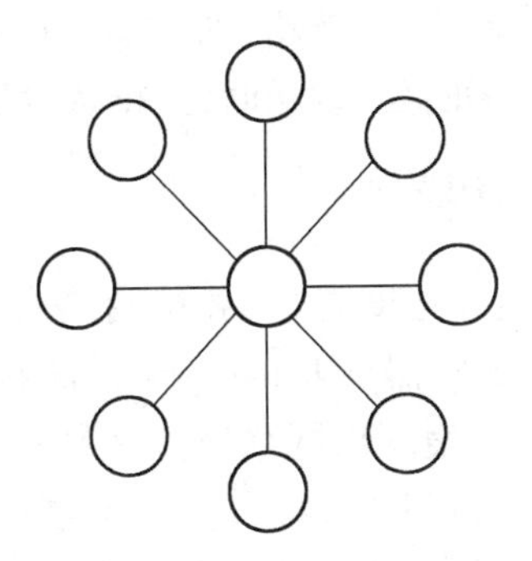

图 3－17　星型拓扑结构

2. 总线型结构

将网络中的所有设备通过相应的硬件接口直接连接到公共总线上,如图 3－18 所示,节点之间按广播方式通信,一个节点发出的信息,总线上的其节点均可“收听”到。该结构特点是简单、布线容易、便于扩充、可靠性较高,但是由于所有的数据都需经过总线传送,总线成为整个网络的瓶颈,一旦出现故障,诊断较为困难。

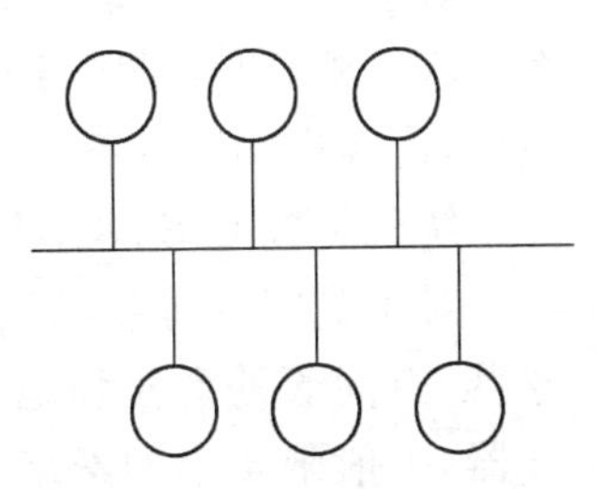

图 3－18　总线型拓扑结构

3. 环型结构

各节点和通信线路连接形成一个闭合的环，如图 3－19 所示。在环路中，数据按照一个方向传输。发送端发出的数据，沿环绕行一周后，回到发送端，由发送端将其从环上删除。该结构特点是简单，容易实现，传输时延确定以及路径选择简单等，但是，当网络中的任何一个节点出现故障，都可能会造成网络的瘫痪，而且在这种拓扑结构中，节点的加入和拆除过程比较复杂。

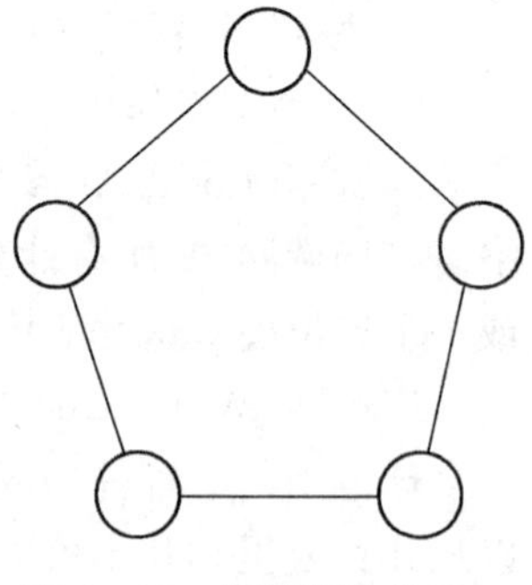
图 3－19　环型拓扑结构

3.2.5　计算机网络的性能指标

计算机组网的目的之一是数据通信，为了描述数据传输的特性，需要使用一些技术指标，下面介绍常用的重要指标。

1. 数据传输速率

数据传输速率也称为比特率(bit rate)，是指连接在计算机网络上的主机在数字信道上传送数据的速率，常用单位为：比特/秒(b/s)、千比特/秒(kb/s)、兆比特/秒(Mb/s)、吉比特/秒(Gb/s)、太比特/秒(Tb/s)。

2. 带宽

在计算机网络中，带宽表示信道上能够达到的最高数据传输速率。

3. 误码率

误码率是指二进制码元在数据传输中被传错的概率，也称“出错率”。

4. 时延

时延是指一个报文或分组从网络(或链路)的一端传送到另一端所需的时间，也称为延迟或迟延。网络中的时延是由传播时延、发送时延、排队时延组成。

3.2.6　计算机网络的工作模式

从互联网应用系统的工作模式角度看，计算机网络有两种基本工作模式：对等(peer-to-peer，简称 P2P)模式和客户/服务器(Client/Server，简称 C/S)模式。计算机组网最根本的目的是资源共享，“资源共享”表现出网络节点在硬件配置、运算能力、存储能力以及数据分布等方面存在不均匀性。处理能力强、资源丰富的计算机充当服务器，能力弱或需要某种资源的计算机作为客户。客户使用服务器的服务，服务器向客户提供网络服务。

对于 C/S 工作模式，如图 3－20 所示，网络中的每台计算机都扮演着固定的角色，要么是客户机，要么是服务器。客户与服务器之间采用网络协议(如 TCP/IP)进行连接和通信，由客户端向服务器发出请求，服务器端响应请求，并进行相应服务。例如，电子邮件系统就是按 C/S 模式工作的。

对于 P2P 工作模式，如图 3－21 所示，网络中每台主机都可以同时作为客户机和服务器，有同等的责任和地位，可共享的资源主要有文件和打印机，不需要专门的硬件服务器，一般限于小型网络。例如，Windows 操作系统中的“网上邻居”就是按照 P2P 模式工作的。

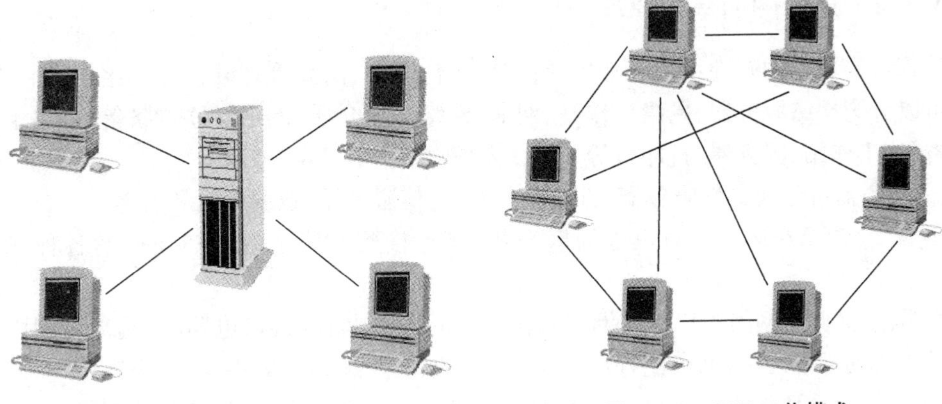

图 3-20　C/S 工作模式　　图 3-21　P2P 工作模式

任务 3.3　局域网

任务描述

本节介绍局域网的主要特点、基本原理和常见局域网。

任务实现

3.3.1　局域网的主要特点

局域网是计算机网络应用最广泛的一种，它既具有一般计算机网络的特点，又有自己的典型特征。局域网通常是将小范围内（如几千米）的多台计算机互联起来，达到数据通信和资源共享的目的，常见于家庭、院校、科研机构、企业内部等。世界上每天都有成千上万的局域网在运行，同时也与因特网相联系，如图 3-22 所示。

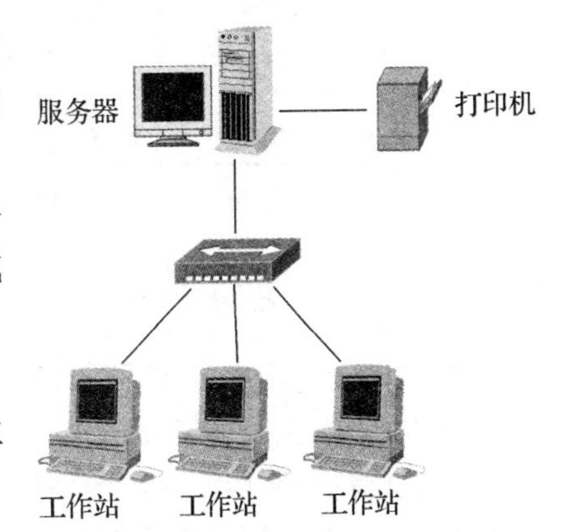

图 3-22　局域网示意图

广域网相比，局域网具有以下特点：

① 覆盖的地域范围较小，如一幢办公楼、一个企业内等。

② 数据传输速率较高，一般为 10Mb/s—10Gb/s，误码率低，一般在 10^{-8} 到 10^{-11} 之间，具有较低的时延。

③ 局域网通常由一个单位或组织组建，在单位内部控制管理和使用。

④ 使用专门铺设的传输介质（同轴电缆、双绞线、光纤等）进行联网和数据通信。

3.3.2 局域网的基本原理

计算机局域网的软件系统通常包括：网络操作系统、网络管理软件和网络应用软件等。硬件可以分为网络服务器、网络工作站、网卡、网络传输介质、网络互联设备等，网络上的每台设备（如工作站、服务器、打印机等）都称为是网络中的一个“节点”。

① 服务器可分为文件服务器、打印服务器、通信服务器、数据库服务器等。

② 工作站（Workstation）也称为客户机，是连接到网络上的用户使用的各种终端计算机。

③ 网卡又称为网络接口卡或网络适配器，是连接网络的接口电路板，是局域网中最基本和最重要的部件之一，网卡的好坏关系着网络性能的好坏。每块网卡都有一个全球唯一的地址码，称为介质访问地址（MAC 地址），网络中每台服务器或客户机都必须安装网卡，网卡地址就成为该服务器或客户机的物理地址。

④ 网络传输介质是实现网络物理连接的线路，可以是同轴电缆、双绞线、光纤等。

⑤ 网络互联设备包括集线器、交换机、路由器等。

局域网中的数据传输采用时分多路复用技术，多个节点共享传输介质，因此，要求每台计算机把要传输的数据分成小块（称为“帧”，Frame），一次只能传输 1 帧，而不允许任何计算机连续地传输任意多的数据。数据帧具有统一的格式，如图 3－23 所示，其中包括需要传输的数据，发送该数据帧的源计算机地址和接收该数据帧的目的计算机地址。由于在数据传输过程中存在电磁干扰，传输的数据可能会被破坏或遗漏，所以在传输的数据帧中还要包含一些附加信息（称为校验信息），以供目的计算机在收到数据后校验数据传输是否正确，如果发现数据有误，就可以让源计算机将这一帧数据重新发送。而网卡的主要功能就是将计算机中的数据封装成帧，通过网线（无线电波）将数据发送到网络上，并接收网络上的帧，将帧重新组合成数据，传递给网卡所在的计算机。由于计算机网络应用的普及，现在几乎每台计算机都有网卡，但实际上我们看不到网卡的实体，因为网卡的功能均已集成在芯片组中了。所谓网卡，多数只是逻辑上的一个名称而已。

源计算机 MAC 地址	目的计算机 MAC 地址	控制信息	有效载荷 （传输的数据）	校验信息

图 3－23 局域网数据帧的格式

3.3.3 常见局域网

局域网的类型很多，按照网络使用的传输介质，可分为有线网和无线网；按照网络拓扑结构，可分为总线型、星型、环型、树型、混合型等；按照传输介质所使用的访问控制方法，可分为以太网（Ethernet）、令牌网（Token Ring）、FDDI 网等。

不同类型的局域网采用不同的 MAC 地址格式和数据帧格式，使用不同的网卡和协议。其中，以太网是当前应用最普遍的局域网技术。

一、共享式以太网

共享式以太网的原理是将网络中所有计算机均通过以太网卡连接到一条公用的传输线(称为总线),借助于该总线实现计算机之间的通信。

实际应用中共享式以太网大多以集线器(Hub)为中心,将网络中的每台计算机通过网卡和网线(一般为 5 类双绞线)连接到集线器,如图 3 - 24 所示。在局域网中,数据都是以“帧”的形式传输的。共享式以太网基于广播形式发送数据,因为集线器不能识别帧,所以它不知道一个端口收到的帧应该转发到哪个端口,只好把帧发送到除源端口以外的所有端口,这样网络上所有的主机都可以收到这些帧。在共享式以太网中,各节点带宽共享,任何时刻只能有一个节点计算机发送信息,如果同一时间内网络上有两台主机同时发送数据,那么就会产生“冲突”,随着节点的增多,冲突增多,线路的有效传输品质严重下降,所以共享式以太网适用于构建小型网络。

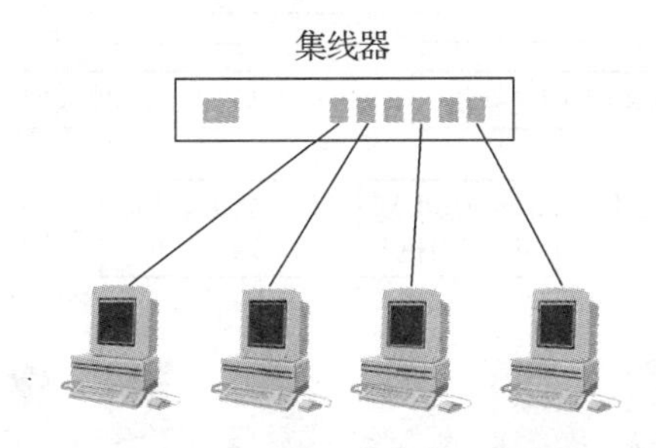

图 3 - 24 共享式以太网结构

二、交换式以太网

交换式以太网是一种星型拓扑结构的网络,如图 3 - 25 所示,它以以太网交换机(switch)为基础构成,允许多对节点同时通信,每个节点各自独享一定的带宽。交换机根据收到的数据帧的 MAC 地址决定数据帧应转发到交换机的哪个端口(而不是广播到其他所有端口),各端口间的帧传输相互屏蔽,因此,节点不用担心自己发送的帧在通过交换机时是否会与其他节点发送的帧冲突,从根本上解决了共享式以太网所带来的问题。

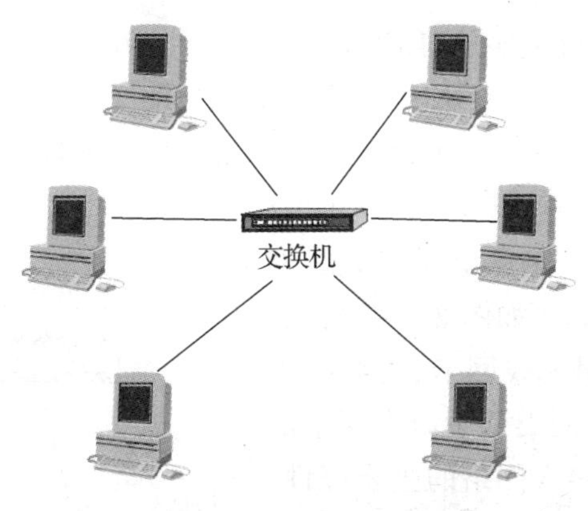

图 3 - 25 交换式以太网结构

三、千兆位以太网

千兆位以太网是对 IEEE 802.3 以太网标准的扩展，提供了 1 000 Mb/s 的带宽，是高速、宽带网络应用的战略性选择。

通常采用千兆位以太网组建校园或企业的主干网络，借助交换机按照性能高低将许多小型以太网连接起来，构成企业—部门—工作组的多层次以太局域网。桌面采用速率为 10 Mb/s 的共享或交换式以太网，部门采用速率为 100 Mb/s 的共享或交换式以太网，企业级采用速率为 1 000 Mb/s 的千兆以太网作为主干网，如图 3－26 所示。

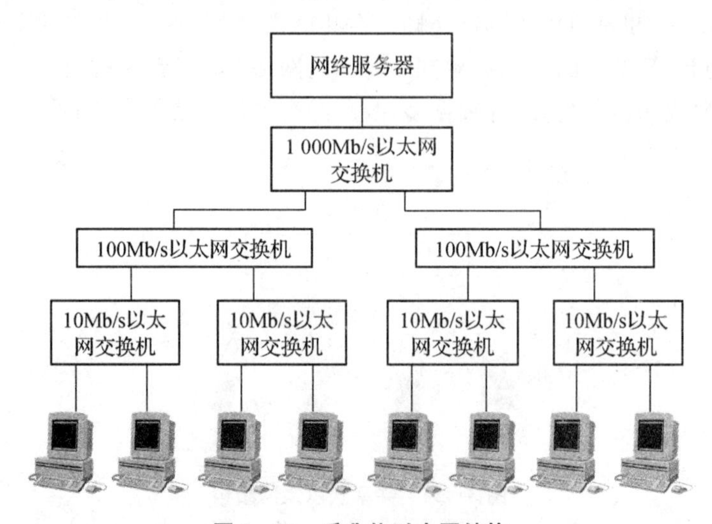

图 3－26　千兆位以太网结构

3.3.4　无线局域网

无线局域网(WLAN)是利用无线通信技术在局部范围内建立的网络，是以太网与无线通信技术相结合的产物，旨在使用户能随时随地随意地接入网络，手机上网的普及就是典型的应用实例。无线局域网借助无线电波传输数据，移动性强、布线方便、组网灵活、成本低廉、保密性强。

无线局域网采用的协议主要是 IEEE 802.11(俗称 Wi－Fi)。该标准自批准以来，不断完善，先后推出了 IEEE 802.11a，IEEE 802.11b，IEEE 802.11d，IEEE 802.11g 等国际标准。例如 IEEE 802.11g 使用了与 IEEE 802.11b 相同的 2.4 GHz 频段的频率，其最高传输速率可达 54 Mb/s，有效负载速度约为 35 Mb/s。

目前，无线局域网还不能完全脱离有线网络，它只是有线网络的补充。如图 3－27 所示，构建无线局域网需要使用无线网卡、无线接入点等设备。无线网卡的作用类似于以太网中的网卡，是无线终端(节点)接入网络的主要部件，能够实现无线局域网各客户机间的连接与通信。无线接入点(Wireless Access Point，简称 AP)的作用类似于局域网交换机，是无线局域网

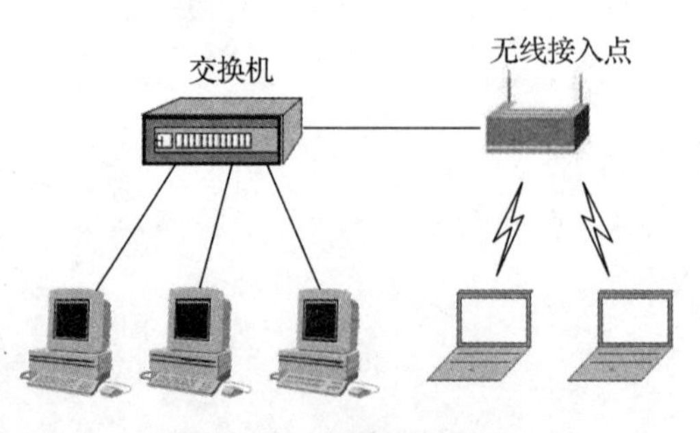

图 3－27　无线局域网

的接入点，它在无线局域网和有线网络之间接收、缓冲存储和传送数据，实际上就是一个无线交换机或无线 Hub（现在通称为无线路由器），接入点典型的距离覆盖从几十米至上百米。

构建无线局域网的另一种技术是“蓝牙”（Bluetooth）。早在 1997 年，蓝牙技术就在爱立信诞生，1998 年 5 月世界著名的五家大公司——爱立信、诺基亚、东芝、IBM 和 Intel 公司联合宣布这种开放性无线通信规范。蓝牙是一种短距离（一般 10m 内）、低速率（1Mbps）、低成本的无线通信技术。其实质内容是建立通用的无线电空中接口，使计算机和通信进一步结合，让不同厂家生产的便携式设备在没有电线或电缆相互连接的情况下，能在近距离范围内相互操作的一种技术。

任务 3.4 因特网与 TCP/IP 协议

任务描述

因特网使用 TCP/IP 协议通过路由器将遍布世界各地的计算机网络互联成为一个超级计算机网络。它起源于美国国防部 ARPANET 计划，后来与美国国家科学基金会的科学教育网合并。20 世纪 90 年代起，美国政府机构和公司的计算机也纷纷入网，并迅速扩大到全球大多数国家和地区。据估计，目前互联网已经连接数百万个网络、几亿台计算机，2013 年的用户数目已达 28 亿，成为世界上信息资源最丰富的计算机公共网络。在许多国家和地区，互联网已经像电视和电话一样普及。那么，这么庞大的网络是如何工作的？它又遵循着怎样的规则呢？

扫一扫可见微课
“TCP/TP 协议”

3.4.1 TCP/IP 协议

计算机网络是个复杂的系统。相互通信的计算机必须高度协调才能完成预定的任务。例如，甲计算机要向乙计算机传输一个文件，除了有传输数据的通路之外，还需要完成许多工作。例如，甲计算机必须指出乙计算机的名称及文件存放的路径；甲计算机必须发出一些命令将数据通路激活，保证甲、乙计算机能在这条通路上发送和接收数据；甲计算机必须能识别乙计算机而不是其他计算机，反之亦然；甲计算机必须查明乙计算机是否做好了文件的接收准备；传输中若出现数据传输错误、重复或丢失，应该有可靠措施保证乙计算机能够收到正确的文件；等等。由此可见，通信双方的这种“协调”是相当复杂的，必须共同遵守统一的网络通信协议。

网络协议是计算机网络不可缺少的组成部分。无论想让网络上的计算机做什么事，都需要有协议。计算机网络的协议采用“分层”的方法进行设计和开发。分层可以把庞大而复杂的问题转化为若干较小的局部问题，使问题比较容易处理。

计算机网络从一开始就采用了分层结构。最著名的结构有两种模型：开放系统互联(OSI)参考模型和 TCP/IP 模型。OSI 模型是国际标准化组织(ISO)提出的，它将网络分成7层，概念清楚但过于复杂，运行效率低，没有得到市场的认可。反而是原先并非国际标准的 TCP/IP 模型现在获得了最广泛的应用。

TCP/IP 模型将计算机网络分成 4 层：应用层、传输层、网络互连层以及网络接口和硬件层。为适应不同的应用需求，每一层都包含若干协议，整个 TCP/IP 一共包含了 100 多个协议。在所有协议中，TCP（传输控制协议）和 IP(网络互连协议)是其中两个最基本、最重要的核心协议，因此，通常用 TCP/IP 来代表整个协议系列。TCP/IP 的分层结构如图3－28所示。

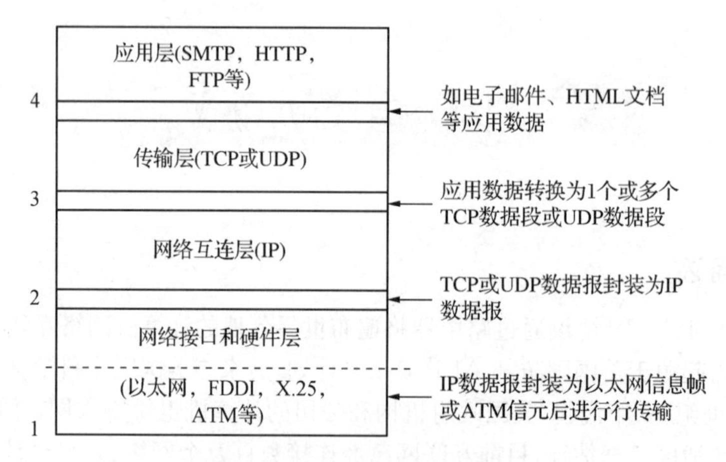

图 3－28　TCP/IP 的分层结构

TCP/IP 协议是 Internet 最基本的协议、Internet 国际互联网络的基础，是一个工业标准的协议集，由网络层的 IP 协议和传输层的 TCP 协议组成，TCP/IP 定义了电子设备如何连入因特网，以及数据如何在它们之间传输的标准，其中传输层的 TCP 和 UDP 协议，规定了怎样进行端—端的数据传输。大部分应用程序使用 TCP 协议，它负责可靠地完成数据从发送计算机到接收计算机的传输，如电子邮件的传送和网页的下载等；而使用 UDP 协议时，网络只是尽力而为地进行快速数据传输，但不保证传输的可靠性，例如音频和视频数据的传输就采用 UDP 协议。

IP 协议，网络之间互联的协议，就是为计算机网络相互连接进行通信而设计的协议。在因特网中，它是能使连接到网上的所有计算机网络实现相互通信的一套规则，规定了计算机在因特网上进行通信时应当遵守的规定，厂家生产的设备只要遵守 IP 协议，就可以与因特网互联互通。

IP 是怎样实现网络互联的？各个厂家生产的网络系统和设备组成的网络，如以太网、分组交换网等，它们相互之间不能互通，不能互通的主要原因是因为它们所传送数据的基本单元(技术上称之为“帧”)的格式不同。IP 协议实际上是一套由软件程序组成的协议软件，它把各种不同“帧”统一转换成“IP 数据包”格式，这种转换是因特网的一个最重要的特点，使各种计算机都能在因特网上实现互通，即具有“开放性”的特点。

3.4.2 IP地址分类

IP协议中还有一个非常重要的内容，那就是给因特网上的每台计算机和其他设备都规定了一个唯一的地址，叫做"IP地址"。由于有这种唯一的地址，才保证了用户在联网的计算机上操作时，能够高效而且方便地从千千万万台计算机中选出自己所需的对象来。IP地址具有唯一性，所有地址的长度都是用32个二进位表示的。

根据用户性质的不同，IP地址可以分为五类，A类保留给政府机构，B类分配给中等规模的公司，C类分配给任何需要的人，D类用于组播，E类用于实验，各类可容纳的地址数目不同。

1. A类地址

(1) A类地址第1字节为网络地址，其他3个字节为主机地址。它的第1个字节的第一位固定为0。

(2) A类地址范围为1.0.0.1—126.255.255.254。

(3) A类地址中的私有地址和保留地址：

① 10.X.X.X是私有地址，就是在互联网上不使用，而被用在局域网络中的地址，范围为10.0.0.0—10.255.255.255。

② 127.X.X.X是保留地址，用做循环测试用的。

2. B类地址

(1) B类地址第1字节和第2字节为网络地址，其他2个字节为主机地址。它的第1个字节的前两位固定为10。

(2) B类地址范围为128.0.0.1—191.255.255.254。

(3) B类地址的私有地址和保留地址：

① 172.16.0.0—172.31.255.255是私有地址。

② 169.254.X.X是保留地址。如果用户的IP地址是自动获取IP地址，而用户在网络上又没有找到可用的DHCP服务器，就会得到其中一个IP，191.255.255.255是广播地址，不能分配。

3. C类地址

(1) C类地址第1字节、第2字节和第3个字节为网络地址，第4个字节为主机地址，另外第1个字节的前三位固定为110。

(2) C类地址范围为192.0.0.1—223.255.255.254。

(3) C类地址中的私有地址：192.168.X.X是私有地址，范围为192.168.0.0—192.168.255.255。

4. D类地址

(1) D类地址不分网络地址和主机地址，它的第1个字节的前四位固定为1110。

(2) D类地址范围为224.0.0.1—239.255.255.254。

5. E类地址

(1) E类地址不分网络地址和主机地址，它的第1个字节的前五位固定为11110。

(2) E类地址范围为240.0.0.1—255.255.255.254。

IP地址如果只使用ABCDE类来划分，会造成大量的浪费：一个有500台主机的网络，无法使用C类地址。但如果使用一个B类地址，6万多个主机地址只有500个被使用，造成IP地址的大量浪费。因此，IP地址还支持VLSM技术，可以在ABC类网络的基础上，进一步划分子网。

3.4.3 IP数据报

数据包也是分组交换的一种形式，就是把所传送的数据分段打成“包”，再传送出去，但是与传统的“连接型”分组交换不同，它属于“无连接型”，是把打成的每个“包”(分组)都作为一个“独立的报文”传送出去，所以叫作“数据报”。这样，在开始通信之前就不需要先连接好一条电路，各个数据包不一定都通过同一条路径传输，所以叫作“无连接型”。这一特点非常重要，它大大提高了网络的坚固性和安全性。

TCP/IP数据包格式：每个数据包都有报头和报文这两个部分，报头中有目的地址等必要内容，使每个数据包不经过同样的路径都能准确地到达目的地，在目的地重新组合还原成原来发送的数据。这就要IP具有分组打包和集合组装的功能。在实际传送过程中，数据包还要能根据所经过网络规定的分组大小来改变数据包的长度，IP数据包的最大长度可达65535个字节(1Byte=8bit)。IPv4数据报格式如图3-29所示。

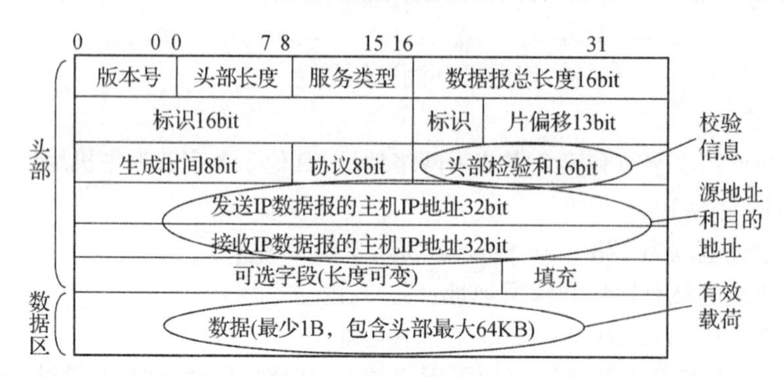

图3-29 IPv4数据报格式

3.4.4 域名系统DNS

域名系统DNS(Domain Name System)是Internet上解决网上机器命名的一种系统。就像拜访朋友要先知道别人家怎么走一样，Internet上当一台主机要访问另外一台主机时，必须首先获知其地址，TCP/IP中的IP地址是由四段以“.”分开的数字组成，记起来总是不如名字那么方便，所以就采用了域名系统来管理名字和IP的对应关系。

一、Internet的域名结构

① 采用层次树状结构，任何一个连接在Internet上的主机或路由器，都有一个唯一的层次结构的名字，即域名(domain name)。

② “域”是名字空间中一个可被管理的划分。域还可以继续划分为子域，如二级域、三级域等。

③ 域名的结构由若干个分量组成。各分量之间用点隔开：“……. 三级域名. 二级域名.

顶级域名”,各分量代表不同级别的域名。每一级的域名都由英文字母和数字组成(不超过 63 个字符,不区分大小写),级别最低的域名写在最左边,级别最高的顶级域名写在最右边。

④ 完整的域名不超过 255 个字符。

⑤ 域名系统既不规定一个域名需要包含多少个下级域名,也不规定每一级的域名代表什么意思。各级域名由其上一级的域名管理机构管理,而最高的顶级域名则由 Internet 的有关机构管理。

1. 顶级域名

顶级域名(TLD)分两类:

第一类:国家顶级域名,简称 nTLDs,目前 200 多个国家都按照 ISO3166 国家代码分配了顶级域名,例如中国是 cn,美国是 us,日本是 jp 等。

第二类:国际顶级域名,简称 iTDs,例如表示工商企业的 .com,表示网络提供商的 .net,表示非营利组织的.org 等。目前大多数域名争议都发生在 com 的顶级域名下,因为多数公司上网的目的都是为了营利。

2. 二级域名

二级域名是指顶级域名之下的域名,在国际顶级域名下,它是指域名注册人的网上名称,例如 ibm,yahoo,microsoft 等;在国家顶级域名下,它是表示注册企业类别的符号,例如,com,edu,gov,net 等,如图 3-30 所示。

划分模式	二级域名	分配给
类别域名 (6 个)	ac	科研机构
	com	工商、金融等企业
	edu	教育机构
	gov	政府部门
	net	互联网络、接入网络的信息中心和运行中心
	org	各种非营利性的组织
行政区域名 (34 个)	bj	北京市
	sh	上海市
	tj	天津市
	cq	重庆市
	he	河北省
	sx	山西省
	nm	内蒙古自治区
	……	……

图 3-30 二级域名图

3. 三级域名

三级域名用字母(A—Z,a—z,大小写等)、数字(0—9)和连接符(—)组成,各级域名之间用实点(.)连接,三级域名的长度不能超过 20 个字符。如无特殊原因,建议采用申请人的英文名(或者缩写)或者汉语拼音名(或者缩写)作为三级域名,以保持域名的清晰性和简洁性。

二、域名解析过程

当某一应用进程需要将主机名解析为 IP 地址时,该应用进程就成为域名系统 DNS 的

一个客户，并将待解析的域名放在 DNS 请求报文中，以 UDP 数据报方式发给本地域名服务器。本地的域名服务器在查找域名后，将对应的 IP 地址放在回答报文中返回。应用进程获得目的主机的 IP 地址后即可进行通信。

若本地域名服务器不能回答该请求，则此域名服务器就暂时成为 DNS 中的另一个客户，并向其他域名服务器发出查询请求，直到找到能够回答该请求的域名服务器为止。

任务 3.5　因特网提供的服务

任务描述

随着信息化社会的发展，因特网越来越被人们所接受，提供的服务也越来越多，例如，信息的浏览与检索、电子邮件的收发、即时通信、网上论坛、视听娱乐等。在日常学习、生活和工作中也经常会利用因特网进行信息搜索、下载或邮递文件资料以及与他人进行联系或交流。

如何更好地使用因特网的服务？让我们一起来了解因特网提供的各类服务。

任务实现

扫一扫可见微课
“Internet 提供的服务”

3.5.1　WWW 服务

WWW(World Wide Web)是 Internet 上最广泛使用的一种信息服务，也称为万维网、环球网，或 Web 网、3W 网。

WWW 服务采用客户机/服务器工作模式(C/S 模式)，它是以超文本标记语言(HTML)与超文本传输协议(HTTP)为基础，为用户提供界面一致的信息浏览系统。WWW 由 Web 服务器和安装了 Web 浏览器的计算机组成，主要功能包括：查找资料、交换文档、获取信息资源，电子商务、电子政务等几乎各种网上应用。

几个常见概念：

一、网站(Web site)和网页(Web page)

通过 Web 服务器发布的信息资源称为网页，服务器中相关网页组合在一起构成一个网站，网站由 Web 服务器管理。

网站中的起始网页称为主页(homepage)，用户通过访问主页就可直接或者间接地访问网站中的其他网页。

网页可包含文本、图片、声音、动画等，多数网页是一种采用 HTML 语言描述的文档(HTML 文档)，其文件扩展名为 html 或 htm。

Web 网页有“静态网页”和“动态网页”两大类。静态网页通常指那些内容固定不变的网页。动态网页指内容不是预先确定而是在网页请求过程中根据当时实际的数据内容实时生成的页面。大型 Web 应用中数据都存放在后台的数据库中。

二、超链接

网页是一种超文本文档，它支持超链接（Hyperlink）。网页通过超链接相互链接，并能从一个网页方便地访问其他网页。

超链接是一种有向链，包括链源（引用处）和链宿（被引用对象）。

三、统一资源定位器 URL（Uniform Resource Locator）

每个网页都有 1 个唯一的地址——统一资源定位器 URL（Uniform Resource Locator）。

统一资源定位器 URL（Uniform Resource Locator）用来标识 WWW 网中每个信息资源（网页）的地址。URL 由 3 部分组成：

客户端和服务器执行的传输协议，协议决定服务类型；

提供服务的计算机的域名或 IP 地址；

网页在服务器硬盘存放的路径及文件名。

表示形式为：

<协议>://<主机（域名或 IP 地址）>:[端口]/<路径>

例如写出访问江苏信息职业技术学院 Web 服务器的方法。

http://www.jsit.edu.cn

3.5.2 文件传输 FTP 服务

文件传输服务 FTP 采用客户/服务器模式，允许 Internet 上的用户把网络上一台计算机中的文件移动或拷贝到另外一台计算机上。进行文件传输时，可以一次传输一个文件（夹），也可以一次传输多个文件（夹）。用户既可以从 FTP 服务器上获得远程文件（下载），也可以将本地文件传输给服务器（上传）。当然，无论上传、下载，都会受到文件访问权限的控制。

FTP 服务器的访问形式分为匿名登录与非匿名登录两种方式。大多数 FTP 服务器需要预先注册并获得授权之后才可以进行访问，或者可以匿名登录：使用公共账号 anonymous 作为用户名，使用电子邮件账户名为口令。

3.5.3 电子邮件 E-mail 服务

电子邮件（E-mail）是用户或用户组之间通过计算机网络收发信息的服务。目前电子邮件已成为 Internet 用户之间快速、简便、可靠且成本低廉的现代通信手段，也是 Internet 上使用最广泛、最受欢迎的服务之一。

一、电子邮箱及地址

要享有电子邮件服务，首先用户必须拥有自己的电子信箱。电子邮箱一般不在用户计算机中，而是在开户的电子邮件服务器中。

由于提供 E-mail 服务的主机域名在因特网上是唯一的，而每一个邮箱名在该主机中也是唯一的，因此，在因特网上的每一个电子邮件地址都具有唯一性。

E-mail 地址具有统一的标准格式：用户名@邮箱所在主机的域名。

二、电子邮件的组成

电子邮件由三部分组成：

① 邮件的头部，包括发送方的地址、接收方的地址（允许有多个）、抄送方的地址（允许有多个）、主题等；

② 邮件的正文，即信件的内容；

③ 邮件的附件，可以包含一个或多个文件。

三、电子邮件的收发

收发电子邮件要使用SMTP(简单邮件传送协议)和POP3(邮件接收协议)。用户在计算机上运行电子邮件的客户程序，如Outlook，Internet服务提供商的邮件服务器上运行SMTP服务程序和POP3服务程序，用户通过建立客户程序与服务程序之间的连接来收发电子邮件。用户通过SMTP服务器发送电子邮件，通过POP3服务器接收邮件，如图3-31所示。

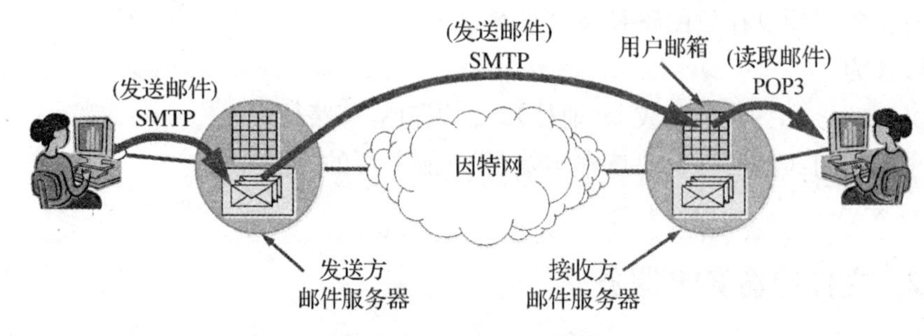

图3-31　收发电子邮件

3.5.4　Internet的其他服务

一、远程登录Telnet服务

通过远程登录服务，用户可以通过自己的计算机进入到位于地球任一地方的连在网上的某台计算机系统中，就像使用自己的计算机一样使用该计算机系统（该计算机系统叫作“远程计算机”或“远程计算机系统”）。

二、信息讨论和公布服务

用户可以通过电子公告系统（BBS）、邮件列表（Mailing List）和网络新闻（USENET）交流、讨论、发布、交换共同的主题或感兴趣的信息。

三、即时通信服务

即时通信（Instant Message，IM）是指能够即时发送和接收互联网消息等业务，要求通信的双方或多方必须同时在网上，属于同步通信，其特点为高效、便捷、低成本。

常用的通信软件包括：ICQ、QQ、MSN、POPO、新浪的UC等。

四、网络搜索服务

Web信息检索工具包括：使用主题目录（subject directories）寻找信息和使用搜索引擎（search engines）查找信息。常见的搜索引擎：百度（Baidu）、搜狐（sohu）、搜狗（sogou）、新浪（sina）、北大天网（e. pku. edu. cn）、Google、Yahoo、Lycos等。

任务 3.6 网络安全

任务描述

目前，信息网络已经成为社会发展的重要基础设施，涉及每个国家的政府、军事、教育、电子商务等众多领域，有很多甚至是敏感信息或者国家机密，不可避免地会受到世界各地的人为攻击。因此，有必要通过采取各种技术和管理措施，使网络系统安全、正常运行。

任务实现

3.6.1 网络安全概述

网络安全是指网络系统的软硬件、数据受到保护，不因偶然的或者恶意的原因而遭到更改、破坏或泄露，系统连续、安全、可靠地正常运行，网络服务不中断。

一、网络安全特征

网络安全从其本质上来讲就是网络上的信息安全。所谓信息安全，就是指通过各种计算机、网络和密匙技术，保证在各种系统和网络中传输、交换和存储的信息的保密性、完整性、可用性、不可否认性和可控性。

网络安全应具有以下 4 个方面的特征：

① 保密性：信息不泄露给非授权用户、实体或过程，或供其利用的特性。

② 完整性：数据未经授权不能进行改变的特性，即信息在存储或传输过程中保持不被修改、不被破坏和丢失的特性。

③ 可用性：可被授权实体访问并按需求使用的特性，即当需要时能否存取所需的信息。例如网络环境下拒绝服务、破坏网络和有关系统的正常运行等都属于对可用性的攻击。

④ 可控性：对信息的传播及内容具有控制能力。

二、网络安全措施

为了保证网络信息安全，必须要有足够强大的安全措施。一般需要考虑以下几种安全措施。

① 真实性鉴别：对通信双方的身份和所传送信息的真伪能准确地进行鉴别。

② 访问控制：控制用户对信息等资源的访问权限，防止未经授权使用资源。

③ 数据加密：保护数据秘密，未经授权其内容不会显露。

④ 保证数据完整性：保护数据不被非法修改，使数据在传送前后保持完全相同。

⑤ 保证数据可用性：保护数据在任何情况（包括系统故障）下不会丢失。

⑥ 防止否认：防止接收方或发送方抵赖。

⑦ 审计管理：监督用户活动、记录用户操作等。

3.6.2 数据加密

数据加密是其他安全措施的基础，其目的是为了即使信息被窃取，也能保证数据的安全。数据加密的基本思想是发送方改变原始信息中符号的排列方式或按照某种规律进行替换，使得只有合法的接收方通过数据解密才能读懂接收到的信息，任何其他人即使窃取了数据，也无法了解其内容。

常见的数据加密方法有对称密钥加密和公共密钥加密。

1. 对称密钥加密

对称密钥加密系统中，消息收发双方使用相同的密钥。密钥的分发和管理复杂，有 n 个用户的网络，就需要有 n(n－1)/2 个密钥。

2. 公共密钥加密

每个用户分配一对密钥：私钥(保密的、只有用户本人知道)、公钥(可让其他用户知道)。密钥的分配和管理相对简单，有 n 个用户的网络，只需要 n 个私钥和 n 个公钥。

3.6.3 数字签名

数字签名是与消息一起发送的一串代码，其目的是让对方相信消息的真实性。数字签名主要用在电子商务和电子政务中鉴别消息的真伪。

3.6.4 身份鉴别与访问控制

身份鉴别主要用于一个系统在接受用户的访问请求前，证实某人或某物(消息、文件、主机等)的真实身份是否与其所声称的身份相符，其目的是用于防止欺诈和假冒攻击。

身份鉴别的依据包括：

① 只有鉴别对象本人才知道的信息(如口令、私有密钥、身份证号码等)；

② 只有鉴别对象本人才具有的信物(如磁卡、IC 卡、USB 钥匙等)；

③ 只有鉴别对象本人才具有的生理和行为特征(如指纹、笔迹或说话声音等)。

目前流行的一种方法是双因素认证，即把第 1 种和第 2 种方法结合起来(例如，ATM 柜员机将 IC 卡和密码结合)。

访问控制的任务是：对系统内的每个文件或资源规定各个用户对它的操作权限，如是否可读、是否可写、是否可修改等。访问控制是在身份鉴别的基础上进行的。

3.6.5 防火墙

防火墙是用于将因特网的子网与因特网的其余部分相隔离以维护网络信息安全的一种软件或硬件设备。

防火墙的功能有两个：阻止和允许，“阻止”就是阻止某种类型的通信量通过防火墙(从外部网络到内部网络，或反过来)，“允许”的功能与“阻止”恰好相反。

3.6.6 计算机病毒

计算机病毒是一些人蓄意编制的一组具有寄生性和自我复制能力的计算机指令或者程序代码。

一、计算机病毒的特点

繁殖性：可以自我复制。

破坏性：导致正常的程序无法运行，计算机内的文件或被增、删、改、移。

传染性：可通过各种可能的渠道去传染其他的计算机。

潜伏性：当具备条件后才会运行，并四处繁殖、扩散、危害。

隐蔽性：有的可以通过病毒软件检查出来，有的根本就查不出来，有的时隐时现、变化无常，这类病毒处理起来通常很困难。

二、计算机病毒的预防

对于计算机病毒的防治，要采取技术手段与管理手段相结合的方法。

1. 技术手段

技术手段主要包括：使用计算机病毒检测程序、对程序和数据加密、检查磁盘引导扇区和目录比较等软件保护手段，安装防病毒卡和病毒过滤器等硬件保护手段。

2. 管理手段

管理手段主要包括：

① 不随便下载文件，如必要，下载后应立即进行病毒检测。

② 安装杀毒软件，并注意及时升级病毒库，定期对计算机进行查毒杀毒，每次使用外来磁盘前也应对磁盘进行查杀毒。

③ 定期对操作系统进行更新，使计算机系统保持最新。

④ 能够定期对重要数据进行备份，防止数据被破坏。

三、计算机病毒的消除

常用的杀毒软件有瑞星、360、卡巴斯基、金山毒霸等。这类软件是在杀毒的基础上增加了监测功能，一旦发现病毒会及时通知用户采取措施。

但是，杀毒软件的开发和更新总是滞后的，因此，无法确保百分之百的安全。为了确保计算机系统万无一失，不受病毒侵害，关键工作还是预防。

知识拓展

一、数字通信的应用

数字通信技术最早是长途电话系统采用的技术。由于模拟信号在远距离传输时存在衰减，需要放大器来接力，而沿线每个放大器都会轻微扭曲信号，并引入噪音，因而长途电话的声音品质受到很大影响，所以 20 世纪 60 年代电话公司就使用数字通信技术来解决这个问题了。模拟声音信号在需要通过中继线和长途线进行远距离传输之前，先转换为数字形式，然后经过时分多路复用和数字调制（需要时），在中继线和长途线路上进行传输，到达接收方所在地区的交换局之后再使用分路器把不同的话路分开，经解码器还原成模拟声音信号后，由用户线传输至接听方的电话机（如图 3－32），这样就能显著改善长途电话的通话质量。目前 90%以上的中继线和长途线已经采用光纤，全面实现了数字传输技术。

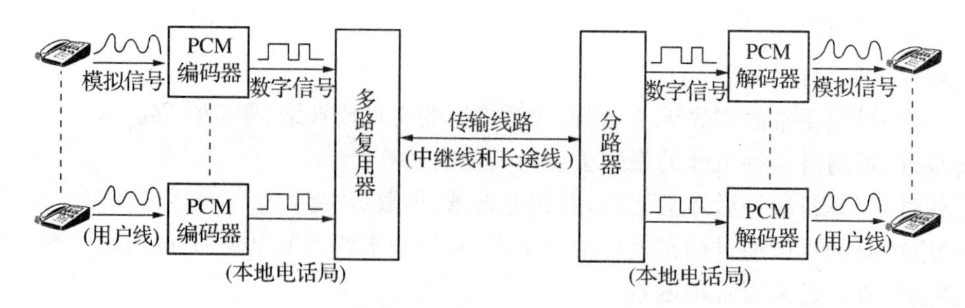

图 3-32 数字通信技术在电话通信中的应用

计算机网络全面采用了数字通信技术。网络中信源和信宿都是计算机,发送和接收的信号均为数字信号,这些数字信号可以在网络中直接传输(称为"基带传输",如 USB 接口和以太局域网),也可以经过调制后在网络中传输(称为"频带传输",如广域网和无线网)。

人们收看的卫星电视也采用了数字通信技术。由于卫星通信传输的是数字信号,因此,电视台的节目在发送到卫星去传输之前,先要对图像和伴音信号进行数字化,还要进行数据压缩,然后经数字调制后发射到卫星,再由卫星传输到目的地的地面接收站,地面站对接收到的信号进行解调、解码后恢复为模拟信号,最后再经由有线电视电缆送到用户家中,如图 3-33 所示。

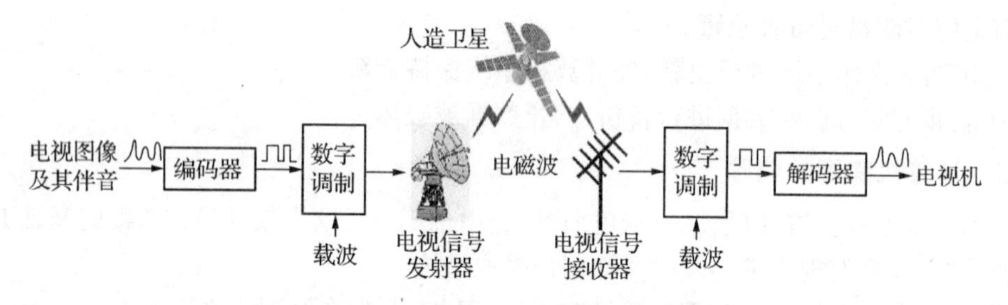

图 3-33 使用人造卫星传输数字电视信号

目前我国大部分城市的有线电视也都采用了上述的数字传输技术。不过数字调制后的信号不是通过卫星,而是通过光纤和同轴电缆进行传输,解调和解码等任务则由用户家中的机顶盒完成,数字有线电视能传输更多质量更好的电视节目,并可开展视频点播(互动电视)及上网等数据服务业务。

现在,广播电台和电视台从节目采集和节目制作开始就采用数字技术,再通过数字传输技术进行传播,最后由数字收音机和数字电视机直接收听和收看,这种全面采用数字技术的系统就分别称为"数字广播"和"数字电视"。

二、卫星通信与卫星定位

通信卫星的基本工作原理如图 3-34(a)所示。从地面站 1 发出的无线电信号,被通信卫星天线接收后,首先在通信转发器中进行变频和功率放大,然后通过卫星的通信天线把放大后的信号重新发向地面站 2,实现地面站之间的远距离通信。

通信卫星的运行轨道有两种:一种是中轨道或低轨道,在这种轨道上运行的卫星相对于地面的位置是变动的,卫星天线覆盖的区域也小,地面天线必须随时跟踪卫星;另一种是高度约为 3.6 万公里的同步定点轨道,卫星的运行周期与地球自转一圈的时间相同,因此,在

地面上看这种卫星好似静止不动，称为同步轨道卫星。它的特点是覆盖照射面大，三颗卫星就可以覆盖地球的几乎全部面积，可以进行 24 小时的全天候通信（如图 3－34(b)）。目前已有不少同步轨道卫星正在运行，实现了从卫星到车、船和飞机等移动体的话音和数据通信，增强了空中和海上的通信和无线定位能力。

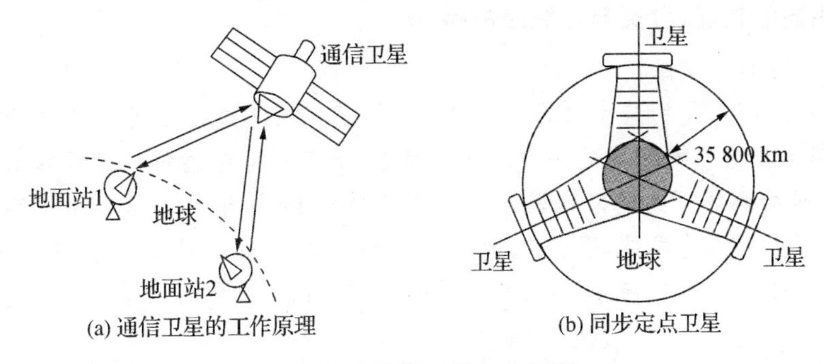

图 3－34　通信卫星工作原理

卫星通信的主要特点是通信距离远，频带很宽，容量很大，信号受到的干扰也较小，通信比较稳定。当然卫星通信也有其弱点，如卫星本身和发射卫星的火箭造价都比较高，卫星地球站的技术比较复杂，价格也比较贵。此外，同步轨道卫星距地球过远，需要有较大口径的通信天线，信号的远距离传输带来较大的时延，影响电话通信质量。

中、低轨道卫星用于个人全球通信有很多优点。低轨道卫星高度仅是同步轨道的二十分之一至八十分之一，通信时路径损耗减少很多，传播时延也大大缩短，这对于手持通信终端和话音通信非常有利。但是，由于中、低轨道卫星相对于地球上的观察者不再是静止的，为了保证在地球上任一点均可以实现 24 小时不间断的通信，必须精心配置多条轨道及一大群具有强大处理能力的通信卫星。

卫星通信的另一种重要应用是导航和定位，它为地面用户提供实时的全天候、全球性的导航服务，例如为车辆、船只、飞机、行人等确定地理位置，进行地球资源勘探、工程测量、地壳运动和变形的监测以及市政规划等。

以美国研制的 GPS 系统为例，它有 24 颗卫星在离地面 1.2 万公里的高空以 12 小时的周期环绕地球运行，使得地面上的任意一点在任何时刻都可以同时观测到 4 颗以上的卫星。由于卫星的位置是精确可知的，地面接收机可测出与卫星的距离，再利用三维坐标系中的距离计算公式，就可以推导出接收机的地理位置（经度、纬度和高程）。事实上，接收机往往可以锁住 4 颗以上的卫星，这时可按卫星的星座分布将它们分成若干组，每组 4 颗，然后通过算法挑选出误差最小的一组用作定位，以提高定位精度。

由于卫星运行轨道和卫星时钟存在一定误差，大气对流层和电离层对信号也有影响，再加上其他人为因素，民用的 GPS 定位精度通常在十米左右，军用的 GPS 定位精度可以更高。

我国自行研发的北斗卫星导航定位系统（BDS）已发射了 17 颗卫星（2015 年 3 月），与美国的 GPS、俄罗斯的格洛纳斯、欧洲的伽利略并称为全球四大卫星定位系统。北斗卫星导航系统可以全天候提供高精度、高可靠的定位、导航和授时服务，并具有与导航相结合的短信功能，2012 年开始已向亚太大部分地区正式提供服务，2020 年前发射完全部 35 颗导航卫星后，将形成全球覆盖能力。

卫星导航定位的终端设备种类很多，根据用途有导航型(分车载式、船载式、机载式等)、测地型、授时型等，产品形式可以是独立的导航仪，也可以将导航功能集成在平板电脑、智能手机、MP3(MP4)播放器甚至手表中，使用十分方便。

三、路由器的功能、分类与无线路由器

1. 路由器的工作过程

正文中已经讲过，使用路由器将两个或多个计算机网络进行互连时，参加互联的每一个网络都把该路由器看作本网络的一个成员。因此，不但网络中的每一台计算机应分配一个IP地址，而且连接到该网络的路由器端口也应该分配IP地址。由于路由器连接着多个物理网络，它是多个网络的成员，因此，每个路由器应分配有多个IP地址。需要注意的是，路由器端口的IP地址必须与相连子网的IP地址具有相同的网络号。图3-35是三个互联的物理网络和两个路由器的IP地址的例子。

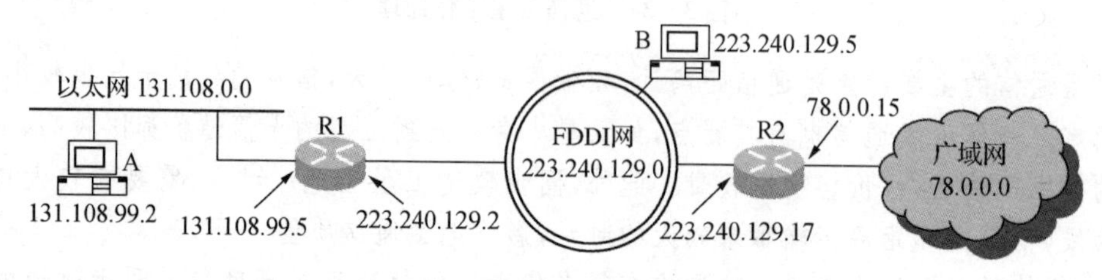

图3-35 路由器及其IP地址

路由器不仅像交换机那样把IP数据报进行存储转发，根据路由表选择合适的路由传送IP报文，而且还要能连接异构的网络，在异构网络之间正确地传输IP数据报，确保各种不同物理网络的无缝连接。

在互联网中，路由器的任务是将一个网络中源计算机(或前一个路由器)发来的IP数据报转发到另一个网络中的目标计算机或下一个路由器。这一过程是很复杂的，因为不同类型物理网络使用的帧格式和编址方案各不相同。当路由器收到一个IP数据报后，它需要完成路由选择、帧格式的转换、IP数据报的转发等任务。以图3-35为例，假设以太网中的计算机A要把一个IP数据报发给FDDI网络中的计算机B，其过程大体如下：

① 因为目的地计算机B在FDDI网中，所以源计算机必须先把IP数据报送到路由器R1(连接以太网的端口IP地址为131.108.99.5)。

② 源计算机A与路由器R1都连接在同一个以太网中，它们进行数据通信必须使用以太网MAC地址，因此，应将计算机A(131.108.99.2)与路由器R1的IP地址(131.108.99.5)分别翻译为以太网MAC地址。这个过程称为“地址解析”，地址解析由计算机A完成。

③ 计算机A需发送的IP数据报与以太网数据帧的格式不同，不能在以太网上传输，因此，必须将它“封装”成以太网的帧格式。

④ 在以太网中将数据帧按以太网MAC地址发送至路由器R1，路由器收到这一帧之后，从帧中取出IP数据报。

⑤ 路由器R1通过查找路由表知道，计算机B就在与其相连的FDDI网络中，于是经过地址解析，把路由器R1连接到FDDI的端口的IP地址(223.240.129.2)和计算机B的IP

地址(223.240.129.5)分别转换为FDDI网络中的MAC地址(由路由器R1完成)。

⑥ 路由器R1将收到的IP数据报封装成为FDDI的帧格式。

⑦ 在FDDI网络中,路由器把信息帧按FDDI的MAC地址发送至目的地计算机B,目的地计算机收到这一帧信息后,从帧中取出IP数据报,传输任务到此完成。

2. 路由器的功能和类型

路由器看起来有点像交换机,但两者的主要区别是路由器转发的是IP数据报,是在网络互联层进行的;而交换机(如以太网交换机)转发的是以太网数据帧,是在低层(网络接口和硬件层)进行的。而且路由器能连接异构的物理网络,确保IP数据报能在两个不同网络之间进行传输。另外,路由器还具有对IP数据报进行过滤、复用、加密、压缩等处理功能,以及流量控制、配置管理、性能管理等多种管理功能。

路由器是互联网络的枢纽和"交警",千千万万个路由器构成了Internet网的骨架。路由器的处理速度是网络通信的主要瓶颈之一,其可靠性则直接影响着网络互联的质量。因此,无论在园区网、地区网乃至整个互联网中,路由器起着举足轻重的作用。

现在,各种不同档次的路由器已经成为实现网络内部互联、骨干网之间互联以及骨干网与互联网互联的关键设备。按照路由器在网络中的位置和作用,路由器可分为两类:核心路由器(corc router)和边缘路由器(edge router)。核心路由器一般安装在数据中心、电信公司或ISP的机房内。这些路由器通过高速宽带通信线路将许多网络进行互联。核心路由器按其性能和功能又有企业级路由器、电信级路由器等不同类型。边缘路由器也称为接入路由器,主要用于将小型网络接入到某个ISP的接入网。如用于家庭或小型办公室接入互联网的SOHO路由器,带有无线AP的无线路由器、网吧专用路由器等。

3. 家用无线路由器

无线路由器是一种将以太网交换机、无线AP和路由器集成在一起的产品。目前流行的无线路由器(例如D-LINK、TP-LINK、TENDA等)一般都可以与ADSL MODEM、CABLE MODEM或光纤以太网等ISP的接入网直接相连,另外还有2—4个局域网插口,可使用双绞线连接PC电脑,其无线接入点AP则可无线连接笔记本电脑、平板电脑、手机等便携设备,实现家庭计算机网络的Internet连接共享(如图3-36)。

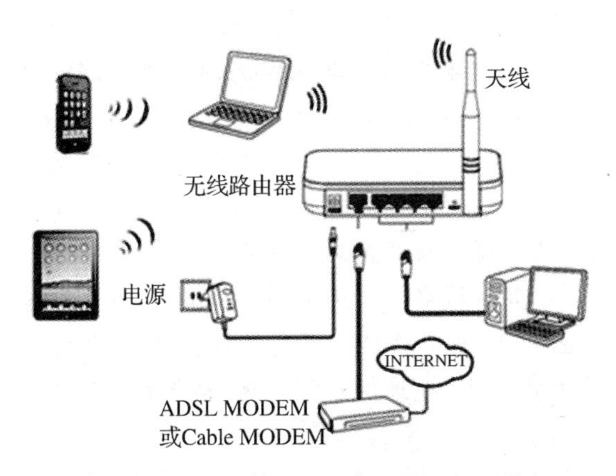

图3-36 家庭利用无线路由器接入互联网

无线路由器是一个典型的嵌入式计算机系统,所使用的CPU大多采用ARM 9内核,它还有一个以太网交换机芯片，专门处理以太局域网内部节点相互间的信息传输。路由器中有多种存储器，用以存储路由器操作系统、路由协议软件、用户配置信息、路由信息等。

无线路由器不仅具备无线 AP 的所有功能，如支持 DHCP 客户端、VPN(虚拟专网)、防火墙、WEP 加密等，而且还提供网络地址转换(Network Address Translation，NAT)功能，以支持局域网用户的 Internet 连接共享。它还内置有虚拟拨号软件，可以存储拨号上网所使用的用户名和密码，实现自动拨号功能。

通常，无线路由的 WAN 口和 LAN 之间的路由工作模式采用网络地址转换 (Network Address Translation，NAT)方式。NAT 也称为网络掩蔽或者 IP 掩蔽(IP masquerading)，它是一种在 IP 数据包通过路由器时重新改写源 IP 地址或/和目的地 IP 地址的技术。这种技术被普遍使用在多台主机共用一个公有 IP 地址访问互联网的场合，是目前解决 IP 地址紧张的一种有效方法。需要说明的是，IPv4 协议规定，192. 168. 0. 0—192. 168. 255. 255 共 65536 个地址属于专用网络的地址，专用网络内的主机各有一个自己的专用地址，在向外发送数据时，路由器将其数据报中的源地址(专有地址)转换成公有 IP 地址后向外发送；接收外网送来的数据时，也由路由器把数据报中的目的地地址(公有 IP 地址)转换成专有网络中某个专有 IP 地址，然后再转发给相应的主机。

无线路由器还支持 DHCP(动态主机配置协议)功能。它运行 DHCP 服务器软件，监听着局域网中的客户机有无 DHCP 请求(例如，设置为“自动获取 IP 地址”的客户机开机时会发出 DHCP 请求)并进行处理，为客户机分配配置参数(包括 IP 地址、子网掩码、默认网关、DNS 服务器等数据)。通常有 3 种 IP 地址分配方式：

① 自动分配方式：局域网中的客户机第一次从 DHCP 服务器分配到 IP 地址之后，就永远使用这个地址。例如，TPLINK 无线路由器一般是从 192. 168. 1. 100 开始进行分配，直至 192. 168. 1. 254 为止。

② 手工分配方式：从 192. 168. 1. 2—192. 168. 1. 99 为手工分配的 IP 地址，用户可自行选择。

③ 动态分配方式：客户机从 DHCP 服务器分配到的 IP 地址，并非永久使用，只要租约到期，客户机就要释放这个 IP 地址，供 DHCP 服务器分配给其他客户机使用。

4. 域名如何翻译成 IP 地址

把域名翻译成 IP 地址是通过域名服务器来完成的。通常，每一个网络(如校园网或企业网)均要设置一个域名服务器，安装 DNS 软件，并在服务器中存放所辖网络中所有主机的域名与 IP 地址的对照表，用来实现入网主机名字和 IP 地址之间的转换。同时，该 DNS 系统与它的上级网络(通常仅 1 个)中的 DNS 以及它的下级网络(可能有多个)中的每个 DNS 系统之间都建立了链接，以便实现分布式的域名翻译。

例如，南京大学校园网中某台域名为 netra. nju. edu. cn 的主机若需要访问英国某个名字为 paradisc. ulcc. uk 的主机时，通信软件必须先取得对方主机的 IP 地址，然后才能相互通信。将对方主机的名字翻译成 IP 地址的过程称为“域名解析”，它需要经过下列一系列的步骤(如图 3－37)：

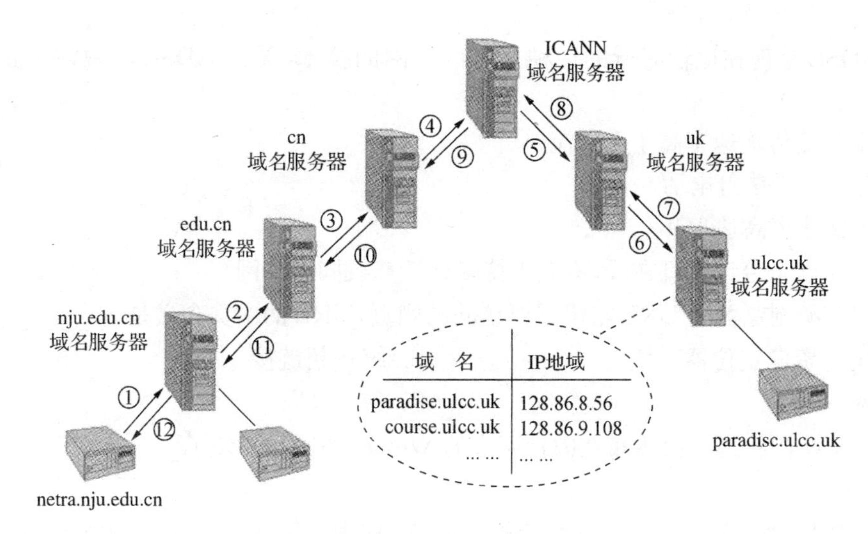

图 3－37 将域名翻译成 IP 地址的过程

① 首先通过本机所在子网(即 nju 子域)的域名服务器(在南京大学网络中心)进行查找,知道 paradisc. ulcc. uk 主机不在南京大学校园网范围内,于是通过链接找到管理 edu 子域的域名服务器(在清华大学的 CERNET 网络中心)。

② edu 子域的域名服务器中存放了我国所有加入 CERNET 的高校的子域名字,通过查找得知,目的地主机不在 CERNET 范围内,于是再利用同样的方法找到管理 edu 子域的我国顶级域名 cn 的域名服务器(在中国互联网络信息中心 CNNIC)。

③ cn 域名服务器中存放了我国所有二级域名(6 个类别域名,34 个行政域名)的名字,通过查找得知,需要访问的目的地主机不在我国,于是再向负责 IP 地址和域名分配的国际机构 ICANN 的域名服务器进行查找。

④ ICANN 的域名服务器存有所有国际通用顶级域名和所有国家及地区的顶级域名的地址,这样就可以找到 uk 域名服务器的地址。

⑤ 从 uk 域名服务器找到 ulcc 子域的域名服务器地址,然后再从 ulcc 子域的域名服务器中查找,知道 paradisc. ulcc. uk 主机的 IP 地址是 128. 86. 8. 56。

查找过程完成后,找到的 IP 地址就回送到发出查询请求的主机,接着就可以进行两个主机之间的通信了。当然,上述过程都是计算机网络自动快速完成的,并不需要用户参与。

域名在全球范围内通用,它没有地域的限制。域名是全球唯一的,非经法定机构注册不得使用。需要注册域名时,不同后缀的域名属于不同注册管理机构所管理,如 com 域名的管理机构为 ICANN,cn 域名的管理机构为 CNNIC。注册成功后还需要缴纳年费。域名一旦注册,就可以永久使用,其他人不得注册和使用相同的域名。

课后练习

一、选择题

1. 通信的任务就是传递信息。通信系统至少需由三个要素组成,以下选项不是三要素之一的是________。

A. 信号　　B. 信源与信宿　　C. 用户　　D. 信道

2. ADSL是现在比较流行的一种接入因特网的技术，关于ADSL的叙述中正确的是________。

A. 下行流传输速率高于上行流

B. 上网时无法打电话

C. 传输速率高达1Gb/s

D. 只允许1台计算机在线，不能支持多台计算机同时上网

3. WWW浏览器用URL指出需要访问的网页，URL的中文含义是________。

A. 统一资源定位器　　B. 统一超链接

C. 统一定位　　D. 统一文件

4. WWW网物理上由遍布在因特网中的Web服务器和安装了________软件的计算机等所组成。

A. WWW浏览器　　B. 搜索引擎

C. 即时通信　　D. 数据库

5. WWW为人们提供了一个海量的信息库，为了快速地找到需要的信息，大多需要使用搜索引擎。下面________不是搜索引擎。

A. Google　　B. 百度　　C. Adobe　　D. 搜搜

6. 采用分组交换技术传输数据时，________不是分组交换机的任务。

A. 检查包中传输的数据内容

B. 检查包的目的地址

C. 将包送到交换机相应端口的缓冲区中排队

D. 从缓冲区中提取下一个包进行发送

7. 单位用户和家庭用户可以选择多种方式接入因特网，下列有关因特网接入技术的叙述中，错误的是________。

A. 单位用户可以经过局域网而接入因特网

B. 家庭用户可以选择电话线、有线电视电缆等不同的传输介质及相关技术接入因特网

C. 家庭用户目前还不可以通过无线方式接入因特网

D. 不论用哪种方式接入因特网，都需要因特网服务提供商(ISP)提供服务

8. 计算机局域网按拓扑结构进行分类，可分为环型、星型和________型等。

A. 电路交换　　B. 以太　　C. 总线　　D. TCP/IP

9. 计算机网络有客户/服务器和对等模式两种工作模式。下列有关网络工作模式的叙述中，错误的是________。

A. Windows XP操作系统中的“网上邻居”是按对等模式工作的

B. 在C/S模式中通常选用一些性能较高的计算机作为服务器

C. 因特网“BT”下载服务采用对等工作模式，其特点是“下载的请求越多、下载速度越快”

D. 两种工作模式均要求计算机网络的拓扑结构必须为总线型结构

10. 下面关于 Web 信息检索的叙述中,错误的是________。

A. 返回给用户的检索结果都是用户所希望的结果

B. 使用百度进行信息检索时,允许用户使用网页中所包含的任意字串或词进行检索

C. 用于 Web 信息检索的搜索引擎大多采用全文检索

D. 使用百度进行信息检索时,用户给出检索要求,然后由搜索引擎将检索结果返回给用户

11. 下面关于第 3 代移动通信(3G)技术的叙述中,错误的是________。

A. 目前我国第 3 代移动通信技术已得到广泛应用

B. 3G 的数据传输能力比 2G 显著提高,其数据传输速率室内可达几个 Mb/s

C. 中国移动支持的 GSM 属于第三代移动通信系统

D. 我国的 3G 移动通信有三种技术标准,它们互不兼容

12. 下面关于计算机网络协议的叙述中,错误的是________。

A. 网络中进行通信的计算机必须共同遵守统一的网络通信协议

B. 网络协议是计算机网络不可缺少的组成部分

C. 计算机网络的结构是分层的,每一层都有相应的协议

D. 协议全部由操作系统实现,应用软件与协议无关

13. 下面关于我国第 3 代移动通信技术的叙述中,错误的是________。

A. 我国的 3G 移动通信有 3 种不同的技术标准

B. 中国移动采用的是我国自主研发的 TD-SCDMA(时分-同步码分多址接入)技术

C. 3 种不同的技术标准互相兼容,手机可以交叉入网,互相通用

D. 虽然 3 种不同技术标准并不兼容,但网络是互通的,可以相互通信

14. 以太网交换机是局域网中常用的设备,对于以太网交换机,下列叙述正确的是________。

A. 连接交换机的全部计算机共享一定带宽

B. 连接交换机的每个计算机各自独享一定的带宽

C. 它采用广播方式进行通信

D. 只能转发信号,但不能放大信号

15. 以太网中计算机之间传输数据时,网卡以________为单位进行数据传输。

A. 文件　　B. 信元　　C. 记录　　D. 帧

16. 以下关于 IP 协议的叙述中,错误的是________。

A. IP 属于 TCP/IP 协议中的网络互联层协议

B. 现在广泛使用的 IP 协议是第 6 版(IPv6)

C. IP 协议规定了在网络中传输的数据包的统一格式

D. IP 协议还规定了网络中的计算机如何统一进行编址

17. 以下关于 TCP/IP 协议的叙述中,错误的是________。

A. 因特网采用的通信协议是 TCP/IP 协议

B. 全部 TCP/IP 协议有 100 多个,它们共分成 7 层

C. TCP和IP是全部TCP/IP协议中两个最基本、最重要的协议

D. TCP/IP协议中部分协议由硬件实现，部分由操作系统实现，部分由应用软件实现

18. 以下几种信息传输方式中，________不属于现代通信范畴。

A. 电报　　B. 电话　　C. 传真　　D. DVD影碟

19. 以下是有关IPv4中IP地址格式的叙述，其中错误的是________。

A. IP地址用64个二进位表示

B. IP地址有A类、B类、C类等不同类型之分

C. IP地址由网络号和主机号两部分组成

D. 标准的C类IP地址的主机号共8位

20. 以下选项________中所列都是计算机网络中数据传输常用的物理介质。

A. 光缆、集线器和电源　　B. 电话线、双绞线和服务器

C. 同轴电缆、光缆和电源插座　　D. 同轴电缆、光缆和双绞线

21. 通信卫星是一种特殊的________通信中继设备。

A. 微波　　B. 激光　　C. 红外线　　D. 短波

22. 网卡(包括集成网卡)是计算机联网的必要设备之一，以下关于网卡的叙述中，错误的是________。

A. 局域网中的每台计算机中都必须有网卡

B. 一台计算机中只能有一块网卡

C. 不同类型的局域网其网卡不同，通常不能交换使用

D. 网卡借助于网线(或无线电波)与网络连接

23. 无线局域网采用的通信协议主要有IEEE802.11及________等标准。

A. IEEE802.3　　B. IEEE802.4　　C. IEEE802.8　　D. 蓝牙

24. 无线网卡产品形式有多种，通常没有下列________的产品形式。

A. PCI无线网卡　　B. USB无线网卡

C. 集成无线网卡　　D. PS/2无线网卡

25. 下列关于3G上网的叙述中，错误的是________。

A. 我国3G上网有三种技术标准，各自使用专门的上网卡，相互并不兼容

B. 3G上网属于无线接入方式

C. 3G上网比WLAN的速度快

D. 3G上网的覆盖范围较WLAN大得多

26. 下列关于共享式以太网的说法，错误的是________。

A. 拓扑结构采用总线结构　　B. 数据传输的基本单位称为MAC

C. 以广播方式进行通信　　D. 需使用以太网卡才能接入网络

27. 下列关于计算机局域网资源共享的叙述中正确的是________。

A. 通过Windows的“网上邻居”功能，相同工作组中的计算机可以相互共享软硬件资源

B. 相同工作组中的计算机可以无条件地访问彼此的所有文件

C. 即使与因特网没有连接,局域网中的计算机也可以进行网上银行支付

D. 无线局域网对资源共享的限制比有线局域网小得多

28. 下列关于利用ADSL和无线路由器组建家庭无线局域网的叙述中,正确的是________。

A. 无线路由器无需进行任何设置

B. 无线接入局域网的PC机无需任何网卡

C. 无线接入局域网的PC机无需使用任何IP地址

D. 登录无线局域网的PC机,可通过密码进行身份认证

29. 下列关于无线接入因特网方式的叙述中,错误的是________。

A. 采用无线局域网接入方式,可以在任何地方接入因特网

B. 采用3G移动电话上网较GPRS快得多

C. 采用移动电话网接入,只要有手机信号的地方,就可以上网

D. 目前采用3G移动电话上网的费用还比较高

30. 下列通信方式中,________不属于微波远距离通信。

A. 卫星通信　　B. 光纤通信

C. 手机通信　　D. 地面接力通信

31. 下列网络应用中,采用C/S模式工作的是________。

A. BT下载　　B. Skype网络电话

C. 电子邮件　　D. 迅雷下载

32. 下列网络应用中,采用对等模式工作的是________。

A. Web信息服务　　B. FTP文件服务

C. 网上邻居　　D. 打印服务

33. 下列应用软件中,________属于网络通信软件。

A. Word　　B. Excel

C. Outlook Express　　D. Acrobat

34. 下列有关分组交换网中存储转发工作模式的叙述中,错误的是________。

A. 采用存储转发技术使分组交换机能处理同时到达的多个数据包

B. 存储转发技术能使数据包以传输线路允许的最快速度在网络中传送

C. 存储转发不能解决数据传输时发生冲突的情况

D. 分组交换机的每个端口每发送完一个包才从缓冲区中提取下一个数据包进行发送

35. 下列有关网络对等工作模式的叙述中,正确的是________。

A. 对等工作模式的网络中的每台计算机要么是服务器,要么是客户机,角色是固定的

B. 对等工作模式的网络中可以没有专门的硬件服务器,也可以不需要网络管理员

C. 电子邮件服务是因特网上对等工作模式的典型实例

D. 对等工作模式适用于大型网络,安全性较高

36. 下列有关网络两种工作模式(客户/服务器模式和对等模式)的叙述中,错误的是________。

A. 近年来盛行的“BT”下载服务采用的是对等工作模式

B. 基于客户/服务器模式的网络会因客户机的请求过多、服务器负担过重而导致整体性能下降

C. Windows XP 操作系统中的“网上邻居”是按客户/服务器模式工作的

D. 对等网络中的每台计算机既可以作为客户机，也可以作为服务器

37. 组建无线局域网，需要硬件和软件，以下________不是必需的。

A. 无线接入点(AP)　　B. 无线网卡

C. 无线通信协议　　D. 无线鼠标

二、填空题

1. DNS 服务器的功能是实现入网主机的域名和________之间的转换。

2. 按网络所覆盖的地域范围可把计算机网络分为广域网、城域网和局域网。校园网一般属于________网。

3. 发送电子邮件时如果把对方的邮件地址写错了，这封邮件将会(销毁、退回、丢失、存档)________。

4. 计算机联网的主要目的是：________、资源共享、实现分布式信息处理和提高计算机系统的可靠性和可用性。

5. 计算机网络按覆盖的地域范围通常可分为广域网、城域网和________网。

6. 计算机网络中必须包含若干计算机和一些通信线路及通信控制设备，它们必须共同遵循一组规则和约定，这些规则和约定就称为通信________。

7. 目前，因特网中有数以千计的 FTP 服务器使用________作为其公开账号，用户只需将自己的邮箱地址作为密码，就可以访问 FTP 服务器中的文件。

8. 能把异构的计算机网络相互连接起来，且可根据路由表转发 IP 数据报的网络设备是________。

9. 如果登录 QQ 后想使用其提供的功能，但又不想让别人打扰你，可以选择________登录方式。

10. 使用 IE 浏览器启动 FTP 客户程序时，用户需在地址栏中输入：________://[用户名:口令@]FTP 服务器域名[:端口号]

11. 使用域名访问因特网上的信息资源时，由网络中的域名服务器将域名翻译成 IP 地址，该服务器的英文缩写是________。

12. 网络域名服务器中存放着它所在网络中全部主机的________和 IP 地址的对照表。

13. 微软公司提供的免费即时通信软件是________。

14. 因特网中大量的应用采用了________工作模式，因而网络中有许多各种不同用途的服务器。

15. 因特网中的路由器是一种功能更强的分组交换机，它所传输的“分组”是________。

16. 因特网中两个异构的局域网，通过一个路由器互联，那么路由器上应至少配置________个 IP 地址。

17. 用于发送邮件的协议常用的是________协议。

18. 用于接收邮件的协议常用的是________协议。

19. 与电子邮件的异步通信方式不同，即时通信是一种以________方式为主进行消息交换的通信服务。

20. 在计算机网络中，为确保网络中不同计算机之间能正确地传送和接收数据，它们必须遵循一组共同的规则和约定。这些规则、约定或标准通常被称为________。

三、判断题

1. GSM 和 CDMA 手机通信系统，也需要采用多路复用技术。

2. 采用波分多路复用技术时，光纤中只允许一种波长的光波进行传递。

3. 单纯采用令牌(如校园一卡通、公交卡等)进行身份认证，缺点是丢失令牌将导致他人能轻易进行假冒和欺骗。

4. 防火墙的基本工作原理是对流经它的 IP 数据报进行扫描，检查其 IP 地址和端口号，确保进入子网和流出子网的信息的合法性。

5. 计算机上网时，可以一面浏览网页，一面在线欣赏音乐，还可以下载软件。这时，连接计算机的双绞线采用时分多路复用的技术同时传输着多路信息。

6. 启用 Windows XP 操作系统的软件防火墙，能限制或防止他人从因特网访问该计算机，达到保护计算机的目的。

7. 软件是无形的产品，所以它不容易受到计算机病毒入侵。

8. 使用 Outlook Express 发送电子邮件时，如果要对方确信不是他人假冒发送的，可以采用数字签名的方式进行发送。

9. 使用多路复用技术能够很好地解决信号的远距离传输问题。

10. 使用口令(密码)进行身份认证时，由于只有自己知道，他人无从得知，因此，不会发生任何安全问题。

11. 收音机可以收听许多不同电台的节目，是因为广播电台采用了频分多路复用技术播送其节目。

12. 数字签名在电子政务、电子商务等领域中应用越来越普遍，我国法律规定，它与手写签名或盖章具有同等的效力。

13. 数字签名的主要目的是鉴别消息来源的真伪，它不能发觉消息在传输过程中是否被篡改。

14. 网上银行和电子商务等交易过程中，网络所传输的交易数据(如汇款金额、账号等)通常是经过加密处理的。

15. 因特网防火墙是安装在 PC 机上仅用于防止病毒入侵的硬件设备。

16. 在 ATM 柜员机取款时，使用银行卡加口令进行身份认证，这种做法称为“双因素认证”，安全性较高。

17. 在采用时分多路复用技术的传输线路中，不同时刻实际上是为不同通信终端服务的。

18. 由于无线网络采用无线信道传输数据，所以更要考虑传输过程中的安全问题。

19. 在数字通信系统中，信道带宽与所使用的传输介质和传输距离密切相关，与采用何种多路复用及调制解调技术无关。

单元4
文稿编辑与版式

使用计算机进行文本处理是计算机的基本应用之一。目前常用的文字处理软件有微软公司的Word，金山公司的WPS和Adobe公司的Adobe Acrobat，其中Word 2010是微软公司开发的Office 2010办公组件之一，它具有所见即所得、直观的操作界面，多媒体混排的特点和强大的制表功能、模板与向导功能，是当前最流行的文字处理软件。Word 2010操作界面如图4-1所示。

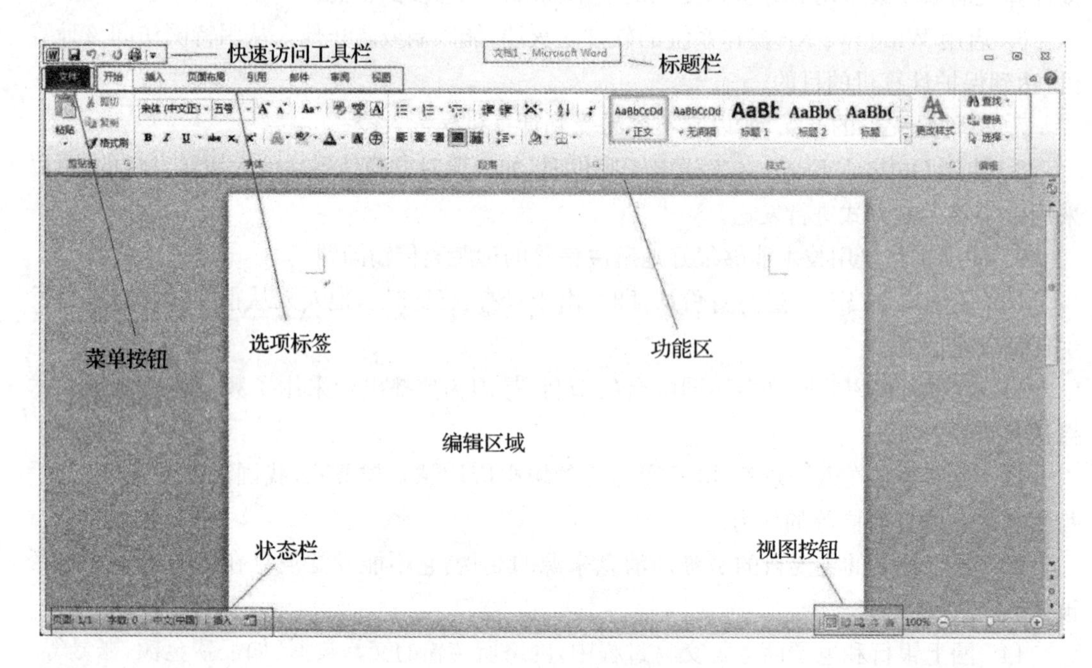

图4-1 Word 2010界面

本单元将通过完成一份产品宣传海报来学习Word 2010的相关知识和操作技能，使用户能熟练编辑文档。

任务 4.1　文本编辑

任务描述

公司即将推出一款笔记本电脑，需要编辑完成一份文档“产品宣传海报.docx”，相关素材见文件夹“4.1 文本编辑”。本次任务主要是对文本进行编辑，主要包括文本的选择、复制粘贴，字体格式、段落格式的设置，边框和底纹设置，插入脚注等，为了得到如图 4－2 所示的效果，需要进行以下操作。

笔记本只为便携，便携只因轻薄。云华科技公司最新推出一款笔记本电脑——新锐系列T300。

新锐 T300 作为一款 13 英寸笔记本，机身厚度小于 18mm，重量小于 1.5 千克，既能容纳 DVD 刻录光驱位，又能内嵌独立显卡。其轻盈的机身、简约的设计、强大的处理器、惊艳的视觉享受，能为用户带来更为便携、舒适的使用体验。

◆ 外观方面

新锐系列 T300 采用优雅 S 形转轴设计，机身更显纤巧，可调节 0~130 度旋转角度。机身采用镁铝合金*设计，一方面可以很好的保护机身组件不会轻易受到破坏，另一方面也十分有利于机身内部的发热元件的散热。铝镁合金质坚量轻、密度低、散热性较好、抗压性较强，能充分满足 3C 产品高度集成化、轻薄化、微型化、抗摔撞及电磁屏蔽和散热的要求。其硬度是传统塑料机壳的数倍，但重量仅为后者的三分之一。

T300 采用 13 英寸 LED 液晶屏幕，屏幕分辨率 1920×1080，功耗低且环保，即满足便携的使用需求，又提高了使用的舒适度。折边式边框设计，起到一个整体结合力度缓冲的作用，当笔记本受到压力或撞击时可以使压力转变到边框传至底部，而不会使液晶承担大的压力导致破碎。合上笔记本电脑时，边框与底座紧密结合，即使不小心摔落，也不会使其分开而造成液晶的损坏。

T300 采用全尺寸键盘，标准的七排键设计采用人体工程学原理，使人使用的时候更加舒适不易疲劳。而且该款是防水型防泼溅键盘，避免用户不慎将将少量液体泼落键盘时引起的设备损坏，提高设备和数据安全，最大程度的保证您的机器的安全。

◆ 性能方面

T300 采用酷睿 i7 四核处理器、8GB 双通道 DDR3-1600MHz 内存、1TGB 7200 转硬盘、内置 DVD 刻录光驱；3.0GB DDR3 显存、NVIDIA GeForce 9800M GTX 独立显卡；千兆以太网卡、内置蓝牙适配卡；包含英特尔无线显示(Wi-Di)技术；预装 Windows 7 家庭高级版 64 位，使用 3MB 三级缓存；一键恢复，客户可备份在本地硬盘或光盘中，可同时保留出厂系统备份和用户自定义备份。

T300 主要接口采用后置方式，从左到右依次提供 3.5mm 标准耳机接口、2×USB2.0 接口、1×USB3.0 接口、HDMI 高清输出端口、RJ-45 以太网口和电源接口。

由于要充分考虑到机身厚度这个因素，机身中放弃使用 VGA 接口，机体的左右两侧仅放置了安全锁孔、多合一读卡器插槽和 DVD 光驱位，基本上可以满足用户的日常使用需求。

* 又称镁铝合金

图 4－2　效果图

① 将"产品宣传海报.docx"设置自动恢复信息时间间隔为5分钟；

② 将"产品发布"文档中的所有内容添加到"产品宣传海报"中作为前两段；

③ 设置两个小标题格式为楷体、加粗、红色、小四号，字符间距缩放150%，并设置为红色实心菱形项目符号；

④ 设置正文第二段首字下沉3行，首字字体为楷体，其余各段(除小标题)设置为首行缩进2字符，1.25倍行距；

⑤ 给正文倒数第三段添加1.5磅橙色阴影边框，填充白色、背景1、深色15%的底纹；

⑥ 将正文中所有的"T300"设置为蓝色、双下划线；

⑦ 参考样章，在正文第三段第一个"铝镁合金"后插入脚注"又称防锈铝合金"，编号格式为"①,②,③…"；

⑧ 统计文档字数；

⑨ 保存文档。

任务实现

双击打开文档"产品宣传海报.docx"。

4.1.1 自定义保存方式

① 单击"文件—选项—保存"，打开"Word选项"对话框，将保存自动恢复信息时间间隔设置为5分钟，如图4-3所示。

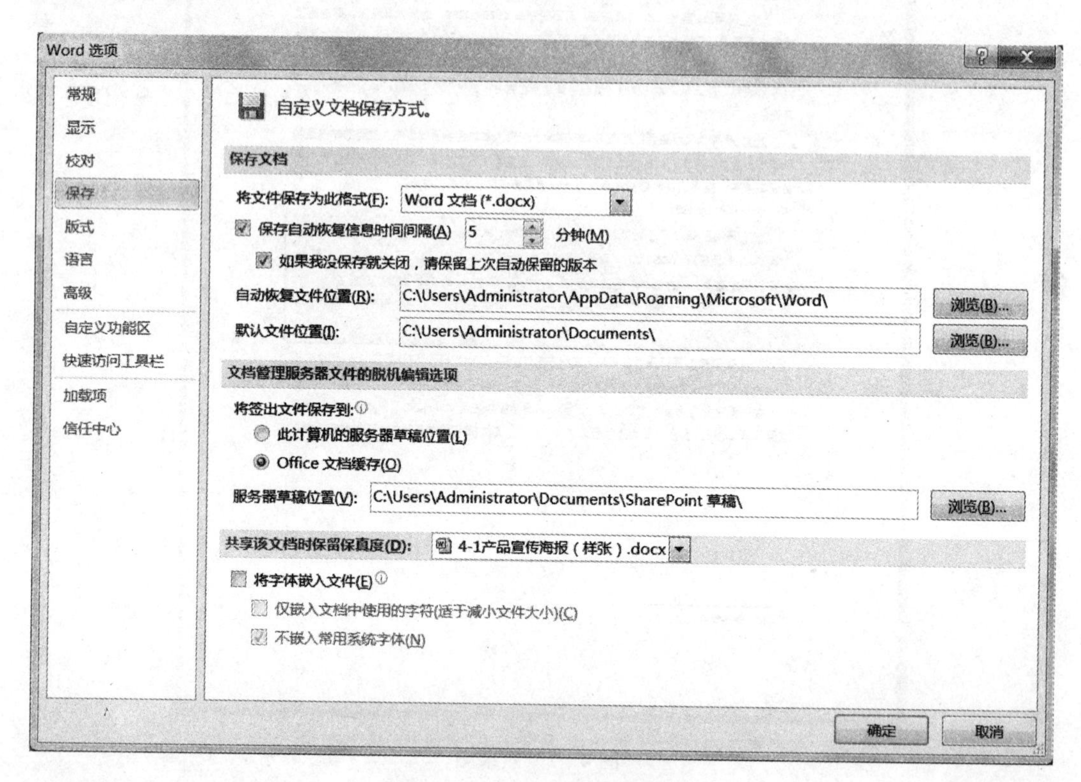

图4-3 "Word选项"对话框

② 单击“确定”按钮。

扫一扫可见微课
“文字编辑”

4.1.2 复制粘贴

① 双击打开“产品发布”文档，单击“开始—选择—全选”，选中所有文字，单击“复制”按钮将文字复制到剪贴板中。

② 在“产品宣传海报”文档中将光标移至第一段行首，单击“粘贴”按钮将剪贴板中的内容粘贴到文档中作为第一、二段。

操作提示

1. Word 中全文选取方法

① 使用快捷键 Ctrl＋A；

② 先将光标定位到文档的开始位置，再按 Shift＋Ctrl＋End 键；

③ 页面左侧空白处鼠标三击。

2. 复制、粘贴方法

① 使用快捷键 Ctrl＋C 可将选中文字复制到剪贴板上，使用 Ctrl＋V 可将剪贴板上的内容粘贴到光标当前位置；

② 单击鼠标右键选择“复制”、“粘贴”。

4.1.3 字体格式设置

扫一扫可见微课
“文字段落排版(一)”

① 选择两个小标题，在“开始”选项卡的“字体”功能组设置字体格式为：楷体、加粗、红色、小四号，如图 4－4 所示。

② 在“段落”功能组中单击“中文版式”按钮，在下拉列表中单击“字符缩放”，设置为 150%。

③ 选择两个小标题，单击右键，选择“项目符号”命令，选择“实心菱形”，然后删除第 2 个小标题前的编号。

图 4－4 “字体”格式设置

操作提示

字体格式设置方法：

① 选中文字后在字体功能组设置；

② 选中文字后出现浮动工具栏可以进行设置；

③ 单击鼠标右键，选择“字体”命令进行设置。

4.1.4 段落格式设置

① 将光标移至第二段行首,单击“插入—首字下沉—首字下沉选项”,打开对话框,如图 4-5 所示,设置位置为“下沉”,字体“楷体”,下沉行数“3”。

② 单击“确定”按钮。

③ 选择其余各段(除小标题),单击鼠标右键,选择“段落”命令,打开对话框,如图 4-6 所示。

④ 在“缩进和间距”选项卡中,设置“特殊格式”为“首行缩进”,磅值为“2 字符”,在“行距”中选择“多倍行距”,设置值为“1.25”。

⑤ 单击“确定”按钮。

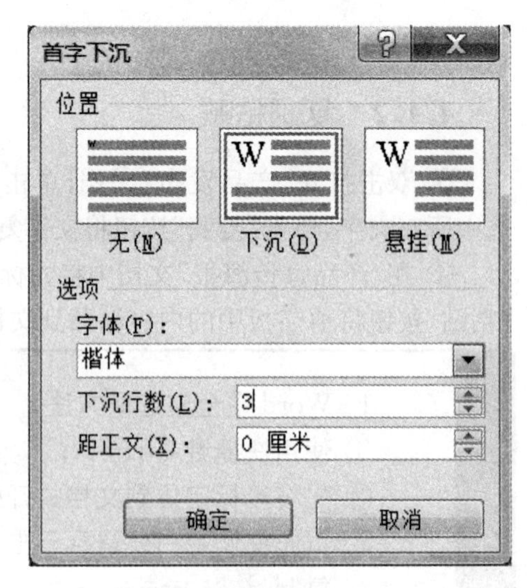

图 4-5 “首字下沉”对话框

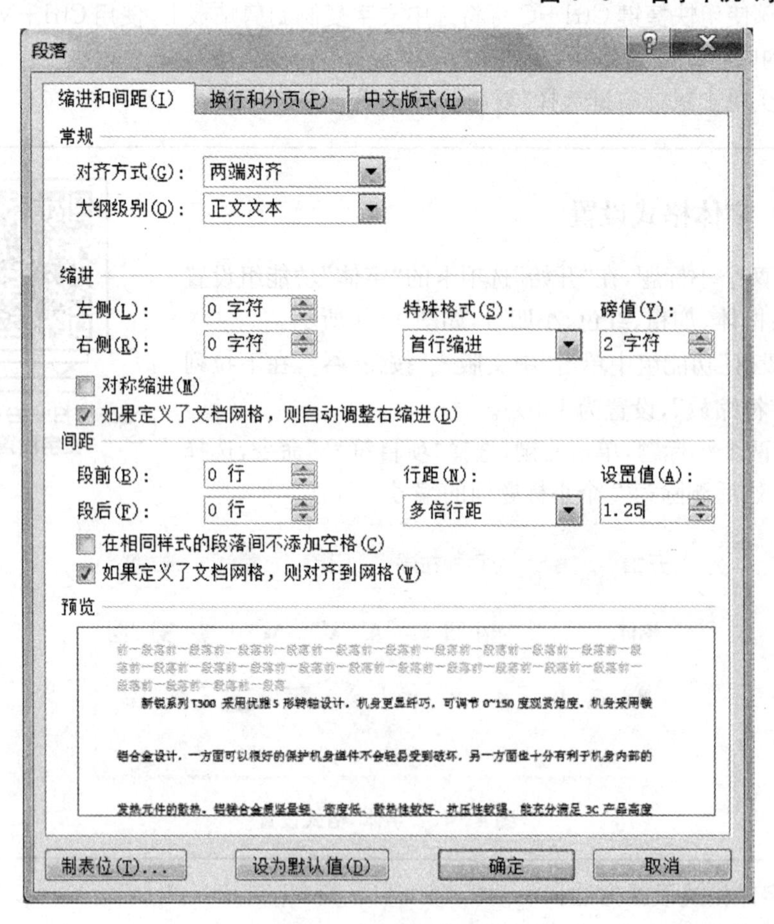

图 4-6 “段落”对话框

4.1.5 边框和底纹

① 选择正文倒数第三段，单击“页面布局”选项卡，在“页面背景”功能组中单击“页面边框”按钮，打开对话框，如图4-7所示。

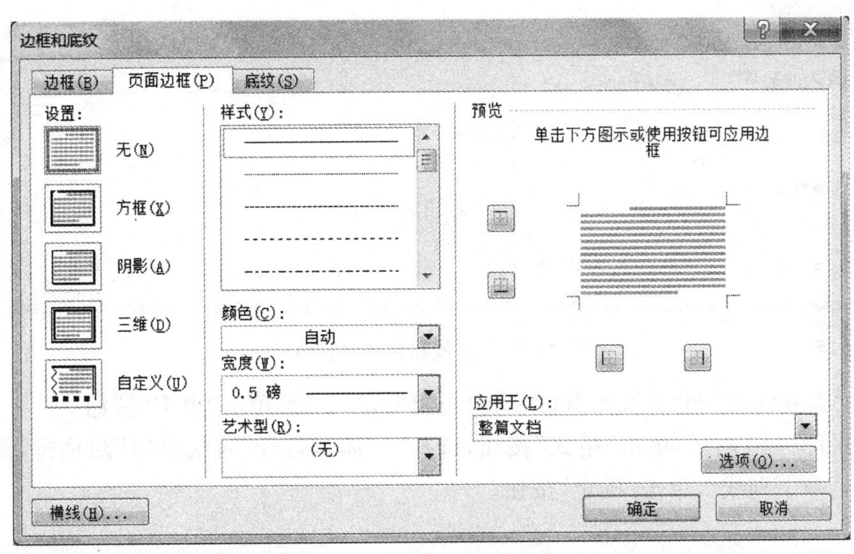

图4-7 “边框和底纹”对话框

② 选择“边框”选项卡，在“设置”选项区域选择“阴影”，在“颜色”下拉列表中选择“橙色”，“宽度”下拉列表中选择“1.5磅”(注意应用于“段落”)，如图4-8所示。

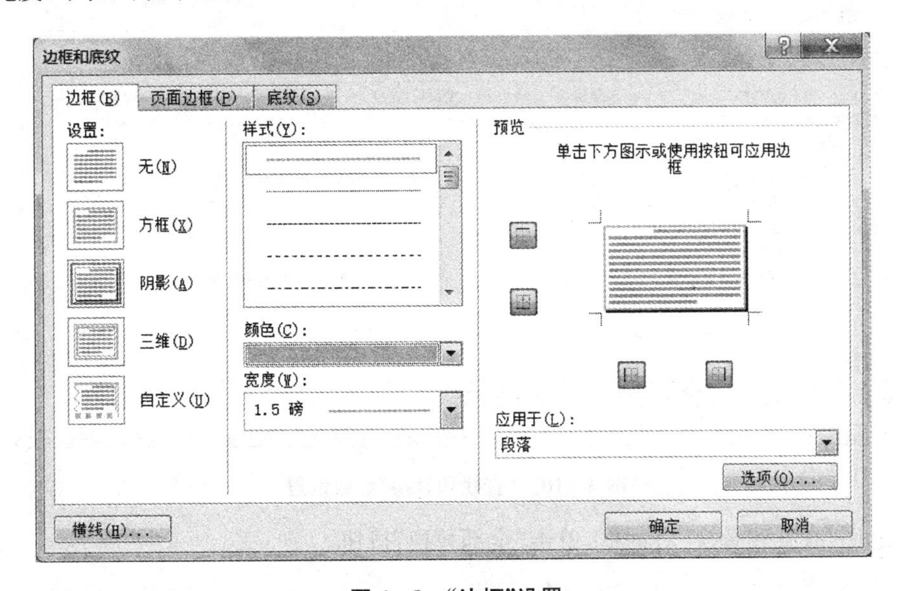

图4-8 “边框”设置

③ 选择“底纹”选项卡,在“填充”选项区域设置填充颜色为“白色、背景 1、深色 15%”(注意应用于“段落”)。

④ 单击“确定”按钮。

4.1.6 查找替换

① 在“开始”选项卡的“编辑”功能组单击“替换”按钮,打开“查找和替换”对话框,如图 4-9 所示。

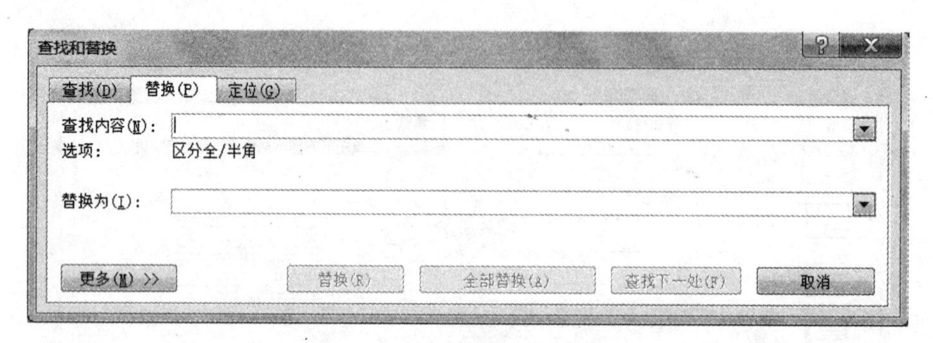

图 4-9 “查找和替换”对话框

② 在“查找内容”和“替换为”框中均输入“T300”, 然后单击“更多”按钮。

③ 如图 4-10 所示,单击“格式”按钮,选择“字体”,打开“查找字体”对话框,设置字体为“蓝色”,“双下划线”,单击“确定”按钮。

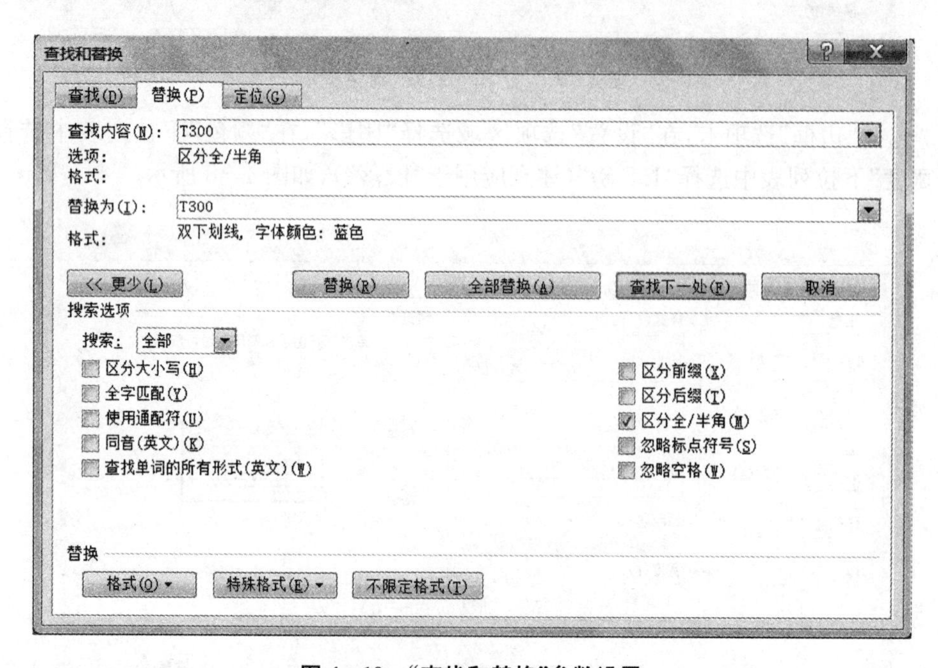

图 4-10 “查找和替换”参数设置

④ 返回“查找和替换”对话框,单击“全部替换”按钮。

4.1.7 脚注

① 将光标移至正文第三段第一个“铝镁合金”后，在“引用”选项卡单击“脚注”功能组右侧箭头，打开“脚注和尾注”对话框，如图 4-11 所示。

图 4-11 “脚注和尾注”对话框

② 选择“脚注”单选按钮，可以插入脚注，如果要插入尾注，则选择“尾注”单选按钮。在“编号格式”下拉列表中选择“①,②,③…”选项。

③ 单击“确定”按钮后，就可以在当前光标处输入脚注文本“又称防锈铝合金”。

4.1.8 字数统计

单击“审阅”选项卡，在“校对”功能组中单击“字数统计”按钮，打开窗口，如图 4-12 所示。

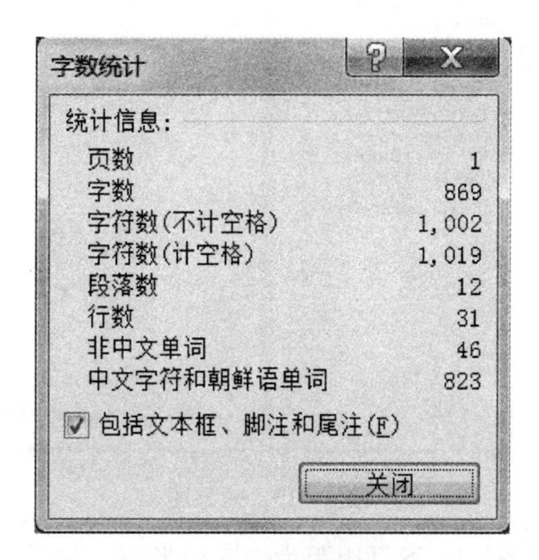

图 4-12 字数统计

4.1.9 保存文档

单击快速访问工具栏上的“保存”按钮。

> **操作提示**
>
> 若用户想以其他文件名保存，则可选择“文件—另存为”命令，在打开的“另存为”对话框中输入新的文件名即可。

任务 4.2 页面设置与版式

任务描述

本次任务主要是对“产品宣传海报.docx”进行排版，包括设置页面格式、分栏、页眉页脚等，为了得到如图 4 - 13 所示的效果图，需要进行以下操作。

图 4 - 13 效果图

① 将页面设置为：A4 纸，上、下页边距为 2.5 厘米，左、右页边距为 3 厘米，每页 40 行，

每行 38 个字符；

② 为页面添加红气球边框，宽度 15 磅；

③ 将正文最后两段合并，且分成等宽两栏，添加分隔线；

④ 设置奇数页页眉为“新锐 T300”，偶数页页眉为“轻薄便携”，均居中显示，所有页页脚为页码，页码样式为“加粗显示的数字 2”；

⑤ 保存文件。

任务实现

扫一扫可见微课
“页面设置”

4.2.1 页面设置

① 选择“页面布局”选项卡，单击“页面设置”右侧的箭头，打开对话框，如图 4 - 14 所示。

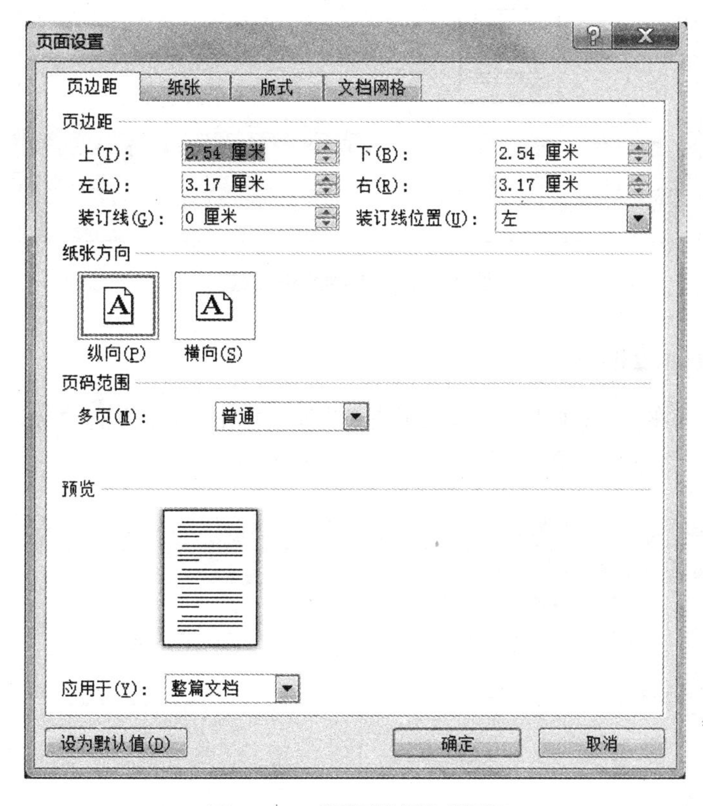

图 4 - 14 “页面设置”对话框

② 在“纸张”选项卡中，选择纸张大小为“A4”。

③ 在“页边距”选项卡中，设置上、下页边距为 2.5 厘米，左、右页边距为 3 厘米。

④ 在“文档网格”选项卡的“网格”组中选择“指定行和字符网格”，并设置每页 40 行，每行 38 个字符，如图 4 - 15 所示。

⑤ 单击“确定”按钮。

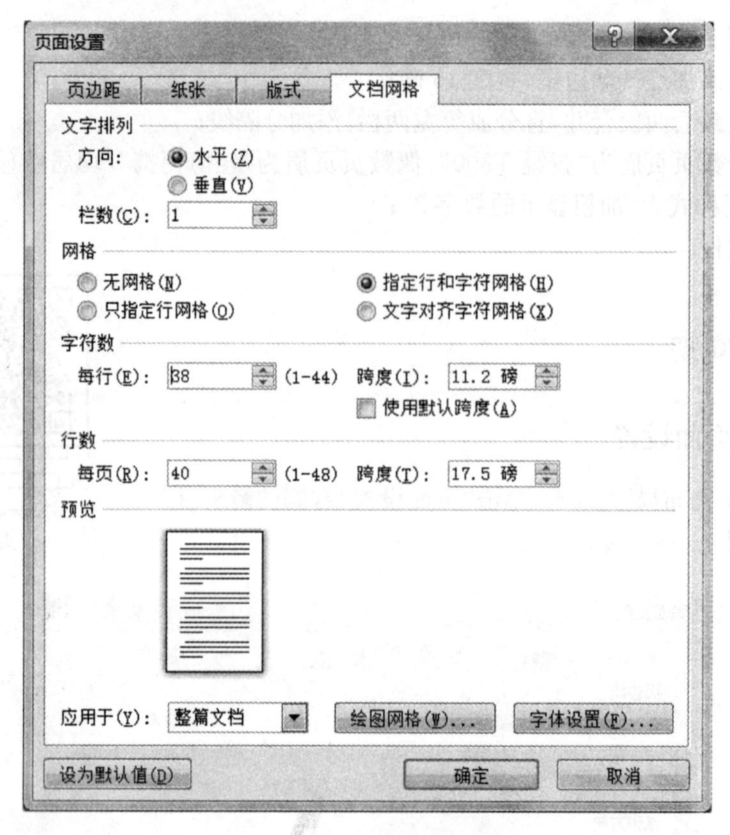

图 4-15 “文档网格”设置

4.2.2 页面边框

① 选择“页面布局”选项卡,在“页面背景”功能组单击“页面边框”按钮,打开对话框,在“艺术型”中选择“红气球”,宽度“15 磅”,如图 4-16 所示。

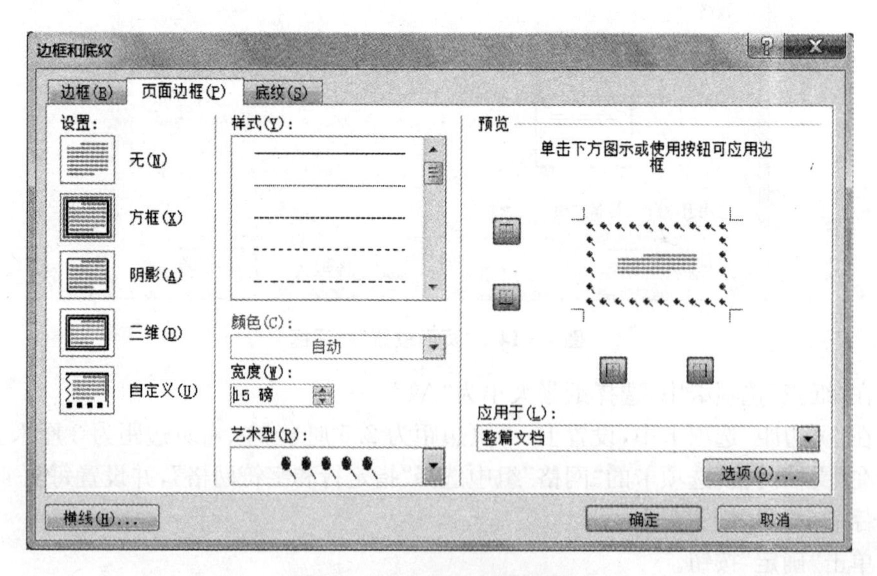

图 4-16 “页面边框”设置

② 单击“确定”按钮。

4.2.3　分栏

① 将光标移至最后一段行首，按 Backspace 键，将最后一段放至上一段的末尾。

② 选择最后一段(注意：回车符不要选)，选择“页面布局”选项卡，在“页面设置”功能组中单击“分栏”按钮，在下拉列表中选择“更多分栏”，打开对话框，如图 4－17 所示，预设为“两栏”，选择“分隔线”复选框。

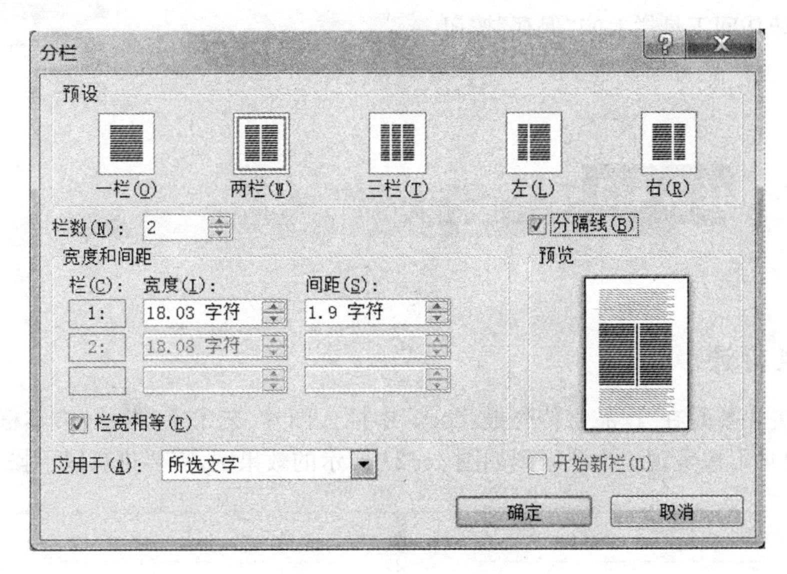

图 4－17　“分栏”设置

③ 单击“确定”按钮。

4.2.4　页眉、页脚

① 在“插入”选项卡中，单击“页眉”按钮，在下拉列表中选择“编辑页眉”，进入页眉和页脚编辑状态，如图 4－18 所示。

图 4－18　“页眉和页脚”编辑状态

② 在“页眉和页脚工具—设计—选项”中，选择“奇偶页不同”，如图 4－19 所示。

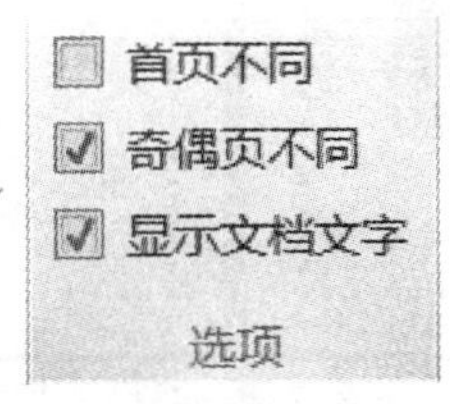

图 4－19　页眉页脚设置“奇偶页不同”

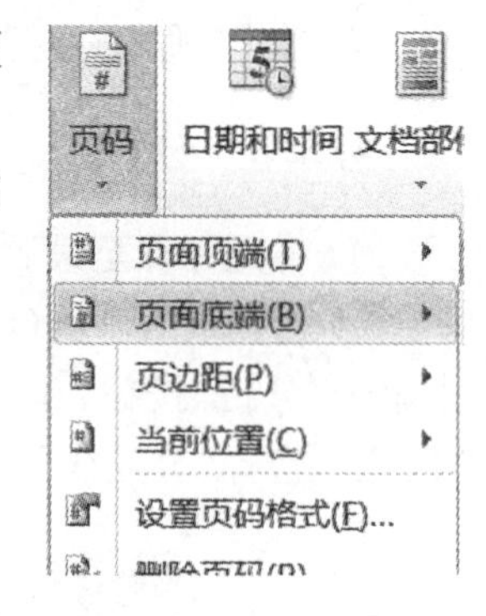

图 4－20　插入页码

③ 在奇数页页眉输入“新锐 T300”，偶数页页眉输入“轻薄便携”，均居中显示。

④ 分别在奇数页、偶数页页脚位置单击“页码—页面底端”，如图 4－20 所示，选择页码样式为“加粗显示的数字 2”。

⑤ 关闭页眉和页脚。

4.2.5　保存

单击快速访问工具栏上的“保存”按钮。

任务 4.3　图文混排

任务描述

本次任务主要是在“产品宣传海报.docx”中插入图片、艺术字、形状、文本框等，图文混排，使文档更加形象美观。为了得到如图 4－21 所示的效果图，需要进行以下操作。

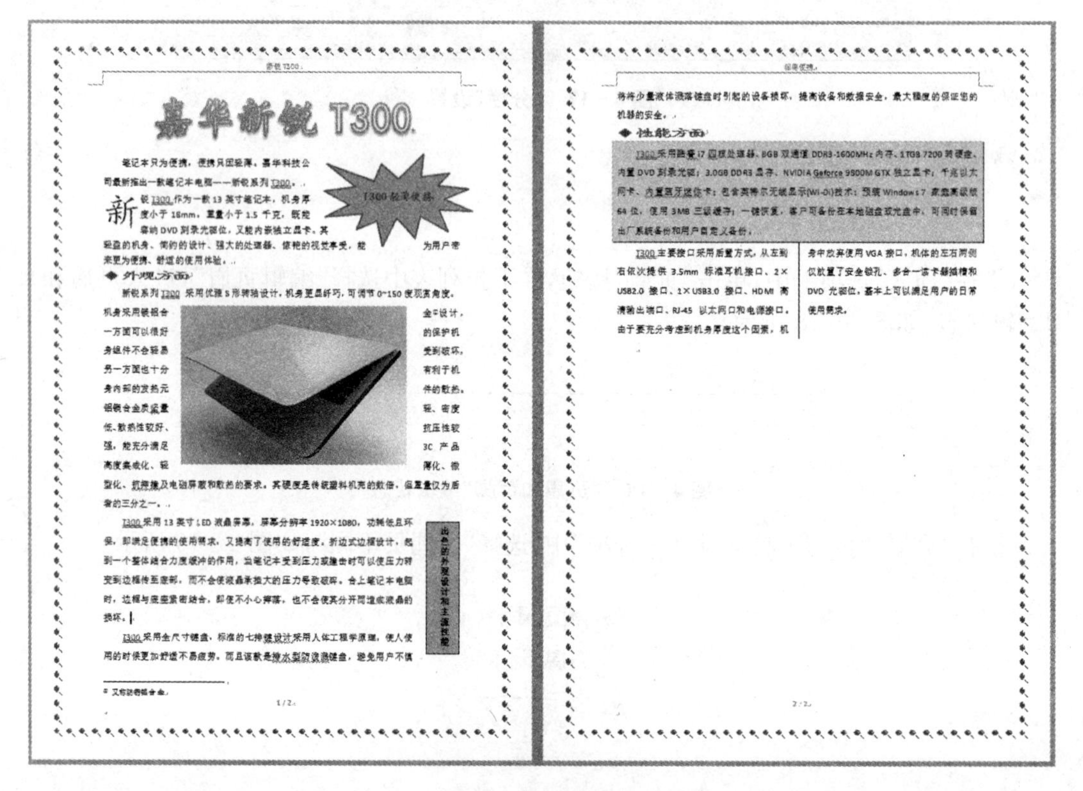

新锐 T300

嘉华新锐 T300

T300 轻薄便携

笔记本只为便携，便携只因轻薄。嘉华科技公司最新推出一款笔记本电脑——新锐系列 T300。

新锐 T300 作为一款 13 英寸笔记本，机身厚度小于 18mm，重量小于 1.5 千克，既能容纳 DVD 刻录光驱位，又能内嵌独立显卡。其轻盈的机身、简约的设计、强大的处理器、惊艳的视觉享受，能为用户带来更为便携、舒适的使用体验。

◆ 外观方面

新锐系列 T300 采用优雅 S 形转轴设计，机身更显纤巧，可调节 0~150 度观赏角度。机身采用镁铝合金设计，一方面可以很好的保护机身组件不会轻易受到破坏，另一方面也十分有利于机身内部的发热元件的散热。镁铝合金质坚量轻、密度低、散热性较好、抗压性较强，能充分满足 3C 产品高度集成化、轻薄化、微型化、抗摔撞及电磁屏蔽和散热的要求。其硬度是传统塑料机壳的数倍，但重量仅为后者的三分之一。

T300 采用 13 英寸 LED 液晶屏幕，屏幕分辨率 1920×1080，功耗低且环保，即满足便携的使用需求，又提高了使用的舒适度。折边式边框设计，起到一个整体结合力度缓冲的作用，当笔记本受到压力或撞击时可以使压力转变到边框传至底部，而不会使液晶承担大的压力导致破坏。合上笔记本电脑时，边框与底座紧密结合，即使不小心摔落，也不会使其分开而造成液晶的损坏。

出色的外观设计和主流性能

T300 采用全尺寸键盘，标准的七排键设计采用人体工程学原理，使人使用的时候更加舒适不易疲劳。而且该款是防水型防泼溅键盘，避免用户不慎

又称镁铝合金。

1/2

轻薄便携

将少量液体泼溅键盘时引起的设备损坏，提高设备和数据安全，最大程度的保证您的机器的安全。

◆ 性能方面

T300 采用酷睿 i7 四核处理器、8GB 双通道 DDR3-1600MHz 内存、1TGB 7200 转硬盘、内置 DVD 刻录光驱；3.0GB DDR3 显存、NVIDIA Geforce 9800M GTX 独立显卡；千兆以太网卡、内置蓝牙迷你卡；包含英特尔无线显示(Wi-Di)技术；预装 Windows 7 家庭高级版 64 位，使用 3MB 三级缓存；一键恢复，客户可备份在本地磁盘或光盘中，可同时保留出厂系统备份和用户自定义备份。

T300 主要接口采用后置方式，从左到右依次提供 3.5mm 标准耳机接口、2×USB2.0 接口、1×USB3.0 接口、HDMI 高清输出端口、RJ-45 以太网口和电源接口。由于要充分考虑到机身厚度这个因素，机身中放弃使用 VGA 接口，机体的左右两侧仅放置了安全锁孔、多合一读卡器插槽和 DVD 光驱位，基本上可以满足用户的日常使用需求。

2/2

图 4－21　效果图

① 参考样章，在正文适当位置插入图片“01.jpg”，设置图片高度、宽度缩放比例均为60%，环绕方式为四周型；

② 在文章标题位置插入艺术字“嘉华新锐 T300”，采用第三行第二列样式，设置艺术字字体为楷体，48 号，环绕方式为上下型，居中显示；

③ 参考样章，在正文适当位置插入形状“爆炸形 1”，添加文字“T300 轻薄便携”，设置文字格式为：楷体、红色、小四号字、加粗，设置自选图形格式为：浅蓝色填充色、透明度 25%、紧密型环绕；

④ 参考样章，在正文适当位置绘制竖排文本框“出色的外观设计和主流性能”，设置其字体格式为宋体、五号字、加粗、居中，文本框环绕方式为四周型、右对齐，填充深蓝，文字 2，淡色 60%；

⑤ 保存。

任务实现

扫一扫可见微课
“高级排版(一)”

4.3.1　插入图片

① 选择“插入”选项卡，在“插图”功能组中单击“图片”按钮，打开“插入图片”对话框，选择图片 01.jpg。

② 选中图片，单击“图片工具—格式—大小”右侧箭头 大小 ，打开“布局”对话框，如图 4－22 所示。

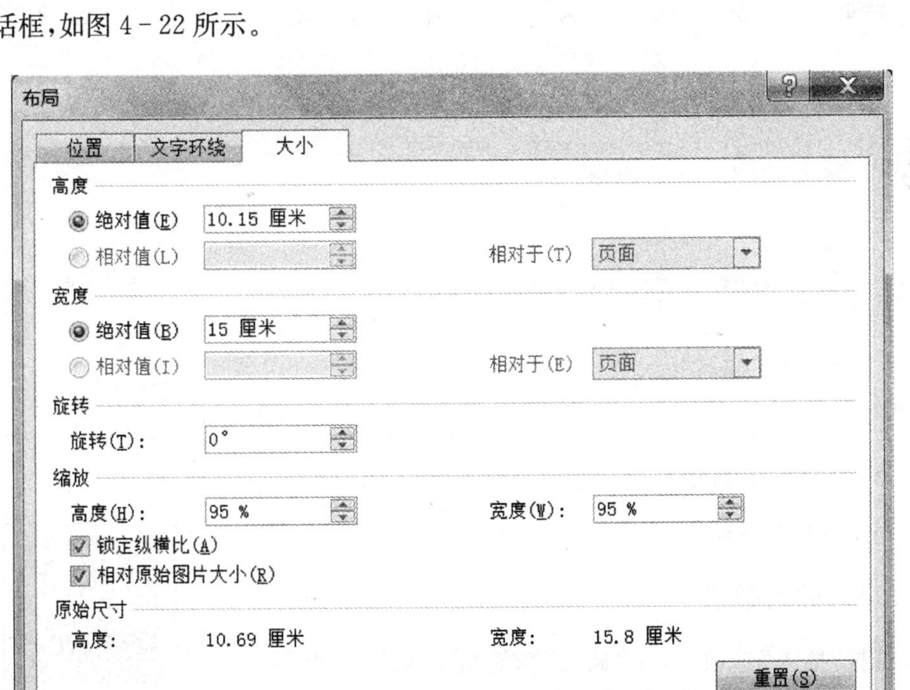

图 4－22　“布局”对话框

③ 选择“大小”选项卡，在“缩放”中设定图片高度、宽度缩放比例为 60%。

④ 选择“文字环绕”选项卡，设置环绕方式“四周型”。

⑤ 单击“确定”按钮。

操作提示

设置图片格式，也可以选择图片后右键，选择"大小和位置"命令，进行设置。

4.3.2 插入艺术字

① 将光标定位在第一段，选择“插入”选项卡，单击“艺术字”按钮，选择第三行第二列样式。

② 输入文字“嘉华新锐 T300”，设置字体为楷体，48 号。

③ 在“绘图工具—格式”单击“位置”按钮，如图 4－23 所示，在下拉列表中选择“其他布局选项”，打开对话框，如图 4－24 所示。在“文字环绕”选项卡中选择 “上下型”，在“位置”选项卡中选择“水平”，对齐方式为“居中”。

图 4－23 “位置”下拉列表

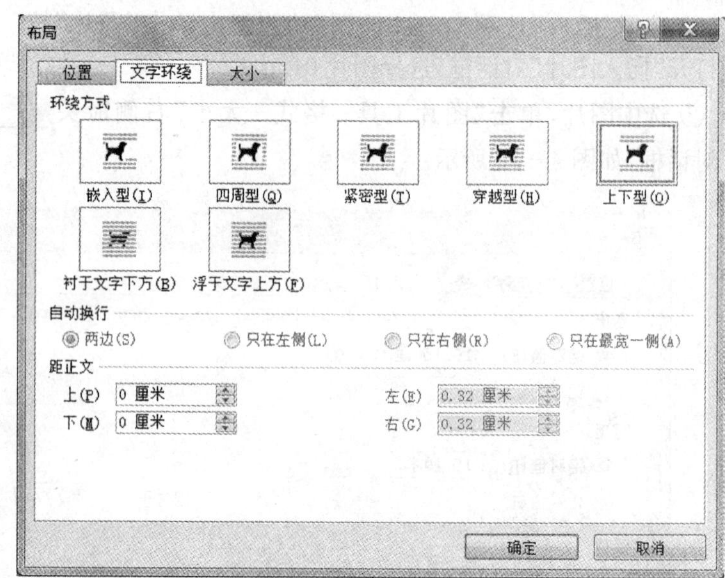

图 4－24 “布局”对话框

④ 单击“确定”按钮。

4.3.3 插入形状

① 选择“插入”选项卡，在“插图”功能组中单击“形状”按钮，在下拉列表中选择“爆炸形 1”，如图 4－25 所示。

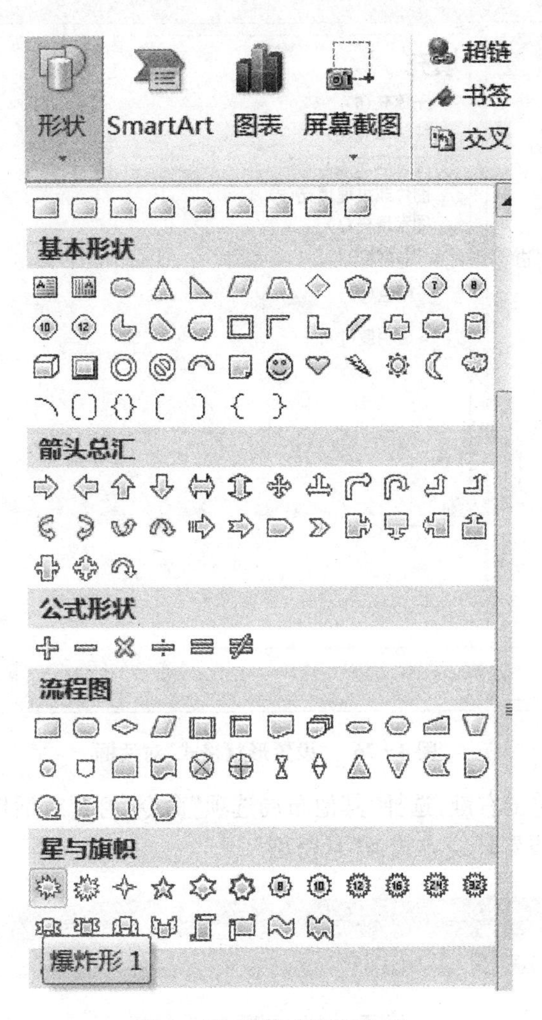

图 4－25 插入“爆炸形 1”

② 选择该形状，单击右键，选择“添加文字”命令，添加文字“T300 轻薄便携”，并设置文字格式为：楷体、红色、小四号字、加粗。

③ 选择该形状，单击右键，选择“设置形状格式”命令，打开对话框，如图 4－26 所示，在“填充”选项卡中设置“浅蓝色填充色”、“透明度 25％”。单击“关闭”按钮。

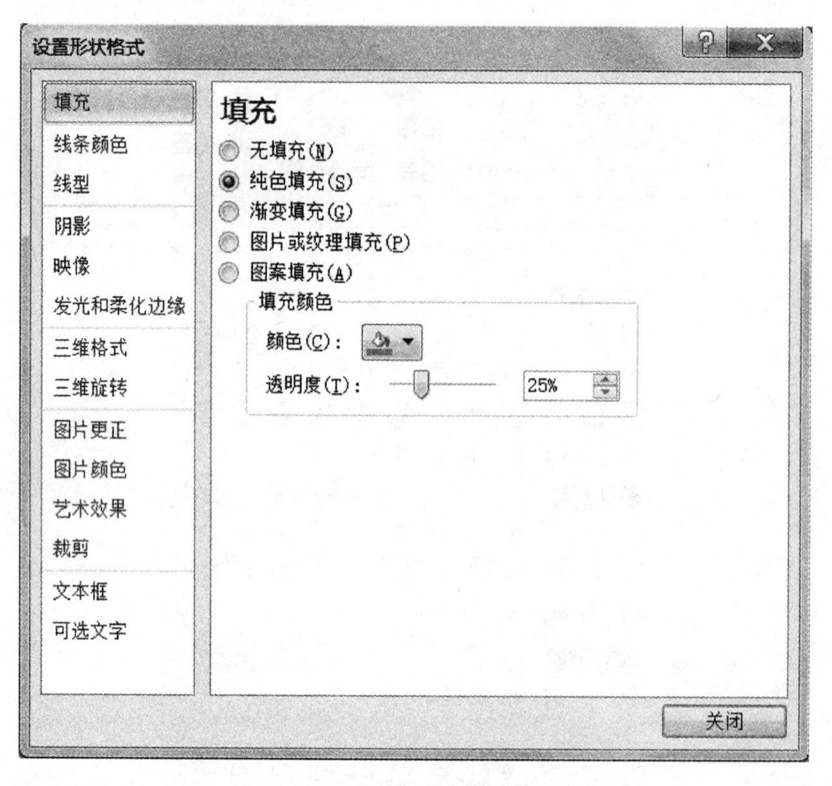

图 4-26 “设置形状格式”对话框

④ 选择该形状,单击右键,选择“其他布局选项”命令,打开对话框,如图 4-27 所示,在“文字环绕”选项卡中设置环绕方式为“紧密型”。

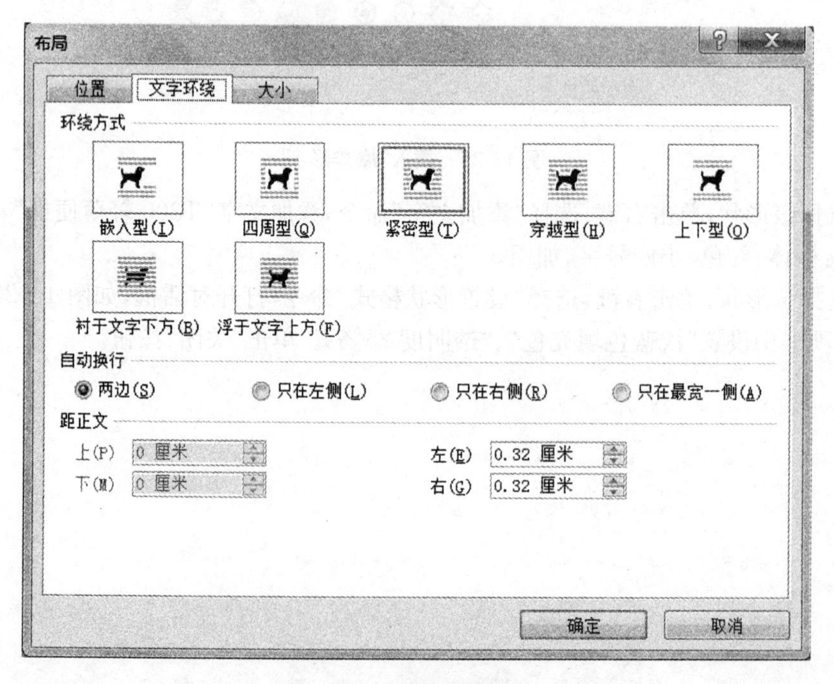

图 4-27 设置“环绕方式”

⑤ 单击“确定”按钮。

4.3.4 插入文本框

① 选择“插入”选项卡，在“文本”功能组中单击“文本框”按钮，在下拉列表中单击“绘制竖排文本框”，如图4-28所示。

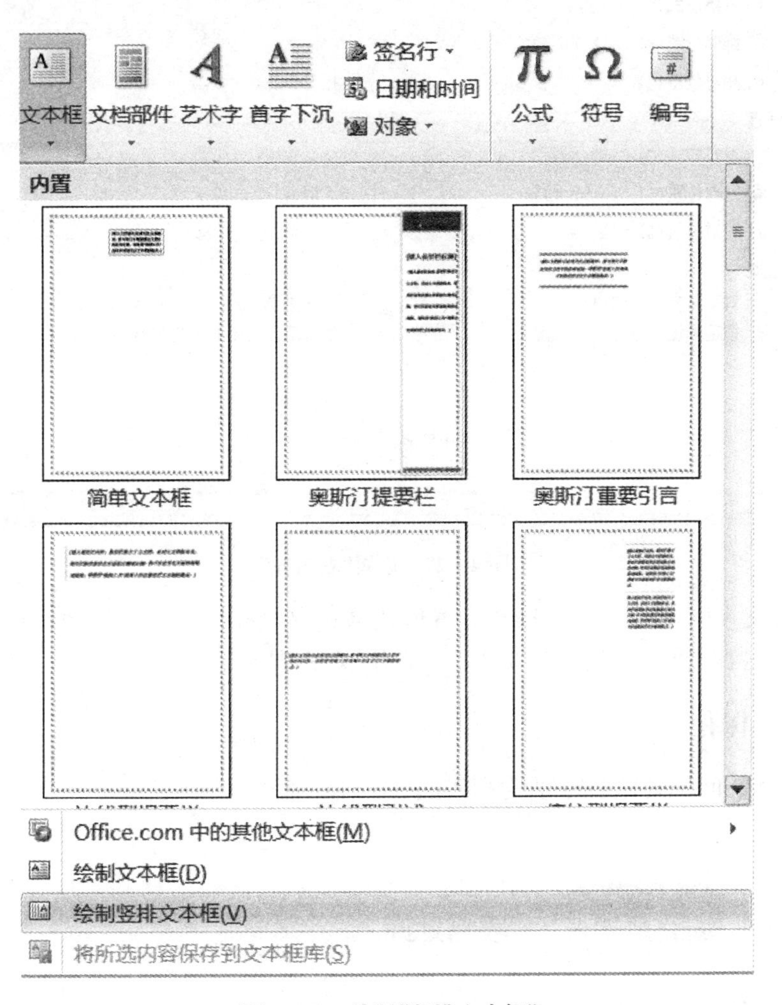

图4-28 绘制“竖排文本框”

② 在文本框中输入文字“出色的外观设计和主流性能”，并设置字体格式为宋体、五号字、加粗、居中。

③ 选择文本框，单击右键，选择“其他布局选项”命令，打开对话框，在“文字环绕”选项卡中设置环绕方式为“四周型”。在“位置”选项卡中设置“水平”，对齐方式为“右对齐”，如图4-29所示。单击“确定”按钮。

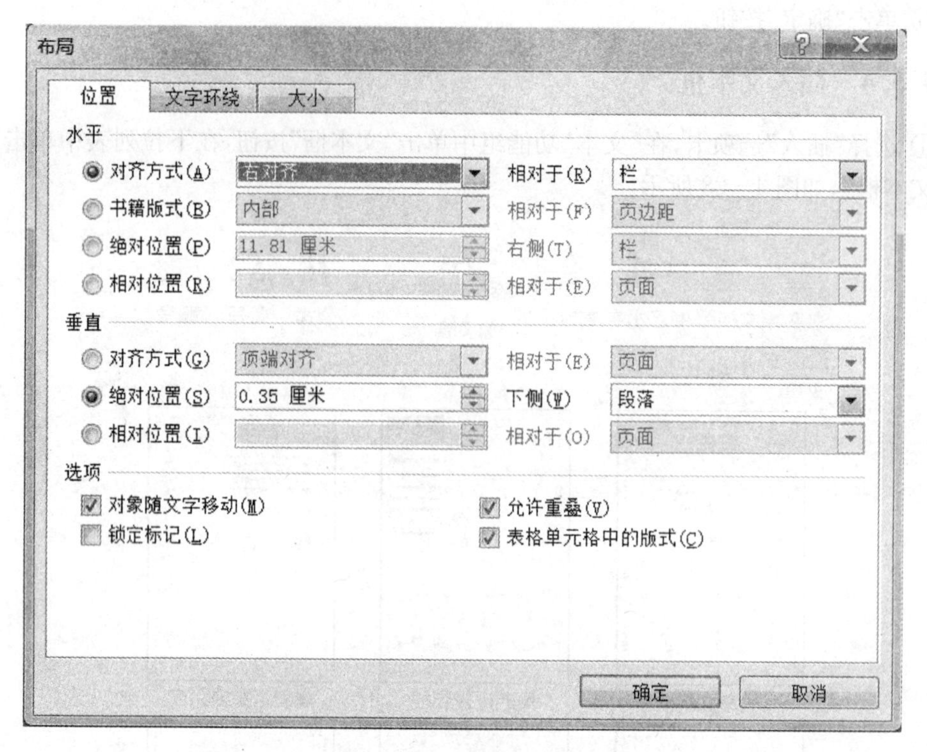

图 4-29　设置“右对齐”

④ 选择文本框，单击右键，选择“设置形状格式”命令，打开对话框，在“填充”选项卡中设置填充颜色“深蓝、文字 2、淡色 60%”。单击“关闭”按钮。

4.3.5　保存

单击快速访问工具栏上的“保存”按钮。

任务 4.4　表格处理

任务描述

本次任务要求以表格的形式描述新款笔记本电脑的主要性能参数，使用户对笔记本性能一目了然。为了得到如图 4-30 所示的效果图，需要进行以下操作。

图 4-30 效果图

① 在“产品宣传海报.docx”的末尾空一行，插入 6 行 2 列的表格；

② 将表格第一行的第一、二列合并，在表格中输入以下内容，并设置字体格式为宋体、小四号字；

主要参数	
CPU	酷睿 i7 四核，3MB 三级缓存
内存	双通道 DDR3－1 600 MHz
硬盘	1TGB 7200 转
显卡	NVIDIA Geforce 9800M GTX 独立显卡
USB 接口	2×USB2.0，1×USB3.0

③ 设置表格边框：内部细框线，外框线红色 1.5 磅；

④ 设置表格居中对齐，根据内容自动调整表格，表格内文字水平居中；

⑤ 保存文件。

任务实现

4.4.1 插入表格

将光标移至文章末尾，按“Enter”键，在下一空行中单击“插入”选项卡，在“表格”功能组中选择 2×6 表格，如图 4－31 所示。

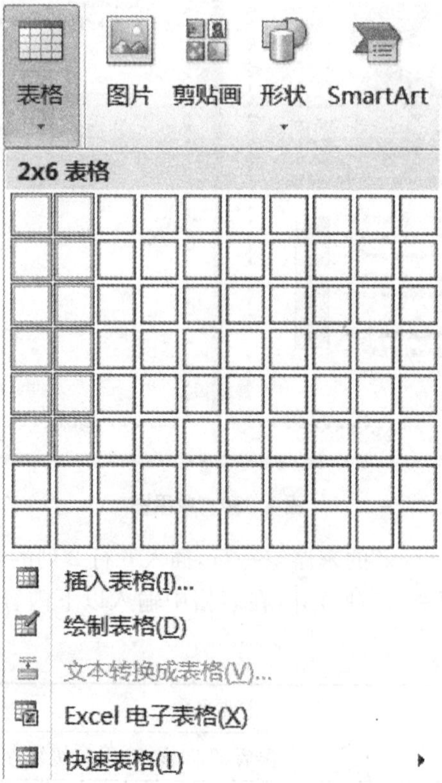

图 4－31 插入表格

4.4.2 合并单元格与输入内容

① 选中表格第一行，单击右键，选择“合并单元格”命令。

② 在表格中输入相应内容，并设置字体格式为宋体、小四号字。

4.4.3 设置表格边框线

① 选中表格，单击右键，选择“边框和底纹”命令，打开对话框，如图 4－32 所示。

② 选择“边框”选项卡，在对话框右侧预览区单击四条外框线（单击时可删除外框线），然后选择颜色“红色”，宽度“1.5 磅”，再单击 4 个外框线按钮，可设置外框线。

③ 单击“确定”按钮。

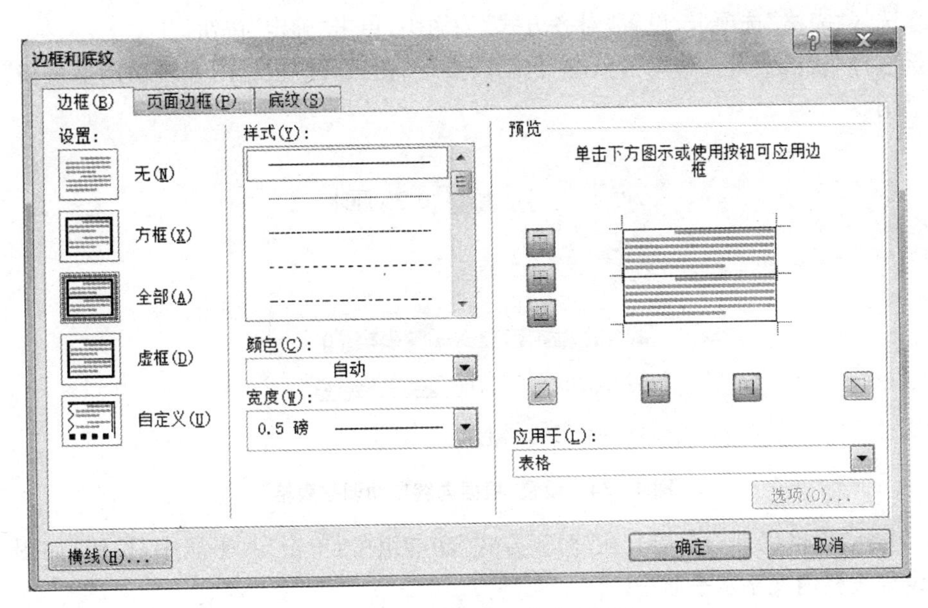

图 4-32 “边框和底纹”对话框

4.4.4 设置表格属性

① 选择表格，单击右键，选择“表格属性”命令，打开对话框，如图 4-33 所示。

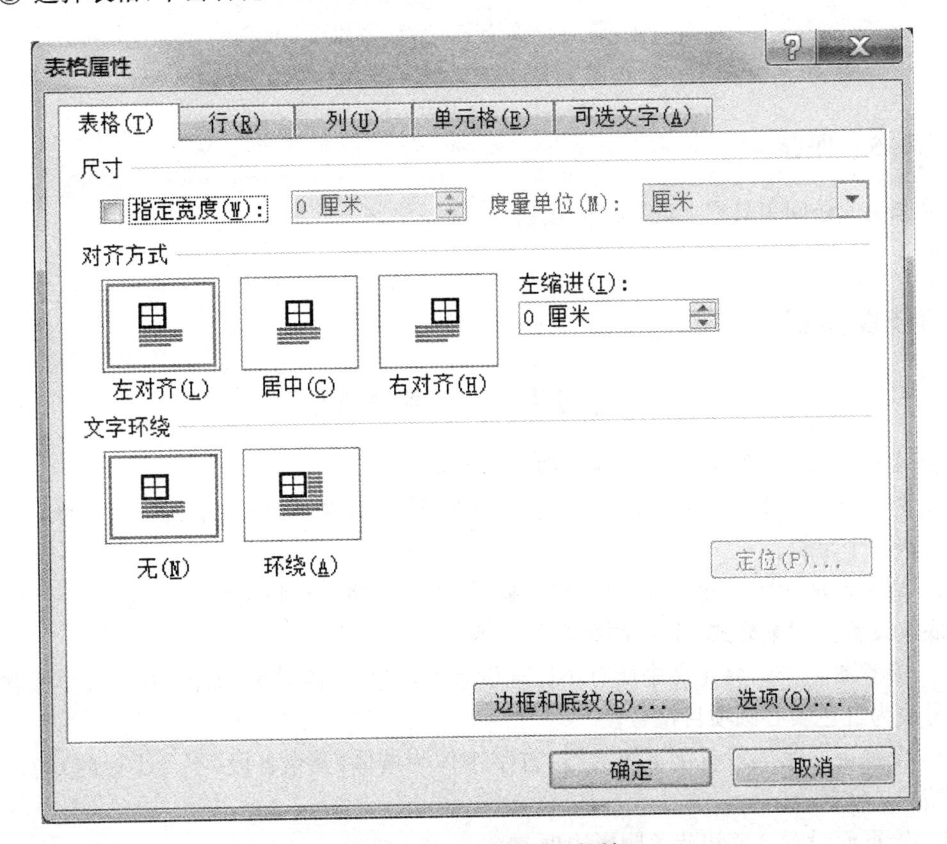

图 4-33 “表格属性”对话框

② 选择"表格"选项卡,设置"对齐方式"为居中,单击"确定"按钮。

③ 选择"表格工具—布局",单击"自动调整"按钮,选择"根据内容自动调整表格",如图 4-34 所示。

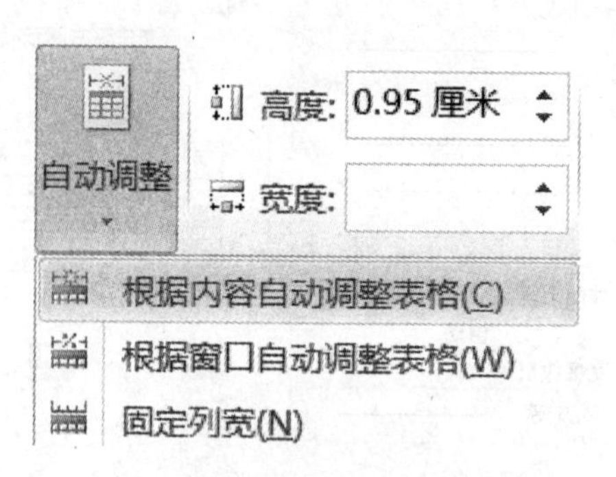

图 4-34 设置"根据内容自动调整表格"

④ 选择"表格工具—布局",在"对齐方式"功能组中,单击"水平居中"按钮,如图 4-35 所示,设置表格内文字水平居中。

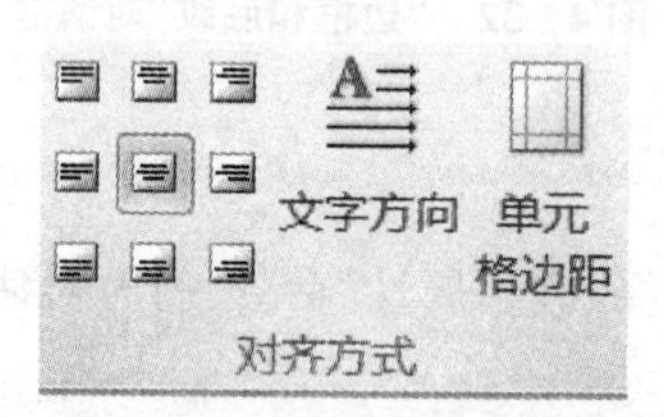

图 4-35 设置"水平居中"

4.4.5 保存

单击快速访问工具栏上的"保存"按钮。

技能实践

技能训练一 美丽的黄山

利用 Word 软件编辑文档"美丽的黄山.docx"。

1. 将页面设置为:A4 纸,上、下页边距为 2.5 厘米,左、右页边距为 2.8 厘米,每页 40 行,每行 41 个字符;

2. 给文章加标题"美丽的黄山",居中显示,设置其格式为华文楷体、加粗、小一号字,标题段底纹设置为图案样式 25%、图案颜色蓝色;

3. 参考图 4-36,将正文中所有小标题设置为红色、小四号字、加粗,并将各小标题的数字编号改为红色实心圆项目符号;

4. 设置正文第二段首字下沉 2 行,首字字体为楷体,其余各段(不含小标题)均设置为首行缩进 2 字符;

5. 给页面设置 3 磅浅蓝色阴影边框;

6. 参考图 4-36,在正文适当位置插入图片“云海.jpg”,设置图片高度、宽度缩放比例均为 50%,环绕方式为四周型;

7. 参考图 4-36,在正文适当位置插入形状“椭圆形标注”,添加文字“国家 5A 级旅游风景区”,设置文字格式为:宋体、红色、五号字,设置自选图形格式为:无填充色、紧密型环绕,右对齐;

8. 参考图 4-36,在正文适当位置插入艺术字“奇松怪石”,采用第四行第一列样式,设置文字格式为:华文新魏、36 号,紧密型环绕;

9. 将正文中所有“黄山”设置为蓝色、加粗;

10. 设置页眉为“天下第一奇山”,页脚为页码,格式为“普通数字 2”,均居中显示;

11. 参考图 4-36,在正文第二段后插入编号格式为“①,②,③…”的脚注,内容为“黄山代表景观有四绝三瀑”;

12. 将正文最后一段分成等宽两栏,栏间添加分隔线。

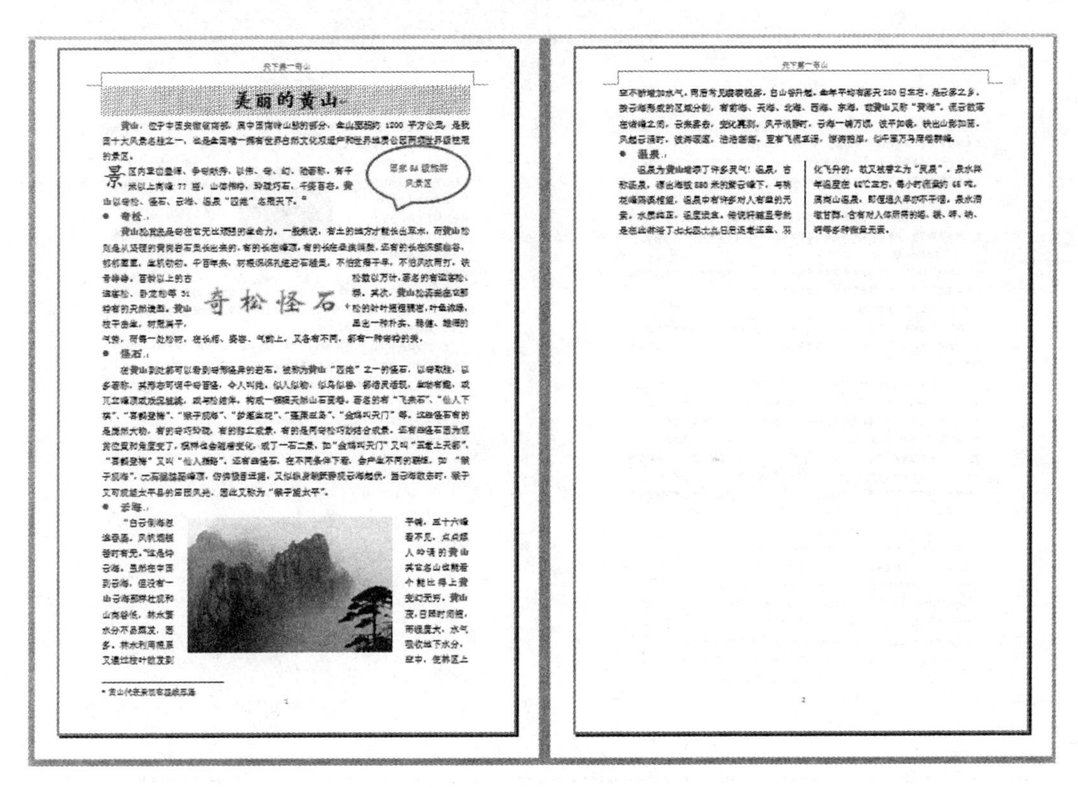

图 4-36 效果图

技能训练二 保护臭氧层

利用 Word 软件编辑文档“保护臭氧层.docx”。

1. 将页面设置为:A4 纸,上、下、左、右页边距均为 3 厘米,每页 38 行,每行 40 个字符;

2. 设置正文所有段落为首行缩进 2 字符,1.2 倍行距;

3. 参考图 4-37,将正文中所有小标题设置为小四号字、加粗,字符间距加宽 1 磅,以标准色-黄色突出显示;

4. 设置页面颜色为橄榄色，强调文字颜色 3，淡色 80%；

5. 参考图 4－37，在正文适当位置插入图片“南极臭氧洞.jpg”，设置图片高度、宽度缩放比例均为 70%，设置图片为柔化边缘矩形样式、环绕方式为紧密型；

6. 参考图 4－37，在正文适当位置插入艺术字“臭氧层”，采用第六行第二列的样式(填充-橙色，强调文字颜色 6，暖色粗糙棱台)，设置艺术字的文字环绕方式为四周型，居中显示；

7. 参考图 4－37，在正文适当位置插入竖排文本框，添加文字“臭氧层破坏带来的影响”，设置文字格式为：华文新魏、四号字、加粗、标准色-红色，设置该形状的填充色为标准色-黄色，环绕方式为紧密型、右对齐；

8. 将正文第一段分成偏左两栏，栏间添加分隔线；

9. 设置奇数页页眉为“臭氧层的作用”，偶数页页眉为“保护臭氧层”，均居中显示，并在所有页面底端插入页码，页码样式为“普通数字 2”。

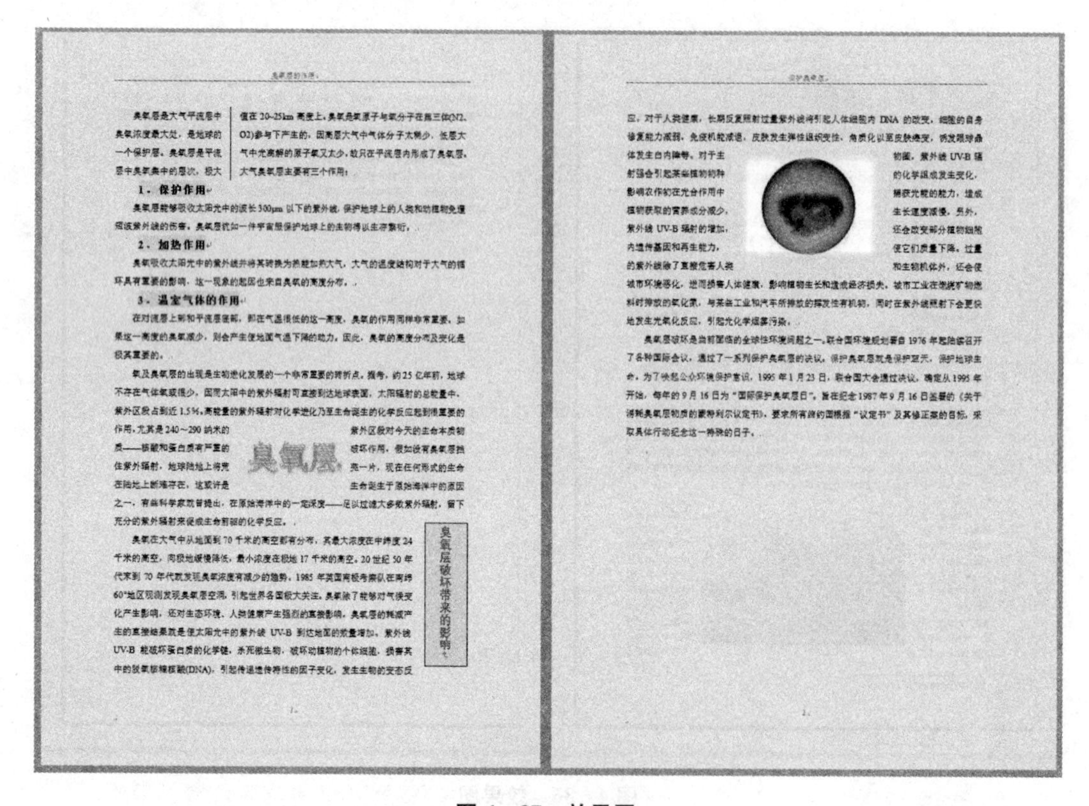

臭氧层是大气平流层中臭氧浓度最大处，是地球的一个保护层。臭氧层是平流层中臭氧集中的层次，极大值在 20~25km 高度上。臭氧是氧原子与氧分子在第三体(N2、O2)参与下产生的，因高层大气中气体分子太稀少，低层大气中光离解的原子氧又太少，故只在平流层内形成了臭氧层。大气臭氧层主要有三个作用：

1．保护作用

臭氧层能够吸收太阳光中的波长 300μm 以下的紫外线，保护地球上的人类和动植物免遭短波紫外线的伤害。臭氧层犹如一件宇宙服保护地球上的生物得以生存繁衍。

2．加热作用

臭氧吸收太阳光中的紫外线并将其转换为热能加热大气，大气的温度结构对于大气的循环具有重要的影响，这一现象的起因也来自臭氧的高度分布。

3．温室气体的作用

在对流层上部和平流层底部，即在气温很低的这一高度，臭氧的作用同样非常重要。如果这一高度的臭氧减少，则会产生使地面气温下降的动力。因此，臭氧的高度分布及变化是极其重要的。

氧及臭氧层的出现是生物进化发展的一个非常重要的转折点。据考，约 25 亿年前，地球不存在气体氧或很少，因而太阳中的紫外辐射可直接到达地球表面，太阳辐射的总能量中，紫外区段占到近 1.5%，高能量的紫外辐射对化学进化乃至生命诞生的化学反应起到很重要的作用，尤其是 240～290 纳米的紫外区段对今天的生命本质物质——核酸和蛋白质有严重的破坏作用，假如没有臭氧层挡住紫外辐射，地球陆地上将荒芜一片，现在任何形式的生命在陆地上断难存在，这或许是生命诞生于原始海洋中的原因之一，有些科学家就曾提出，在原始海洋中的一定深度——足以过滤大多数紫外辐射，留下充分的紫外辐射来促成生命前驱的化学反应。

臭氧层

臭氧在大气中从地面到 70 千米的高空都有分布，其最大浓度在中纬度 24 千米的高空，向极地缓慢降低，最小浓度在极地 17 千米的高空。20 世纪 50 年代末到 70 年代就发现臭氧浓度有减少的趋势，1985 年英国南极考察队在南纬 60°地区观测发现臭氧层空洞，引起世界各国极大关注。臭氧除了能够对气候变化产生影响，还对生态环境、人类健康产生强烈的直接影响。臭氧层的耗减产生的直接结果就是使太阳光中的紫外线 UV-B 到达地面的数量增加。紫外线 UV-B 能破坏蛋白质的化学键，杀死微生物，破坏动植物的个体细胞，损害其中的脱氧核糖核酸(DNA)，引起传递遗传特性的因子变化，发生生物的变态反应。对于人类健康，长期反复照射过量紫外线将引起人体细胞内 DNA 的改变，细胞的自身修复能力减弱，免疫机能减退，皮肤发生弹性组织变性、角质化以至皮肤癌变，诱发眼球晶体发生白内障等。对于生物圈，紫外线 UV-B 辐射强会引起某些植物物种的化学组成发生变化，影响农作物在光合作用中捕获光能的能力，造成植物获取的营养成分减少，生长速度减慢。另外，紫外线 UV-B 辐射的增加，还会改变部分植物细胞内遗传基因和再生能力，使它们质量下降。过量的紫外线除了直接危害人类和生物机体外，还会使城市环境恶化，进而损害人体健康，影响植物生长和造成经济损失。城市工业在燃烧矿物燃料时排放的氧化氮，与某些工业和汽车所排放的挥发性有机物，同时在紫外线照射下会更快地发生光氧化反应，引起光化学烟雾污染。

臭氧层破坏带来的影响

臭氧层破坏是当前面临的全球性环境问题之一。联合国环境规划署自 1976 年起陆续召开了各种国际会议，通过了一系列保护臭氧层的决议，保护臭氧层就是保护蓝天，保护地球生命。为了唤起公众环境保护意识，1995 年 1 月 23 日，联合国大会通过决议，确定从 1995 年开始，每年的 9 月 16 日为“国际保护臭氧层日”，旨在纪念 1987 年 9 月 16 日签署的《关于消耗臭氧层物质的蒙特利尔议定书》，要求所有缔约国根据“议定书”及其修正案的目标，采取具体行动纪念这一特殊的日子。

1

1

图 4－37　效果图

单元5 电子表格与数据分析

Excel 2010 是 Microsoft Office 2010 系列办公软件中的一个重要组成部分，广泛应用于金融、财金、统计、管理等众多领域。其具有强大的数据处理、计算与分析功能，含有丰富的命令和函数，可以把数据用各种统计图的形式表示出来，更能方便地与 Office 2010 的其他组件相互调用数据，实现资源共享。

本模块从电子表格制作到数据统计分析，由简单到复杂设置了四个典型工作任务：编辑工作表、公式与函数的使用、数据处理与分析、图表的制作。通过这四个任务的相关知识学习和技能训练，要求读者能够熟练地编辑制作电子表格和统计分析数据资料。

任务5.1 编辑工作表

任务描述

由于公司业务扩大，员工也不断增加，为了方便公司员工联系，需更新公司员工基本情况表(如图 5-1)。本次任务重点是：数据输入、编辑；填充柄的使用；设置行高、列宽；行列隐藏与取消；单元格格式设置；工作表的创建、删除、复制、移动及重命名；工作表及工作簿的保护、保存。需进行以下操作。

① 新建一空白工作簿，将文件保存到 D 盘根目录下，文件名为：公司员工基本情况表.xlsx；

② 将 sheet1 工作表重命名为：2016 年度；

③ 在 A1 至 K1 单元格中输入：2016 年度公司员工基本情况表，字体格式为：16 号字，加粗，跨列居中；在 A2：L2 单元格中分别输入：序号、姓名、性别、出生年月、民族、籍贯、学历、进公司年份、职务、联系电话、备注；

④ 将“2015 年度.txt”中数据转换到“公司员工基本情况表.xlsx”工作簿的“2016 年度”工作表中，要求数据自 B3 单元格开始存放，按照图 5-2 所示完善表格，并填入 2016 年度新进入公司员工信息；

⑤ 设置工作表行高为 20，列宽为自动调整列宽，设置表格四周粗框线、内部细框线，设置出生年月日期显示格式为“2001 年 3 月”；

文件 开始 新建选项卡 插入 页面布局 公式 数据 审阅 新建选项卡 视图

Q13

2016年度公司员工基本情况表

序号	姓名	性别	出生年月	民族	籍贯	学历	进公司年份	职务	联系电话	备注
1	赵萍	女	1981年5月	汉	江苏苏州市	本科	2005	经理	13612345278	
2	张小鹏	女	1981年1月	汉	江苏无锡市	本科	2005	员工	13452666555	
3	刘安巍	男	1984年11月	汉	江苏海门市	本科	2007	员工	13921281788	
4	刘小超	女	1978年12月	汉	河南开封市	研究生	2007	主管	13917897320	
5	李树名	男	1980年5月	汉	江苏连云港	本科	2005	员工	15358883859	
6	王明	男	1979年3月	汉	江苏无锡市	本科	2005	经理	13912000091	
7	张琳琳	女	1980年9月	汉	江苏无锡市	本科	2012	员工	15852000880	
8	方华	女	1970年2月	汉	江苏淮安市	本科	2008	经理	13912487044	
9	陈工飞	男	1979年11月	汉	浙江诸暨	研究生	2007	主管	15961890727	
10	李大勇	男	1985年2月	汉	江苏宜兴市	本科	2010	员工	13063613117	
11	郭亮	男	1985年5月	汉	甘肃金塔县	本科	2011	员工	13951898715	
12	张亚	女	1972年1月	汉	河南开封市	本科	2010	员工	15852676947	
13	洪嘉亮	男	1985年2月	汉	江苏连云港	研究生	2008	员工	13968887665	
14	赵媛	女	1982年5月	汉	江苏无锡市	研究生	2009	员工	13448405388	
16	朱淼玲	女	1983年1月	汉	江苏无锡市	本科	2013	员工	13942363576	
17	刘文	男	1983年7月	汉	江苏无锡市	本科	2013	员工	13961334644	
18	吴一娇	女	1980年5月	汉	江苏高邮市	研究生	2013	经理	13338234327	
19	余凡	男	1989年3月	汉	江苏无锡市	本科	2014	员工	13951534533	
20	秦冬玲	女	1980年9月	汉	江苏镇江市	本科	2014	员工	15856734788	
21	李勇	男	1989年1月	汉	江苏无锡市	本科	2015	员工	13934556915	
22	王青	男	1991年4月	汉	江苏无锡市	研究生	2015	员工	13867775883	
23	范伟琳	女	1982年8月	汉	江苏无锡市	研究生	2015	员工	13665567725	
24	丁一	女	1990年2月	汉	浙江诸暨	本科	2015	员工	13652344581	
25	倪林云	女	1993年5月	汉	江苏宜兴市	研究生	2016	员工	13961785676	
26	蒋小强	男	1994年1月	汉	甘肃金塔县	研究生	2016	员工	13964758692	
27	叶宇春	男	1994年2月	汉	江苏无锡市	研究生	2016	员工	13912382456	
28	史勇	男	1995年12月	汉	江苏扬州市	研究生	2016	员工	13934567122	

2016年度 2016年度备份 Sheet2 Sheet3

图 5－1　公司员工基本情况表

⑥ 将已退休员工信息行隐藏；

⑦ 给 B7 单元格添加批注：联系人；

⑧ 用条件格式将职务为“经理”的单元格以“浅红填充色深红色文本”标记突出显示；

⑨ 为防止数据丢失，将 2016 年度工作表备份一份并保护，命名为“2016 年度备份”；

⑩ 保存。

任务实现

5.1.1　新建工作簿

① 方法一：启动 Excel，打开如图 5－2 所示的工作窗口。

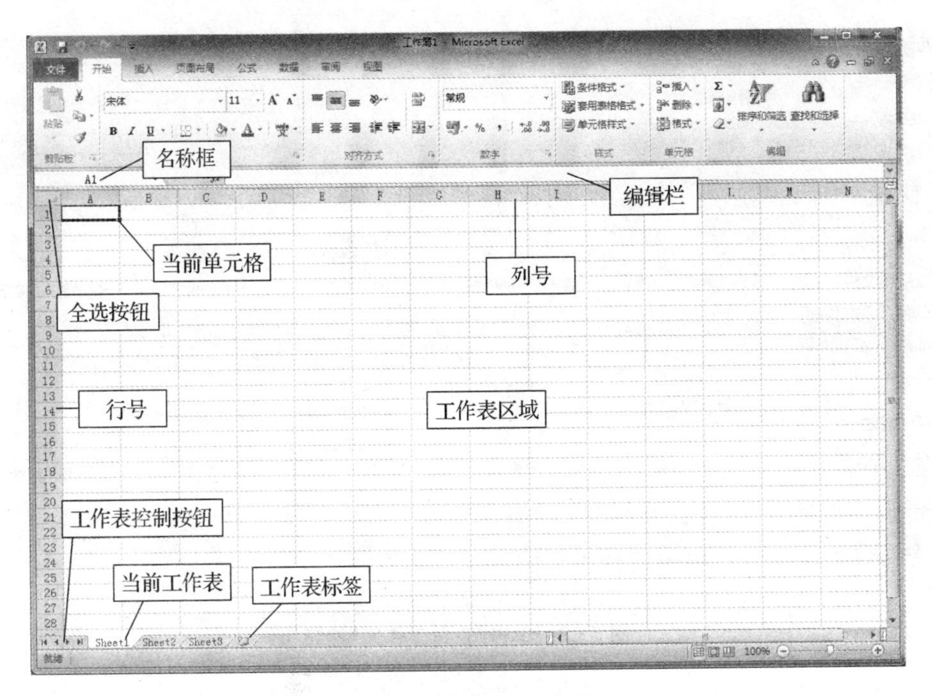

图 5－2　Excel 2010 工作窗口

每次启动 Excel 2010 时，系统会自动生成一个新的工作簿，文件名为“工作簿 1”，并且在工作簿中自动新建 3 个空白工作表，分别为 Sheet1、Sheet2 和 Sheet3。

Excel 2010 工作窗口中以数字标识的为行，范围为 1—65 536；以英文标识的为列，范围从 A－Z，AA－AZ，BA－BZ …… 共 256 列。一行一列交叉处为一个单元格，每个单元格最多可容纳 255 个字符。一个单元格对应一个单元格地址，先行号后列号，即列的字母加上行的数字来表示，如 A3、D4。一个工作表包含若干单元格。

工作表区域包括当前工作表中所有的单元格，可输入数据或编辑单元格、图表、公式等。

名称框主要用于命名和快速定位单元格和区域。当选择单元格或区域时，相应的地址或区域名称即显示在名称框中。

编辑栏显示正在单元格中编辑的数据内容，还用于编辑当前单元格的常数或公式。由于单元格默认宽度通常显示不下较长的数据，所以在编辑框中编辑长数据将是非常理想的方法。

② 方法二：用户还可以根据 Excel 提供的模板新建工作簿，以提高工作效率。

启动 Excel 2010 应用程序，单击“文件—新建”，在中间窗格的“主页”选项区中，单击“空白工作簿”按钮（如图 5－3），然后在右侧窗格中，单击“创建”按钮执行操作后，即可新建一个工作簿（如图 5－4）。

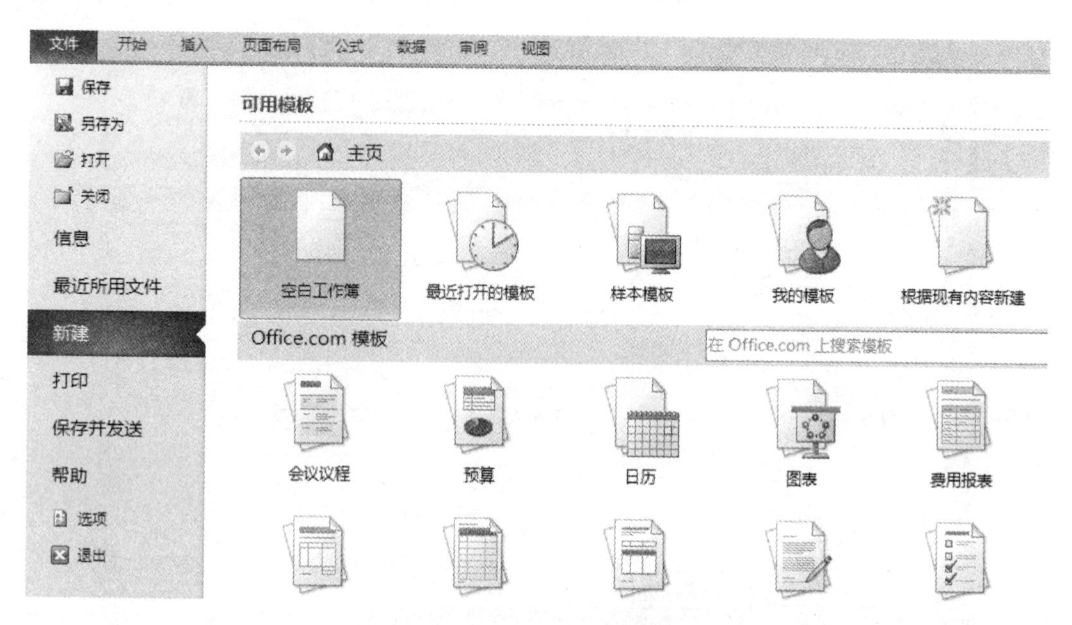

图 5-3　单击"空白工作簿"按钮

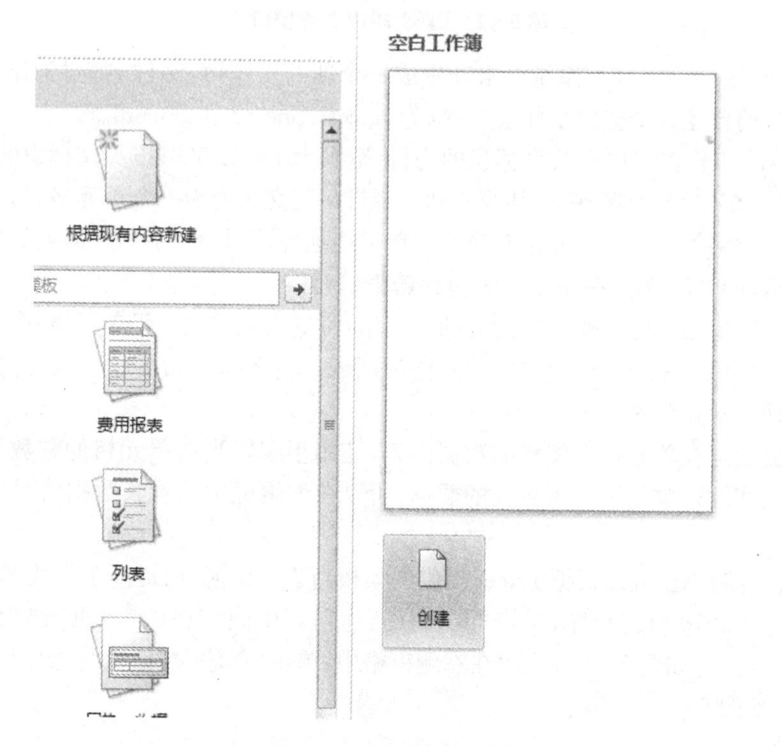

图 5-4　单击"创建"按钮

③ 单击"文件—保存",在弹出对话框中选择保存位置:本地磁盘(D:),文件名输入:公司员工基本情况表.xlxs(如图 5-5)。

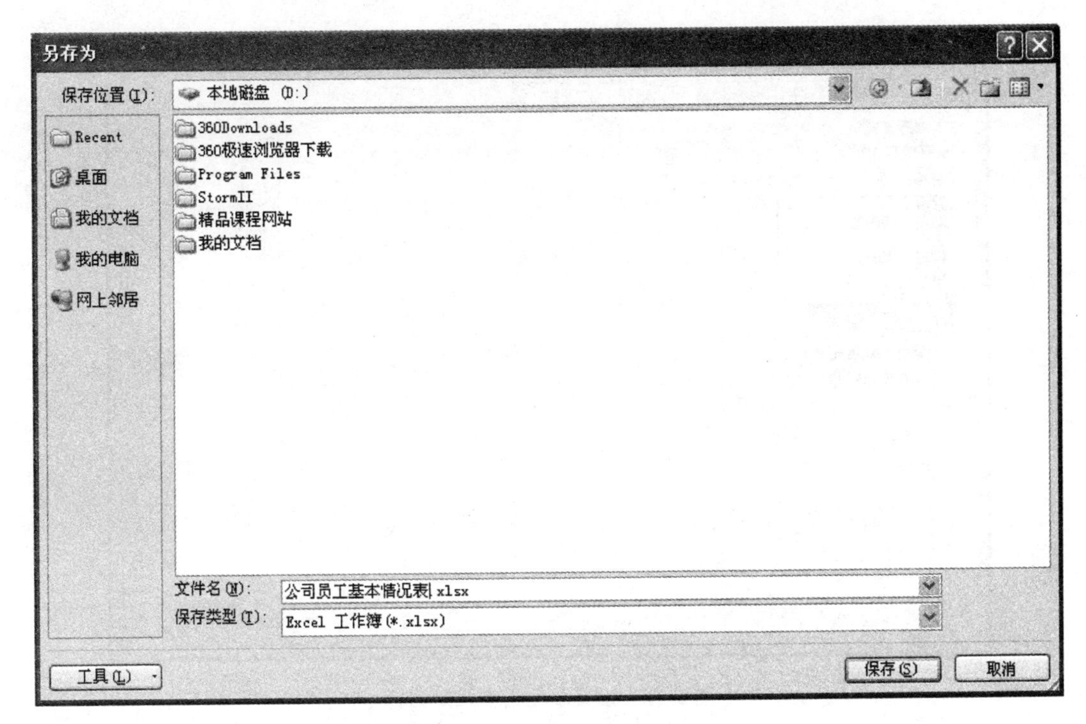

图 5－5　文件保存对话框

5.1.2　重命名工作表

用鼠标双击要选定的工作表标签就可以输入新的表名，或者在工作表标签上单击鼠标右键，在弹出的快捷菜单中选择“重命名”菜单项也可以达到同样的目的。双击工作表标签 Sheet1，输入新表名“2016 年度”。

5.1.3　数据输入

① 鼠标单击 A1 单元格。直接输入或在编辑栏上输入文字数据“2016 年度公司员工基本情况表”，输入完毕后按 Enter 键或单击编辑栏确认按钮“√”进行输入确认。

② 选中 A1 单元格，在“开始”选项卡的“字体”功能组设置：字号 16，楷体、加粗。

③ 选中 A1:K1 单元格，单击鼠标右键，选择“设置单元格格式”菜单项，打开“单元格格式”对话框，如图 5－6 所示。

扫一扫可见微课“电子表格编辑”

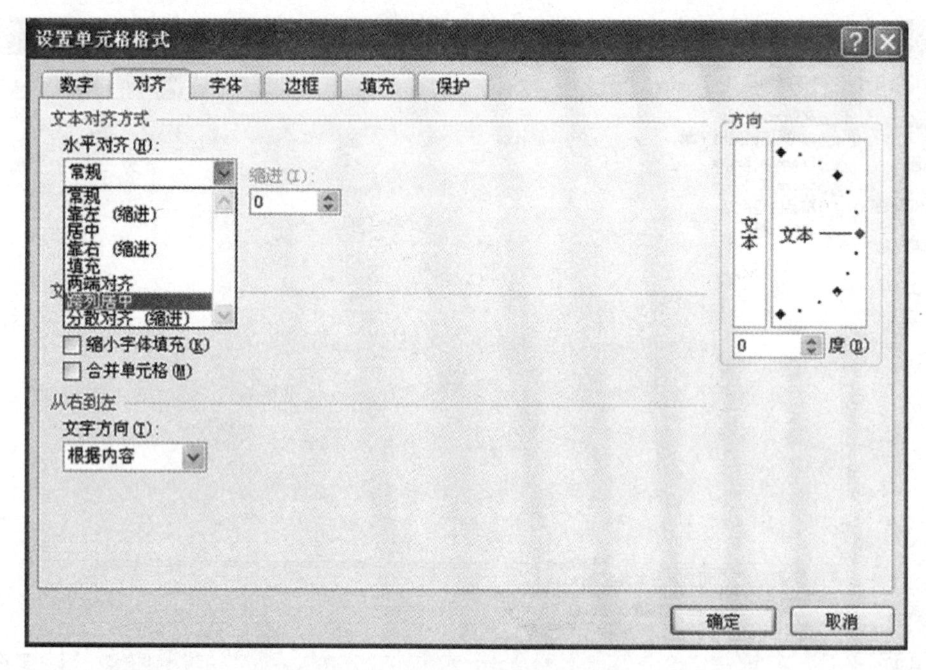

图 5-6　设置单元格格式对话框

④ 选择“对齐”选项卡，设置水平对齐为“跨列居中”，单击“确定”按钮。

⑤ 依次在 A2:L2 单元格中分别输入：序号、姓名、性别、出生年月、民族、籍贯、学历、进公司年份、职务、联系电话、备注；文字数据默认为左对齐。

5.1.4　将 txt 文件转换为 Excel 文件

① 双击打开“2015 年度. txt”文件，复制其中数据粘贴至 2016 年度工作表 B3 至 J26 单元格。

② 选中 A3 单元格输入序号 1，将鼠标移至该单元格右下方呈黑色十字型，称为“填充柄”，同时按住 Ctrl 键向下方拖拉至 A30 单元格，完成序号填充。

③ 参照图 5-1 所示完善表格，并填入 2016 年度新进入公司员工信息。

操作提示

Excel 2010 提供了自动填充功能以快速输入数据。

1. 分别在 A3、A4 单元格分别输入数字 1 和 2，然后同时选中 A3、A4 两个连续的单元格，将鼠标指向单元格区域右下角称为“填充柄”的黑色小方块，待鼠标呈现“+”形状，向下拖动鼠标至 A30 单元格时放开鼠标。此时，实现的是填充以这两个数据之差为步长的一个等差数列。

2. 选中 A3 单元格，将鼠标指向单元格右下角，待鼠标呈现“+”形状，同时按下 Ctrl 键再向下拖动鼠标至 A30 单元格时放开鼠标。此时，实现的是日期数据的简单复制。

5.1.5 格式设置

1. 调整行高、列宽

选中整张表格，单击“开始—单元格—格式”，打开格式下拉菜单，如图5-7所示。分别设置行高为20，列宽为自动调整列宽。

2. 设置表格边框

选择表格区域A2:K30单元格区域，单击鼠标右键，选择“设置单元格格式”菜单项，打开“单元格格式”对话框；选择“边框”选项卡，在“线条样式”框中选择最粗实线，单击“外边框”；在“线条样式”框中选择最细实线，单击“内部”；单击“确定”按钮，如图5-8所示。

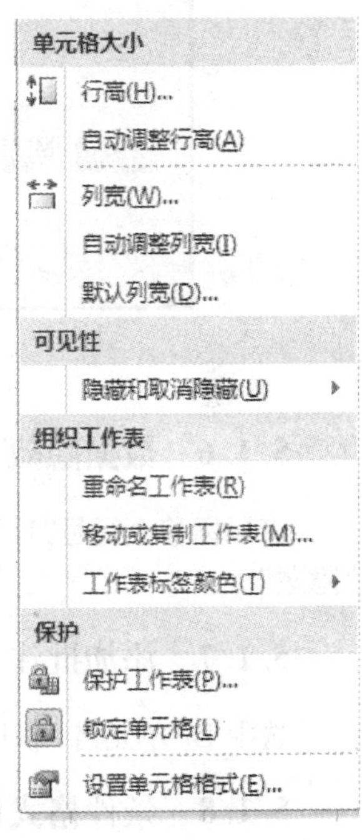

图5-7 行高列宽设置

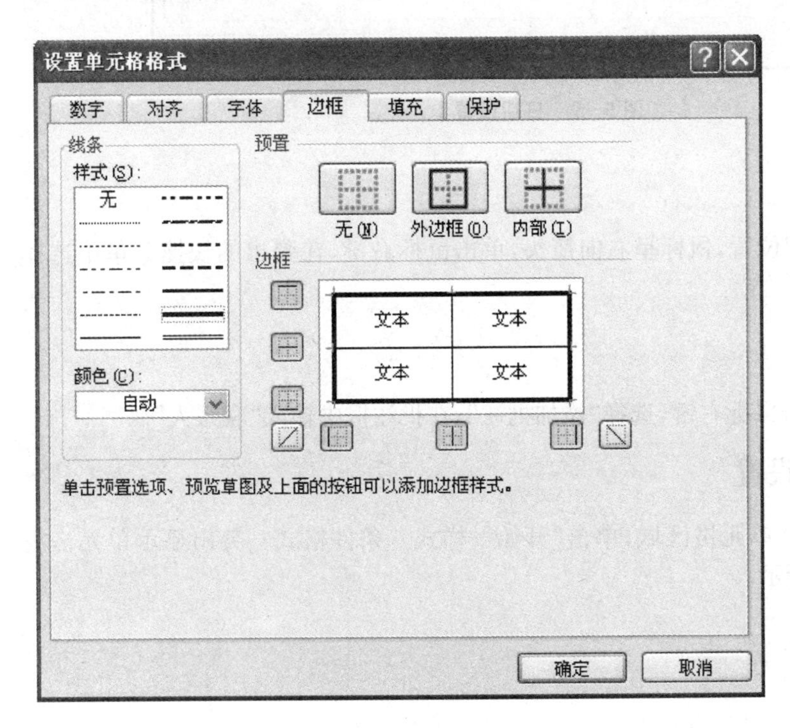

图5-8 表格边框设置

3. 设置日期

选择“出生年月”D3:D30单元格区域，单击鼠标右键，选择“设置单元格格式”菜单项，打开“单元格格式”对话框；选择“数字”选项卡，设置分类为“日期”，类型为“2001年3月”，单击“确定”按钮，如图5-9所示。

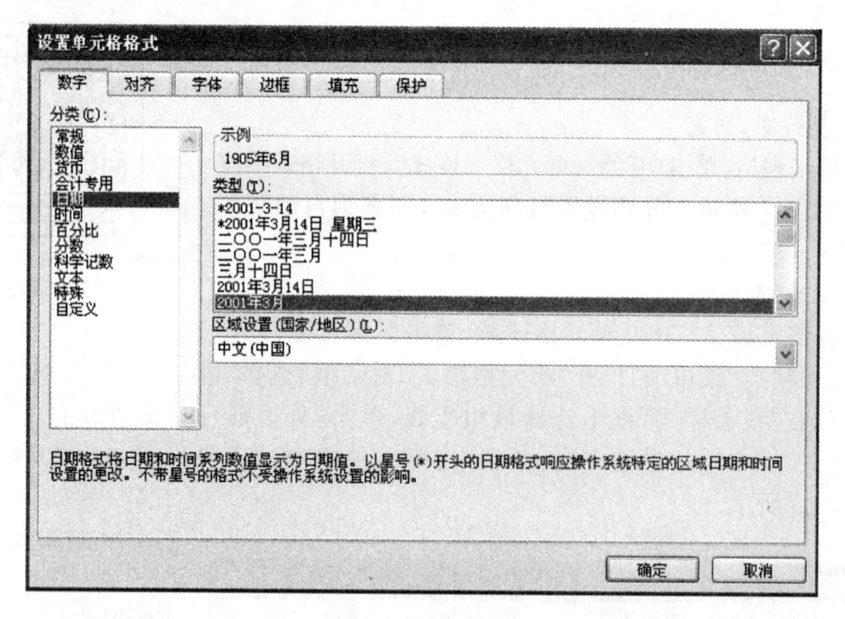

图 5-9　日期设置

5.1.6　数据隐藏

将鼠标移至行号“17”位置，鼠标呈右向箭头，单击鼠标右键，在弹出的快捷菜单中选择“隐藏”。

5.1.7　添加批注

选中 B7 单元格，单击鼠标右键，选择“添加批注”，在批注框中输入“联系人”。

5.1.8　条件格式设置

① 选择“职务”I3:I30 单元格区域，单击“开始—样式—条件格式—突出显示单元格规则—等于”，如图 5-10 所示。

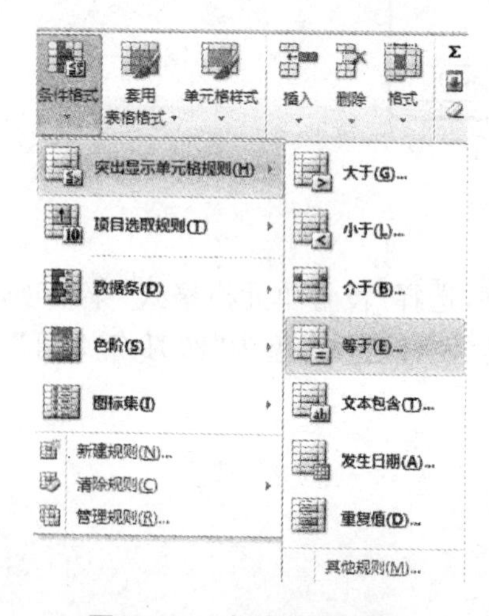

图 5-10　条件格式设置 1

图 5-11　条件格式设置 2

② 在弹出的设置对话框中输入“经理”，设置为“浅红填充色深红色文本”，如图 5－11 所示。

③ 单击“确定”按钮。

5.1.9　备份工作表

① 将鼠标移至“2016 年度”工作表表名处单击鼠标右键，选择“移动或复制”，打开“移动或复制工作表”对话框（如图 5－12），选择复制位置，并选中“建立副本”，单击“确定”即可，或者按住 Ctrl 键将工作表拖动实现复制，并给新工作表重命名为“2016 年度备份”。

② 单击“审阅—更改—保护工作表”，打开“保护工作表”对话框（如图 5－13），可根据需要输入密码，单击“确定”，并再次确认输入密码即可。

图 5－12　“移动或复制工作表”对话框

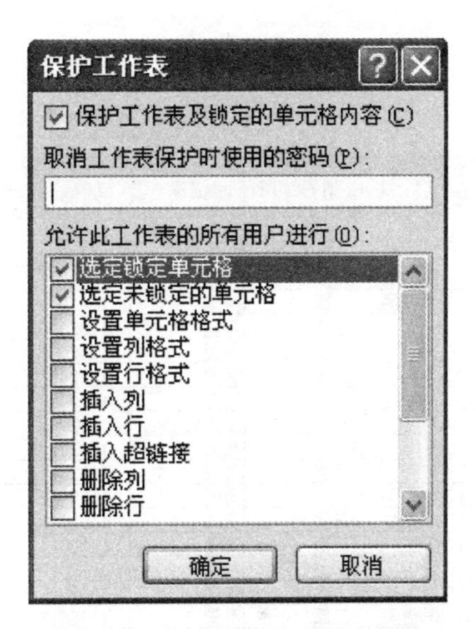

图 5－13　“保护工作表”对话框

5.1.10　保存

任务 5.2　公式与函数的使用

任务描述

年终，销售部根据员工销售情况进行年终奖金分配，分配结果如图 5－14、图 5－15 所示。本次任务重点是：公式的使用；相对地址、绝对地址的使用；常用函数（SUM、AVERAGE、MAX、MIN、COUNT、IF）的使用。需要进行以下操作。

① 在“12 月份销售部员工奖金统计表”工作表中利用公式计算“利润”；

② 在“12 月份销售部员工奖金统计表”工作表中利用函数计算销售人员奖金，计算方法：当利润/销售额大于 30%时，奖金为销售额的 60%再上浮 15%，否则，奖金为销售额

的 60%；

③ 在“12 月份销售部员工奖金统计表”工作表 F29:I29 单元格中利用函数分别计算销售额、成本、利润、奖金的总计；

④ 在“12 月份销售部员工奖金统计表”工作表 J 列 J3:J28 各单元格中，利用函数分别计算表中各人员“奖金”占全部门“奖金”合计的百分比(要求使用绝对地址引用合计值)，结果以百分比格式表示，保留 4 位小数；

⑤ 根据“12 月份销售部员工奖金统计表”工作表中的数据，计算“收入分析表”单元格 M3:M5 中各部门 12 月平均奖金，并设置 B3:M5 单元格区域数值保留 2 位小数；

⑥ 保存。

12月份销售部员工奖金统计表

序号	姓名	销售部门	国家	订单号	销售额	成本	利润	奖金	比例1
1	林海	一部	英国	1102001	3800	500	3300	2622	3.4622%
2	胡盼盼	一部	英国	1102002	3600	1548	2052	2484	3.2799%
3	刘力娟	二部	美国	1102003	4720	1660	3060	3256.8	4.3004%
4	伊明丽	二部	美国	1102004	4750	2700	2050	3277.5	4.3277%
5	张敏	一部	美国	1102005	1200	1135	65	720	0.9507%
6	林海	一部	美国	1102006	7500	7300	200	4500	5.9419%
7	张明	三部	英国	1102007	2180	2010	170	1308	1.7271%
8	孙晓红	三部	美国	1102008	3800	3700	100	2280	3.0106%
9	刘洋	一部	加拿大	1102009	1200	1135	65	720	0.9507%
10	杨阳	一部	加拿大	1102010	5160	5040	120	3096	4.0880%
11	林菁	二部	美国	1102011	1920	1760	160	1152	1.5211%
12	林菁	二部	美国	1102012	4000	3895	105	2400	3.1690%
13	孙晓红	三部	美国	1102013	7500	6500	1000	4500	5.9419%
14	徐丽	二部	美国	1102014	5700	4210	1490	3420	4.5159%
15	辛华	二部	美国	1102015	3400	2100	1300	2346	3.0977%
16	周广	二部	英国	1102016	8600	4500	4100	5934	7.8354%
17	伊明丽	二部	英国	1102017	5860	1790	4070	4043.4	5.3390%
18	陈仁杰	三部	英国	1102018	2350	2170	180	1410	1.8618%
19	王小艳	三部	英国	1102019	4500	4350	150	2700	3.5651%
20	张明	三部	美国	1102020	6800	1732	5068	4692	6.1954%
21	张明	三部	美国	1102021	4500	3002	1498	3105	4.0999%
22	徐丽	二部	美国	1102022	2400	1200	1200	1656	2.1866%
23	陈仁杰	三部	加拿大	1102023	5350	1320	4030	3691.5	4.8743%
24	孙晓红	三部	加拿大	1102024	5455	2415	3040	3763.95	4.9700%
25	孙晓红	三部	加拿大	1102025	4905	1815	3090	3384.45	4.4689%
26	伊明丽	二部	美国	1102026	4740	1667	3073	3270.6	4.3186%
27	总计				115890	71154	44736	75733.2	

12月份销售部员工奖金统计表　收入分析表

图 5-14　12 月份销售部员工奖金统计表

2016年月人均奖金（元）

部门＼月份	1月	2月	3月	4月	5月	6月	7月	8月	9月	10月	11月	12月
一部	3500.00	2710.00	2800.00	3500.00	4050.00	2100.00	2500.00	3050.00	4050.00	4050.00	3000.00	2357.00
二部	2870.00	2560.00	2500.00	2600.00	3150.00	2340.00	2200.00	3150.00	3150.00	3000.00	3150.00	3075.63
三部	2600.00	3900.00	2200.00	2500.00	2300.00	2650.00	4050.00	2300.00	2300.00	2300.00	2400.00	3083.49

12月份销售部员工奖金统计表　收入分析表

图 5-15　收入分析表

任务实现

启动 Excel 2010，打开本模块的“员工奖励分配.xlsx”工作簿。

5.2.1　公式计算

利润等于销售额减去成本。在 H3 单元格中输入公式：=F3－G3。按回车键确认，并利用填充柄复制 H4：H28 单元格区域。

> **操作提示**
>
> Excel 公式是指一个等式，是一个由数值、单元格引用(地址)、名字、函数或操作符组成的序列。输入公式时，首先要输入等号“=”，当公式中相应的单元格中的值改变时，由公式生成的值也将随之改变。

5.2.2　If 函数的使用

销售人员奖金计算方法：当利润/销售额大于 60%时，奖金为销售额的 1%再上浮 5%，否则，奖金为销售额的 1%。

方法一：在 I3 单元格中输入公式：=IF(H3/F3>0.6,F3*0.01*1.05,F3*0.01)。按回车确认，利用填充柄复制 I4：I28 单元格区域。

方法二：选择 I3 单元格，单击“公式—函数库—插入函数”，弹出“插入函数”对话框，如图 5-16 所示。选择 IF 函数并设置相应的选项，如图 5-17 所示，并利用填充柄复制 I4：I28 单元格区域。

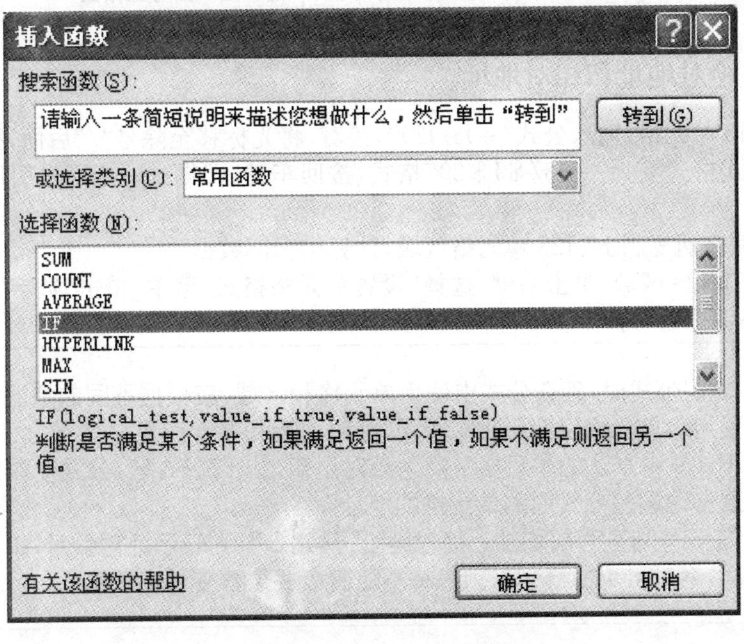

图 5-16　“插入函数”话框

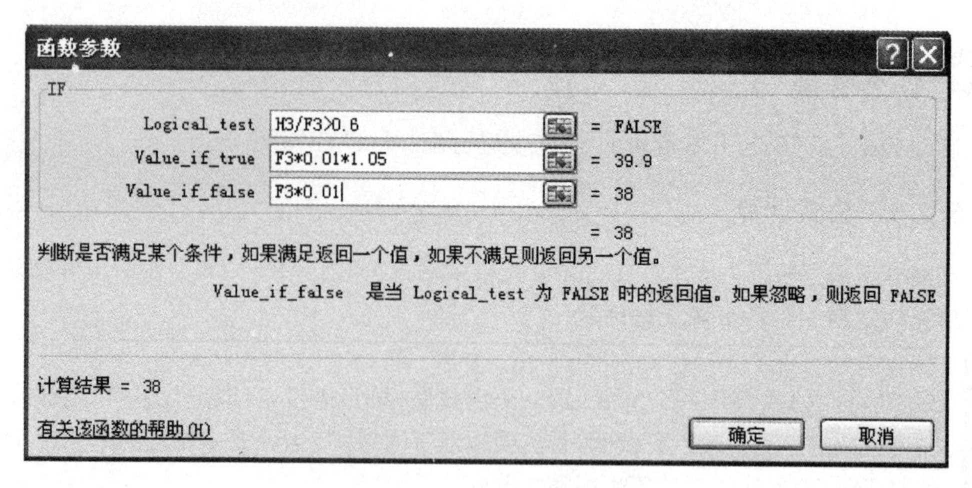

图 5－17 “IF”函数对话框

5.2.3 常用函数的使用

单击 F29 单元格，单击“开始—编辑—Σ—求和”或者输入公式：＝SUM(F3:F28)，并利用填充柄复制 G28:I28 单元格区域。

5.2.4 绝对地址和相对地址

① 选择 J3 单元格，输入公式“＝I3/I29”，接着，将光标移至除号“/”后面，按键盘上的功能键“F4”，公式格式变为“＝I3/＄I＄29”格式，按回车键，即得到一个通过引用绝对地址得到的数据；

② 利用填充柄复制 J4:J28 单元格区域，计算出全部数据；

③ 选取 J3:J28 区域，单击右键，选择“设置单元格格式”菜单，单击“数字”选项卡，选择“百分比”，“小数位数”为 4。

操作提示

1. 复制公式时，若在公式中使用单元格和区域，应根据不同的情况使用不同的单元格引用。单元格引用分相对引用、绝对引用和混合引用。

2. Excel 中默认的单元格引用为相对引用，如 F5、F6 等，公式复制时会根据移动的位置自动调整公式中的单元格的地址。

3. 在行号与列号前均加上绝对地址符号“＄”，则表示绝对引用，如＄F＄5。公式复制时，绝对引用的行号与列号将不随着公式位置变化而改变。

操作提示

4. 混合引用是指单元格地址的行号或列号不同时加“$”符号，如$F5，$A3：B$3。当公式因为复制或插入而引起行列变化，公式中的相对地址部分会随位置变化，而绝对地址部分仍不变。

5. 如果需要引用同一工作簿的其他工作表中的单元格地址，则需要在该单元格地址前加上“工作表标签名”。

5.2.5 数据的引用

① “收入分析表”中，选择 M3 单元格，单击“公式—函数库—fx，在“插入函数”对话框中，“选择类别”为“常用函数”，“选择函数”为“AVERAGE”，如图 5-18 所示。

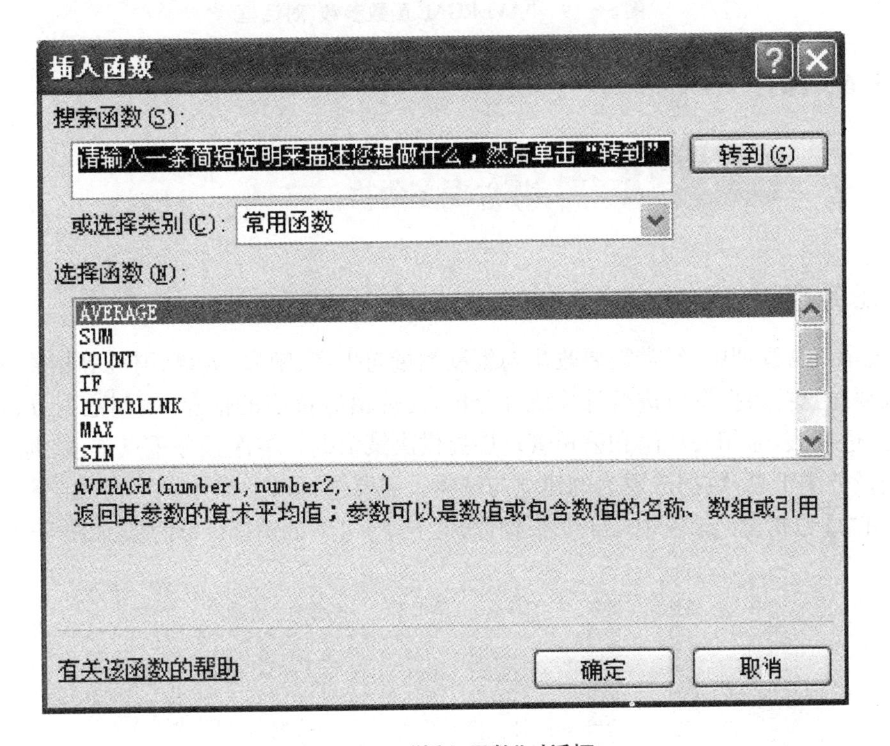

图 5-18 “插入函数”对话框

② 单击“确定”按钮，弹出“AVERGAE 函数参数”对话框，如图 5-19 所示。单击 Number1 框右边的按钮，折叠对话框，然后单击工作表标签“12 月份销售部员工奖金统计表”，显示 12 月份销售部员工奖金数据，按住 Ctrl 键选择一部员工的奖金，单击被缩小的“AVERAGE 函数参数”对话框的右边按钮，以展开对话框，再单击“确定”按钮。

③ 同样的方法，计算单元格 M4:M5 中的 12 月人均奖金。

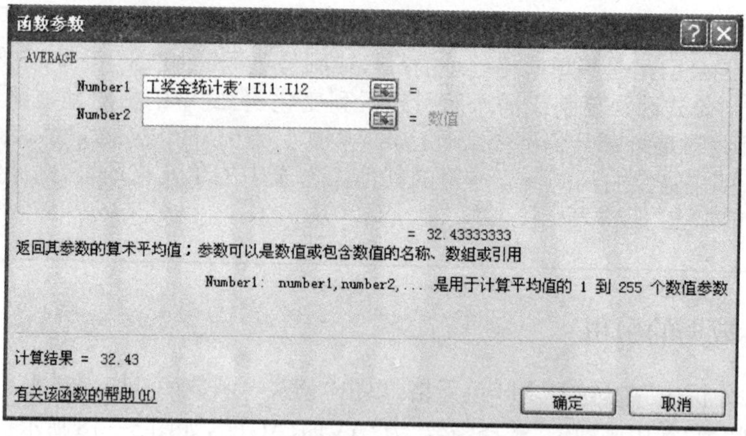

函数参数
AVERAGE
Number1 工奖金统计表'!I11:I12 =
Number2 = 数值
= 32.43333333
返回其参数的算术平均值；参数可以是数值或包含数值的名称、数组或引用
Number1: number1,number2,... 是用于计算平均值的 1 到 255 个数值参数
计算结果 = 32.43
有关该函数的帮助(H)
确定 取消

图 5-19 “AVERGAE 函数参数”对话框

5.1.6 保存

任务 5.3 数据处理与分析

任务描述

在公司日常管理中，经常需要收集与编制大量与生产、销售、人事、财务等相关数据的资料，还需要对这些数据资料进行计算统计分析，提炼出有价值的信息，编制数据分析汇总报表或数据透视表，为相关部门和公司管理层提供决策依据。本次任务重点是：数据列表的排序、筛选及分类汇总；数据透视表的建立与编辑。需要进行以下操作。

① 在“11 月销售记录表”中，自动筛选利润大于等于 150 的销售订单信息，如图 5-20 所示；

	A	B	C	D	E	F	G	H
1	销售人	销售部	国家	订单号	订购日期	销售额	成本	利润
7	林立	一部	美国	1102006	2016-11-14	7,500.00	7,300.00	200.00
8	张明	三部	英国	1102007	2016-11-15	2,180.00	2,010.00	170.00
12	林菁	二部	美国	1102011	2016-11-18	1,920.00	1,760.00	160.00
14	孙红	三部	美国	1102013	2016-11-19	7,500.00	7,300.00	200.00
15	眭丽	二部	美国	1102014	2016-11-19	5,700.00	5,550.00	150.00
17	周广	二部	英国	1102016	2016-11-19	8,600.00	8,380.00	220.00
19	陈仁杰	三部	英国	1102018	2016-11-21	2,350.00	2,170.00	180.00
20	王小艳	三部	英国	1102019	2016-11-22	4,500.00	4,350.00	150.00
23	徐丽	二部	美国	1102022	2016-11-25	2,400.00	2,220.00	180.00
28								
29								
30								
31								
32								
33								
34								
35								
36								

11月销售记录表 / 销售情况汇总表 / 11月销售记录备份表

图 5-20 11 月销售记录表

② 在“11 月销售记录备份表”，按利润降序排序，若利润相同则按销售成本升序排序，如图 5-21 所示；

	A	B	C	D	E	F	G	H	I
1	销售人员	销售部门	国家	订单号	订购日期	销售额	成本	利润	
2	周广	二部	英国	1102016	2016-11-19	8,600.00	8,380.00	220.00	
3	林立	一部	美国	1102006	2016-11-14	7,500.00	7,300.00	200.00	
4	孙红	三部	美国	1102013	2016-11-19	7,500.00	7,300.00	200.00	
5	陈仁杰	三部	英国	1102018	2016-11-21	2,350.00	2,170.00	180.00	
6	徐丽	二部	美国	1102022	2016-11-25	2,400.00	2,220.00	180.00	
7	张明	三部	英国	1102007	2016-11-15	2,180.00	2,010.00	170.00	
8	林菁	二部	美国	1102011	2016-11-18	1,920.00	1,760.00	160.00	
9	王小艳	三部	英国	1102019	2016-11-22	4,500.00	4,350.00	150.00	
10	畦丽	二部	美国	1102014	2016-11-19	5,700.00	5,550.00	150.00	
11	杨阳	一部	加拿大	1102010	2016-11-18	5,160.00	5,040.00	120.00	
12	伊明丽	二部	美国	1102004	2016-11-12	4,750.00	4,640.00	110.00	
13	朱坤	三部	美国	1102021	2016-11-24	4,500.00	4,392.00	108.00	
14	吴克俭	二部	美国	1102012	2016-11-18	4,000.00	3,895.00	105.00	
15	林海	一部	英国	1102001	2016-11-10	3,800.00	3,700.00	100.00	
16	孙晓红	三部	美国	1102008	2016-11-16	3,800.00	3,700.00	100.00	
17	李莉	三部	加拿大	1102025	2016-11-25	905.00	815.00	90.00	
18	辛华	二部	美国	1102015	2016-11-19	3,400.00	3,310.00	90.00	
19	张琳	二部	美国	1102026	2016-11-30	740.00	667.00	73.00	
20	朱青	二部	英国	1102017	2016-11-20	860.00	790.00	70.00	
21	张明敏	三部	美国	1102020	2016-11-23	800.00	732.00	68.00	
22	张敏	一部	美国	1102005	2016-11-13	1,200.00	1,135.00	65.00	
23	刘洋	一部	加拿大	1102009	2016-11-17	1,200.00	1,135.00	65.00	
24	刘力娟	二部	美国	1102003	2016-11-11	720.00	660.00	60.00	
25	胡盼盼	一部	英国	1102002	2016-11-10	600.00	548.00	52.00	
26	孙晓红	三部	加拿大	1102024	2016-11-25	455.00	415.00	40.00	
27	朱晓雯	三部	加拿大	1102023	2016-11-25	350.00	320.00	30.00	
28									
29									
30									
31									

11月销售记录表 / 销售情况汇总表 / 11月销售记录备份表

图 5-21　11 月销售记录备份

③ 在“销售情况汇总表”中，利用自定义序列按销售部门“一部、二部、三部”排序；

④ 在“销售情况汇总表”中，分类汇总各部门的“销售额”、“成本”、“利润”合计，要求汇总项显示在数据下方，如图 5-22 所示；

	A	B	C	D	E	F	G	H
1	销售人员	销售部门	国家	订单号	订购日期	销售额	成本	利润
2	林海	一部	英国	1102001	2016-11-10	3,800.00	3,700.00	100.00
3	胡盼盼	一部	英国	1102002	2016-11-10	600.00	548.00	52.00
4	张敏	一部	美国	1102005	2016-11-13	1,200.00	1,135.00	65.00
5	林立	一部	美国	1102006	2016-11-14	7,500.00	7,300.00	200.00
6	刘洋	一部	加拿大	1102009	2016-11-17	1,200.00	1,135.00	65.00
7	杨阳	一部	加拿大	1102010	2016-11-18	5,160.00	5,040.00	120.00
8		**一部 汇总**				19,460.00	18,858.00	602.00
9	刘力娟	二部	美国	1102003	2016-11-11	720.00	660.00	60.00
10	伊明丽	二部	美国	1102004	2016-11-12	4,750.00	4,640.00	110.00
11	林菁	二部	美国	1102011	2016-11-18	1,920.00	1,760.00	160.00
12	吴克俭	二部	美国	1102012	2016-11-18	4,000.00	3,895.00	105.00
13	畦丽	二部	美国	1102014	2016-11-19	5,700.00	5,550.00	150.00
14	辛华	二部	美国	1102015	2016-11-19	3,400.00	3,310.00	90.00
15	周广	二部	英国	1102016	2016-11-19	8,600.00	8,380.00	220.00
16	朱青	二部	英国	1102017	2016-11-20	860.00	790.00	70.00
17	徐丽	二部	美国	1102022	2016-11-25	2,400.00	2,220.00	180.00
18	张琳	二部	美国	1102026	2016-11-30	740.00	667.00	73.00
19		**二部 汇总**				33,090.00	31,872.00	1,218.00
20	张明	三部	英国	1102007	2016-11-15	2,180.00	2,010.00	170.00
21	孙晓红	三部	美国	1102008	2016-11-16	3,800.00	3,700.00	100.00
22	孙红	三部	美国	1102013	2016-11-19	7,500.00	7,300.00	200.00
23	陈仁杰	三部	英国	1102018	2016-11-21	2,350.00	2,170.00	180.00
24	王小艳	三部	英国	1102019	2016-11-22	4,500.00	4,350.00	150.00
25	张明敏	三部	美国	1102020	2016-11-23	800.00	732.00	68.00
26	朱坤	三部	美国	1102021	2016-11-24	4,500.00	4,392.00	108.00
27	朱晓雯	三部	加拿大	1102023	2016-11-25	350.00	320.00	30.00
28	孙晓红	三部	加拿大	1102024	2016-11-25	455.00	415.00	40.00
29	李莉	三部	加拿大	1102025	2016-11-25	905.00	815.00	90.00
30		**三部 汇总**				27,340.00	26,204.00	1,136.00
31		**总计**				79,890.00	76,934.00	2,956.00

11月销售记录表 / 销售情况汇总表 / 11月销售记录备份表

图 5-22　销售情况汇总表

⑤ 根据“11 月销售记录备份表”数据，在新建工作表中生成数据透视表，要求将销售人员作为行字段，国家作为列字段，利润作为数据项，并将新生成的数据透视表重命名为“利润”；

⑥ 在工作表“利润”的 F4 单元格中输入“比例”，并在 E 列利用公式分别计算各销售人员销售利润占总利润的比例，结果以带 2 位小数的百分比格式显示(单元格地址只能用列标行号形式，如“D5”)，如图 5 - 23 所示；

⑦ 保存。

	A	B	C	D	E	F	G
1							
2							
3	求和项:利润	国家					
4	销售人员	加拿大	美国	英国	总计	比例	
5	陈仁杰			180	180	6.09%	
6	胡盼盼			52	52	1.76%	
7	李莉	90			90	3.04%	
8	林海			100	100	3.38%	
9	林菁		160		160	5.41%	
10	林立		200		200	6.77%	
11	刘力娟		60		60	2.03%	
12	刘洋	65			65	2.20%	
13	睦丽		150		150	5.07%	
14	孙红		200		200	6.77%	
15	孙晓红	40	100		140	4.74%	
16	王小艳			150	150	5.07%	
17	吴克俭		105		105	3.55%	
18	辛华		90		90	3.04%	
19	徐丽		180		180	6.09%	
20	杨阳	120			120	4.06%	
21	伊明丽		110		110	3.72%	
22	张琳		73		73	2.47%	
23	张敏		65		65	2.20%	
24	张明			170	170	5.75%	
25	张明敏		68		68	2.30%	
26	周广			220	220	7.44%	
27	朱坤		108		108	3.65%	
28	朱青			70	70	2.37%	
29	朱晓雯	30			30	1.01%	
30	总计	345	1669	942	2956		

11月销售记录表 / 销售情况汇总表 / 利润 / 11月销售记录备份表

图 5 - 23 利润表

任务实现

启动 Excel 2010，打开本模块的“销售人员销售记录.xlsx”工作簿。

5.3.1 自动筛选

① 选择“11 月销售记录表”，单击数据区域任意单元格，选择“数据—排序和筛选—筛选”，单击“利润”列右侧向下的列表按钮(如图 5 - 24)，选择“数字筛选—大于或等于”选项，弹出“自定义自动筛选方式”对话框，如图 5 - 25 所示。

	A	B	C	D	E	F	G	H
1	销售人	销售部	国家	订单号	订购日期	销售额	成本	利润
2	林海	一部	英国	1102001	2016-11			
3	胡盼盼	一部	英国	1102002	2016-11			
4	刘力娟	二部	美国	1102003	2016-11			
5	伊明丽	二部	美国	1102004	2016-11			
6	张敏	一部	美国	1102005	2016-11			
7	林立	一部	美国	1102006	2016-11			
8	张明	三部	英国	1102007	2016-11			
9	孙晓红	三部	美国	1102008	2016-11			
10	刘洋	一部	加拿大	1102009	2016-11			
11	杨阳	一部	加拿大	1102010	2016-11			
12	林菁	二部	美国	1102011	2016-11			
13	吴克俭	二部	美国	1102012	2016-11			
14	孙红	三部	美国	1102013	2016-11			
15	眭丽	二部	美国	1102014	2016-11			
16	辛华	二部	美国	1102015	2016-11			
17	周广	二部	英国	1102016	2016-11			
18	朱青	二部	英国	1102017	2016-11			
19	陈仁杰	三部	英国	1102018	2016-11			
20	王小艳	三部	英国	1102019	2016-11			
21	张明敏	三部	美国	1102020	2016-11			
22	朱坤	三部	美国	1102021	2016-11			
23	徐丽	二部	美国	1102022	2016-11			
24	朱晓雯	三部	加拿大	1102023	2016-11-25	350.00	320.00	30.00
25	孙晓红	三部	加拿大	1102024	2016-11-25	455.00	415.00	40.00
26	李莉	三部	加拿大	1102025	2016-11-25	905.00	815.00	90.00
27	张琳	二部	美国	1102026	2016-11-30	740.00	667.00	73.00
28								
29								
30								

升序(S)
降序(O)
按颜色排序(T)
从“利润”中清除筛选(C)
按颜色筛选(I)
数字筛选(F)
搜索
(全选)
30.00
40.00
52.00
60.00
65.00
68.00
70.00
73.00
90.00
100.00
105.00
确定 取消

11月销售记录表 / 销售情况汇总表 / 11月销售记录备份表

图 5－24 筛选快捷菜单

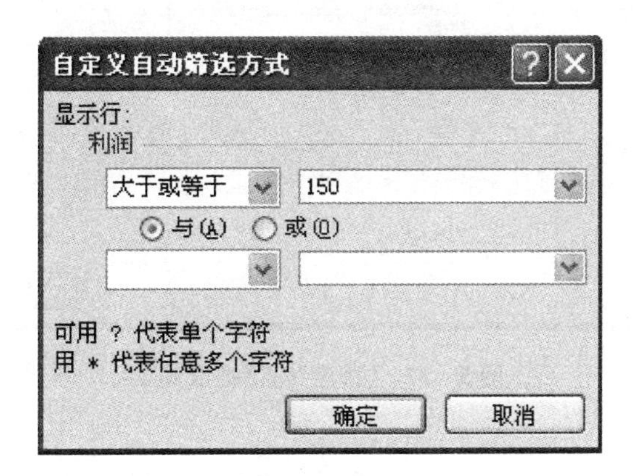

图 5－25 “自定义自动筛选”对话框

② 输入筛选条件:“150”,单击“确定”按钮。

5.3.2 排序

① 选择“11 月销售记录备份表”,单击数据区域任意单元格,选择“数据—排序和筛选—排序”,打开“排序”对话框,如图 5－26 所示。

② 在主要关键字下拉列表中选择“利润”,次序设置为“降序”。

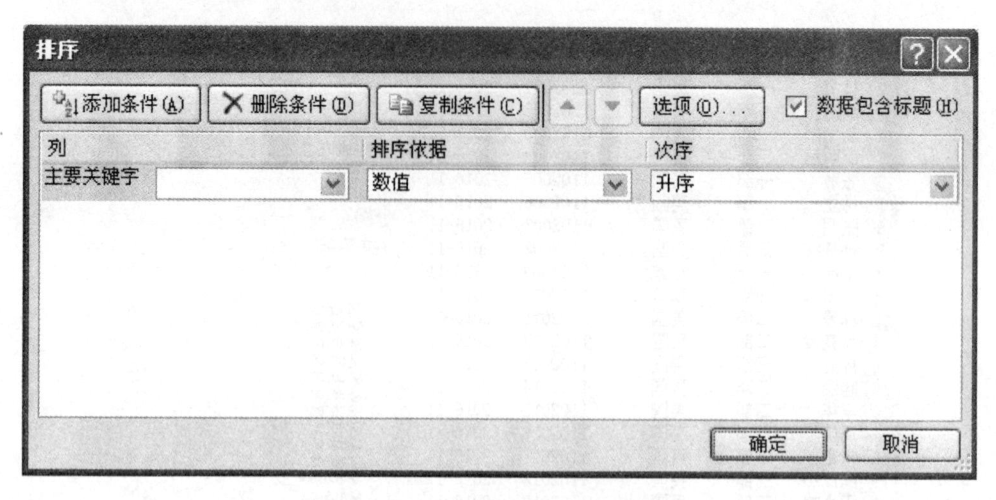

图 5－26 “排序”对话框设置 1

③ 单击“添加条件”按钮，在次要关键字下拉列表中选择“销售额”，次序设置为“升序”，如图 5－27 所示。

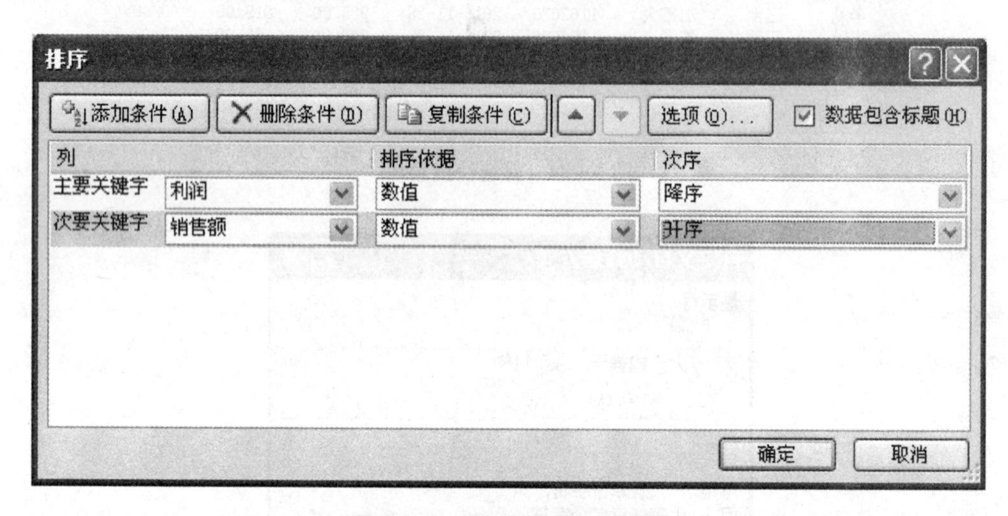

图 5－27 “排序”对话框设置 2

④ 单击“确定”。

5.3.3 自定义排序

方法一：① 选择“销售情况汇总表”，单击数据区域任意单元格，选择“开始—编辑—排序和筛选—自定义排序”，如图 5－28 所示。

② 打开“排序”对话框，在“主要关键字”下拉列表中选择“销售部门”，“次序”下拉列表中选择“自定义序列”，单击“确定”，如图 5－29 所示。

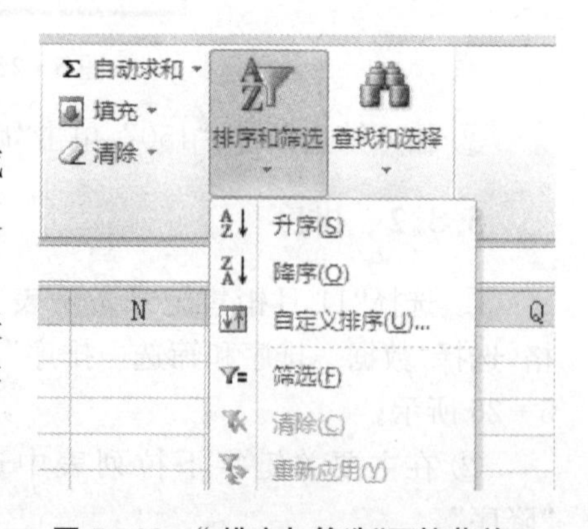

图 5－28 “排序与筛选”下拉菜单

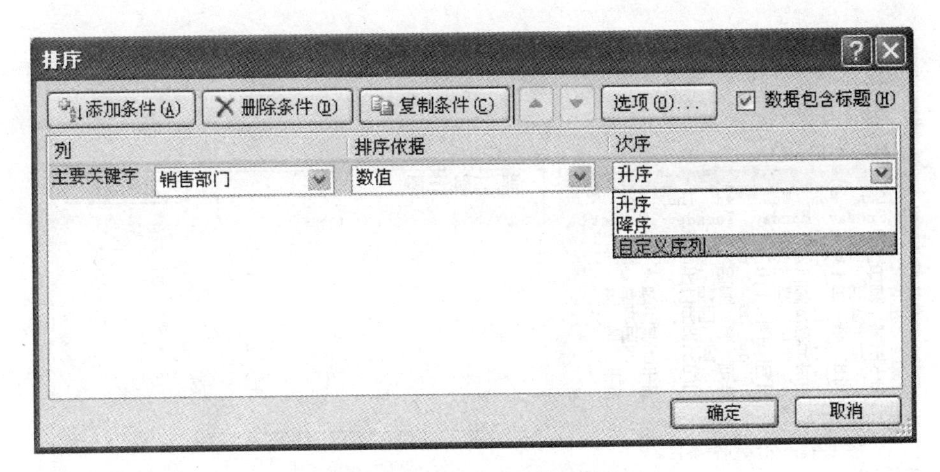

图 5 - 29 “排序”对话框设置 3

③ 打开“自定义序列”对话框，在“输入序列”中输入“一部”、“二部”、“三部”，可以用回车键或者英文格式的逗号进行分隔，分别如图 5 - 30、图 5 - 31 所示。

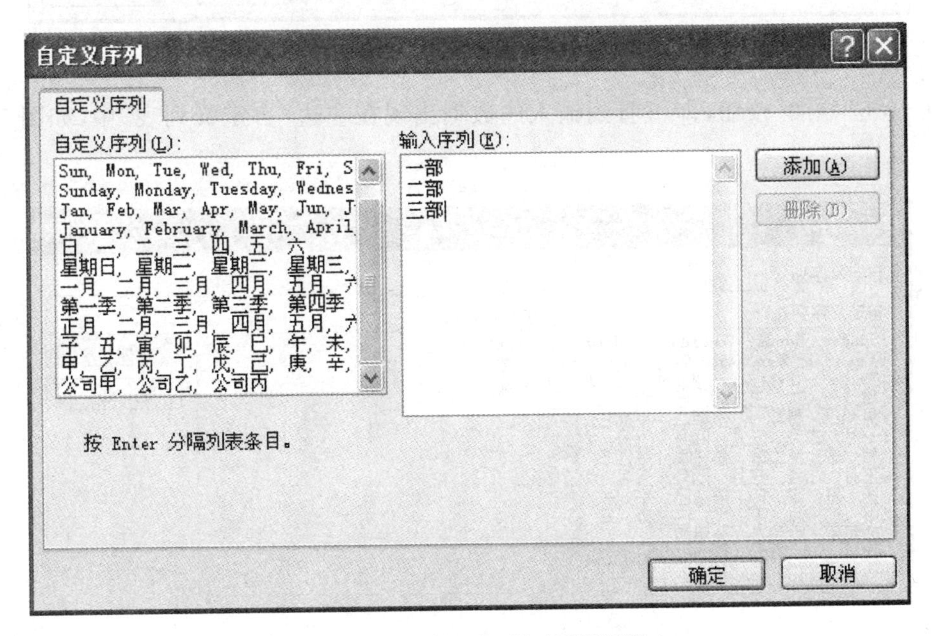

图 5 - 30 “自定义序列”对话框设置 1

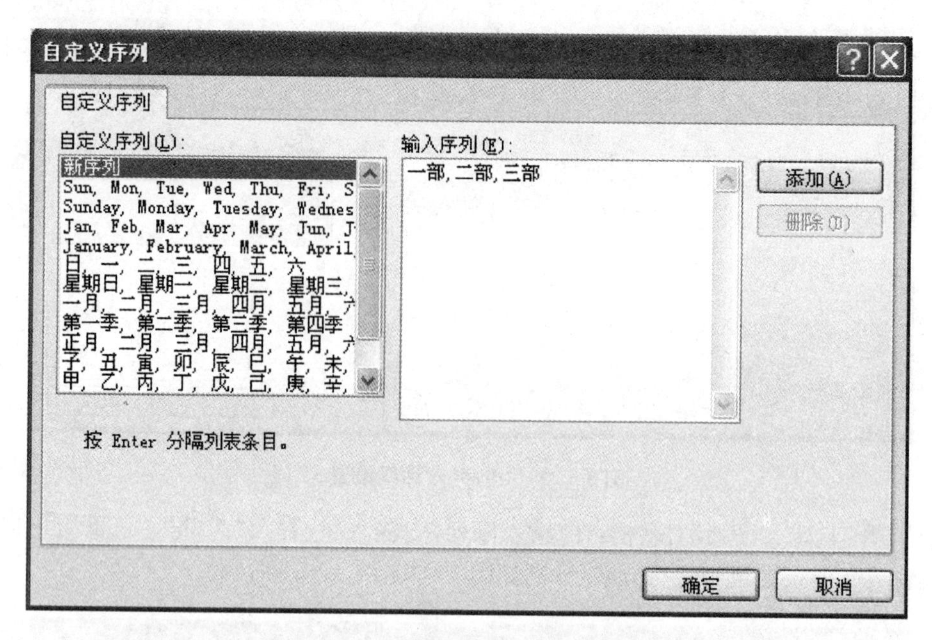

图 5－31 “自定义序列”对话框设置 2

④ 单击“添加”按钮,即可看到输入的数据出现在左边“自定义列表”中,如图 5－32 所示。

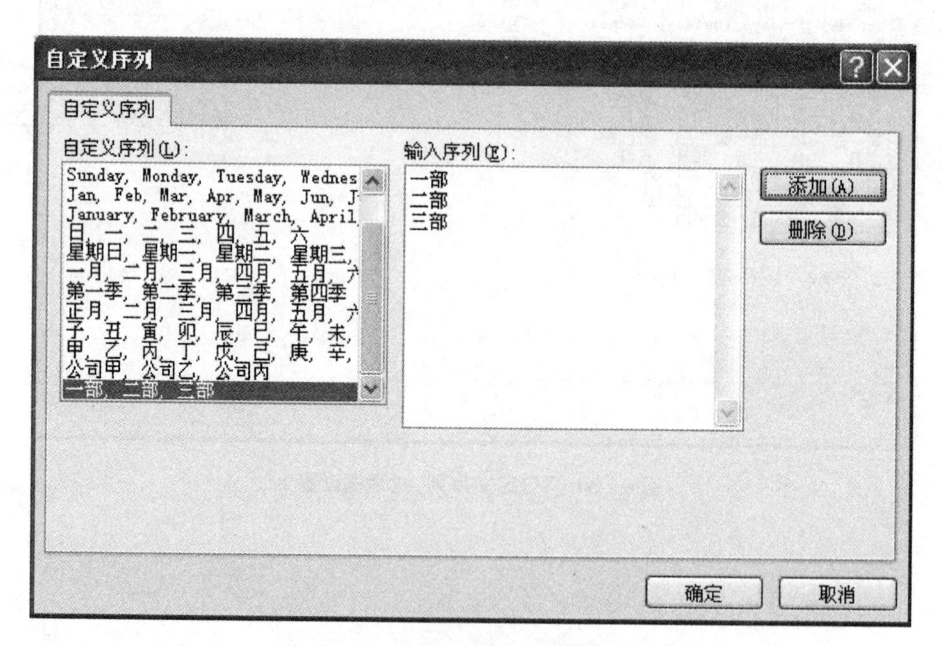

图 5－32 “自定义序列”对话框设置 3

⑤ 单击“确定”,返回“排序”对话框,如图 5－33 所示。

⑥ 单击“确定”。

图 5－33 “排序”对话框设置

方法二：① 选择“文件—选项”，打开“Excel 选项”对话框，如图 5－34 所示。

图 5－34 “Excel 选项”对话框

② 单击“高级”，在右面的选项窗口中单击“编辑自定义列表”按钮，打开“自定义序列”对话框，如图 5－35 所示。

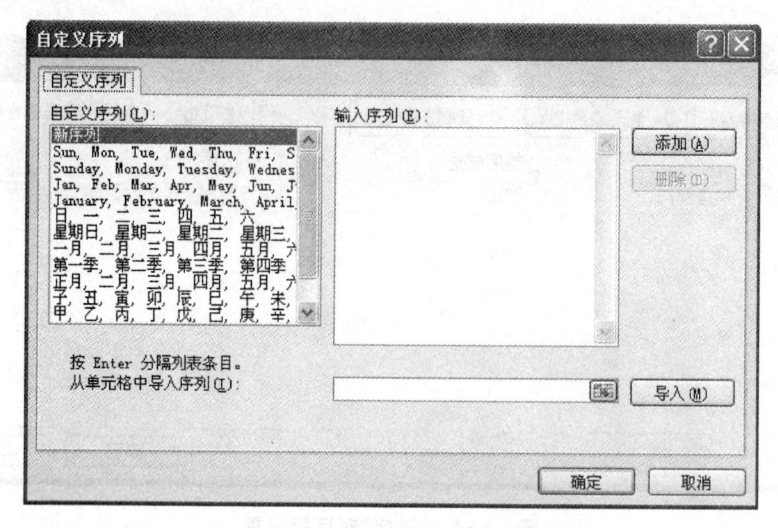

图 5-35 “自定义序列”对话框设置 4

③ 单击“导入”左方按钮，可以选择文件中已输入的有序序列，单击“导入”按钮，即可将新序列导入进左方“自定义序列”中，单击“确定”即可。

5.3.4 分类汇总

① 将鼠标放在数据区域任意位置，选择“数据—分类汇总”，弹出“分类汇总”对话框，如图 5-36 所示。

② 在“分类字段”中选择“销售部门”，在“汇总方式”中选择“求和”，在“选中汇总项”中选择“销售额”、“成本”和“利润”，单击“确定”按钮。

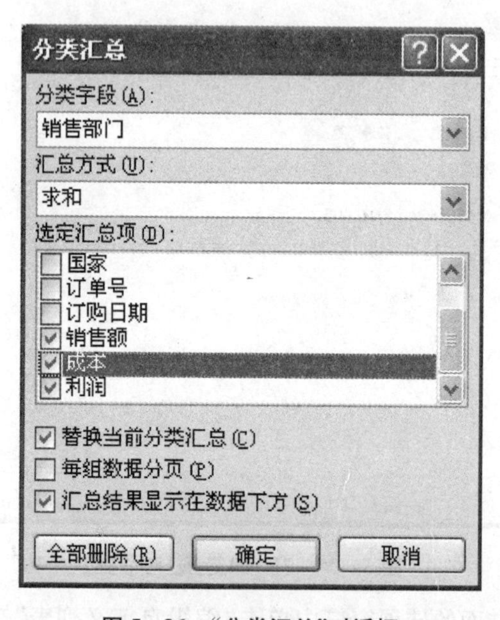

图 5-36 “分类汇总”对话框

5.3.5 创建数据透视表

扫一扫可见微课
“创建数据透视表”

① 选择工作表“11 月销售记录备份表”，单击数据区域任意单元格，选择“插入—表格—数据透视表—数据透视表”，弹出“创建数据透视表”对话框，如图 5 - 37 所示。

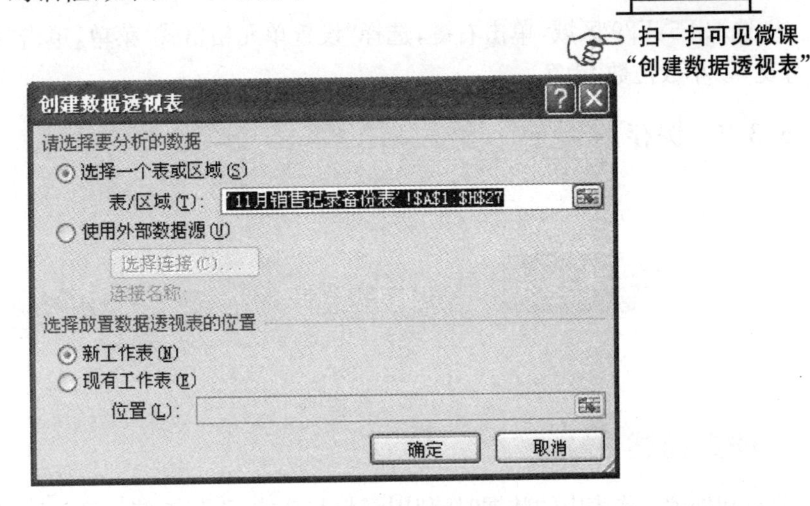

图 5 - 37 “创建数据透视表”对话框

② 单击“确定”，在新工作表中，将“选择要添加到报表的字段”中的“销售人员”拖至“在以下区域间拖动字段”中的“行标签”内，将“国家”拖至“列标签”，“利润”拖至“数值”，如图 5 - 38 所示。

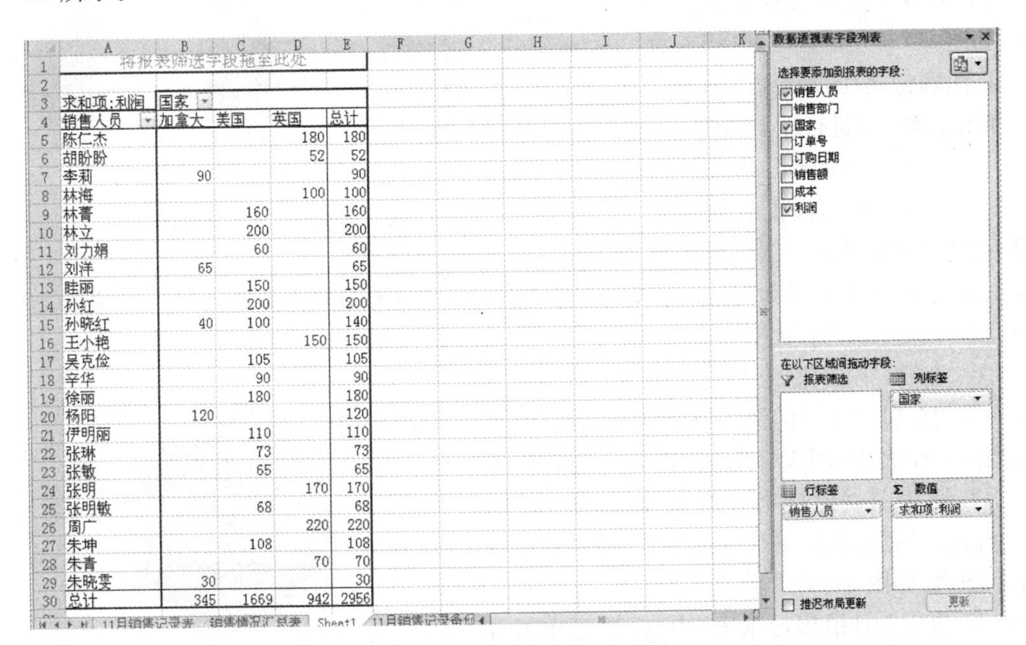

将报表筛选字段拖至此处

求和项:利润	国家			
销售人员	加拿大	美国	英国	总计
陈仁杰			180	180
胡盼盼			52	52
李莉	90			90
林海			100	100
林青		160		160
林立		200		200
刘力娟		60		60
刘洋	65			65
眭丽		150		150
孙红		200		200
孙晓红	40	100		140
王小艳			150	150
吴克俭		105		105
辛华		90		90
徐丽		180		180
杨阳	120			120
伊明丽		110		110
张琳		73		73
张敏		65		65
张明			170	170
张明敏		68		68
周广			220	220
朱坤		108		108
朱青			70	70
朱晓雯	30			30
总计	345	1669	942	2956

图 5 - 38 “数据透视表”设置

③ 将工作表“Sheet1”重命名为“利润”。

5.3.6 编辑计算数据透视表

① 在工作表“利润”的 F4 单元格中输入“比例”。

② 在 F5 单元格输入“＝E4/＄E＄30”，按回车键确认，利用填充柄复制 F6:F29 单元格区域。

③ 选取 F5:F29 区域，单击右键，选择“设置单元格格式”菜单，单击“数字”选项卡，选择“百分比”，“小数位数”为 2。

5.3.7 保存

任务 5.4 图表的制作

任务描述

分析和处理工作表中的数据时，利用函数与公式，不仅能使计算速度更快，同时又可以减少错误的发生。图表的制作，更强化了数据分析功能，能够做到层次分明、条理清楚、易于理解，从而更加直观地将工作表的数据表现出来，如图 5－39 所示。本次任务重点是：图表创建；图表修改；图表移动和删除。需要进行以下操作。

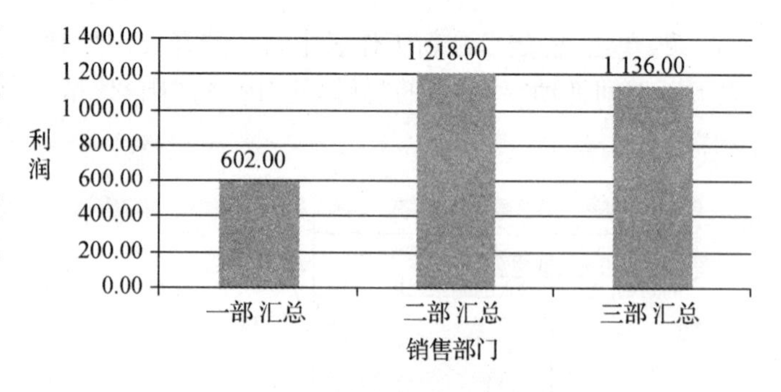

图 5－39 各部门利润汇总对比

① 在“销售情况汇总表”中，根据销售部门和利润汇总数据生成一张“三维簇状柱形图”，嵌入当前工作表中，图表标题为“各部门利润汇总对比”，分类(X)轴为“销售部门”，数值(Y)轴为“利润”，不显示图例，数据标志显示值，采用图表样式 7，如图 5－39 所示；

② 在“11 月销售记录备份表”中，根据销售部一部的各销售人员的销售额生成一张饼图，嵌入当前工作表中，图表标题为“销售一部销售额对比”，设置图表标题格式为宋体、加粗、20 号字、红色，数据标志以最佳匹配方式显示，在底部显示图例，如图 5－40 所示；

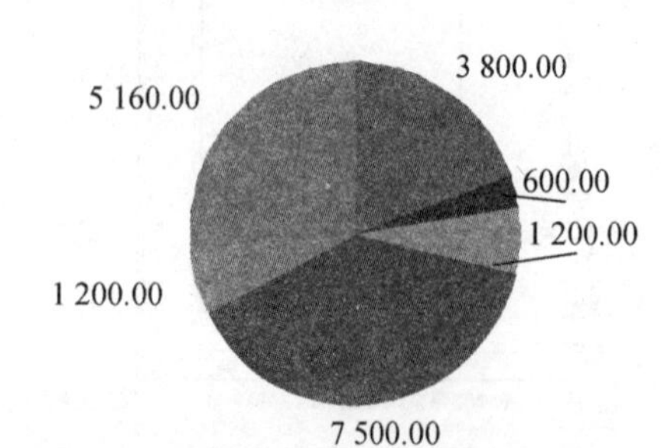

图 5－40 销售一部销售额对比

③ 在“11 月销售记录表”中，根据订单号和相应的利润生成一张“带数据标志的折线图”，嵌入当前工作表中，分类(X)轴标志为相应订单号，数据标志显示值，并放置在数据点上方，无图

例，如图 5－41 所示；

④ 保存。

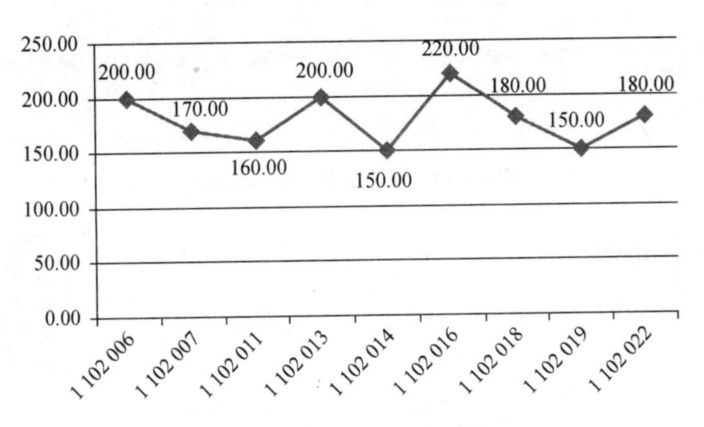

图 5－41　各订单利润对比

任务实现

启动 Excel 2010，打开本模块的“销售人员销售记录. xlsx”工作簿。

5.4.1　制作三维簇状柱形图

① 选择“销售情况汇总表”，按住 Ctrl 键选择不连续单元格区域：B8、H8、B19、H19、B30、H30，选择菜单栏“插入—图表—柱形图—三维簇状柱形图”，即生成如图 5－42 所示的柱形图。

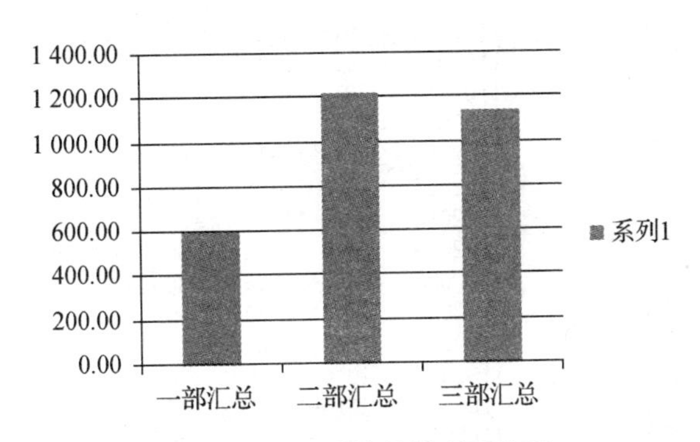

图 5－42　三维簇状柱形图雏形

② 选择“图表工具—布局”，如图 5－43 所示，在标签功能组中分别设置“图表标题”为“各部门利润汇总对比”，“坐标轴标题”：横坐标轴标题为“销售部门”、纵坐标轴标题为“利润”，“图例”设置为“无”，“数据标签”设置为“显示”。

③ 选择“图表工具—设计—图标样式”，选择样式 7。

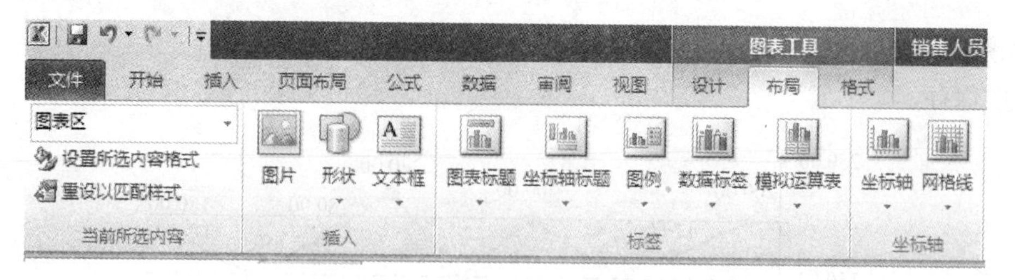

图 5-43 图表工具—布局选项卡

5.4.2 制作饼图

① 选择“11 月销售记录备份表”，按住 Ctrl 键选择不连续单元格区域销售一部的销售人员以及销售额，如图 5-44 所示，以类似方法制作饼图，反映销售一部各销售人员的销售情况对比。

	A	B	C	D	E	F	G	H	I
1	销售人员	销售部门	国家	订单号	订购日期	销售额	成本	利润	
2	林海	一部	英国	1102001	2016-11-10	3,800.00	3,700.00	100.00	
3	胡盼盼	一部	英国	1102002	2016-11-10	600.00	548.00	52.00	
4	刘力娟	二部	美国	1102003	2016-11-11	720.00	660.00	60.00	
5	伊明丽	二部	美国	1102004	2016-11-12	4,750.00	4,640.00	110.00	
6	张敏	一部	美国	1102005	2016-11-13	1,200.00	1,135.00	65.00	
7	林立	一部	美国	1102006	2016-11-14	7,500.00	7,300.00	200.00	
8	张明	三部	英国	1102007	2016-11-15	2,180.00	2,010.00	170.00	
9	孙晓红	三部	美国	1102008	2016-11-16	3,800.00	3,700.00	100.00	
10	刘洋	一部	加拿大	1102009	2016-11-17	1,200.00	1,135.00	65.00	
11	杨阳	一部	加拿大	1102010	2016-11-18	5,160.00	5,040.00	120.00	
12	林菁	二部	美国	1102011	2016-11-18	1,920.00	1,760.00	160.00	
13	吴克俭	二部	美国	1102012	2016-11-18	4,000.00	3,895.00	105.00	
14	孙红	三部	美国	1102013	2016-11-19	7,500.00	7,300.00	200.00	
15	睦丽	二部	美国	1102014	2016-11-19	5,700.00	5,550.00	150.00	
16	辛华	二部	美国	1102015	2016-11-19	3,400.00	3,310.00	90.00	
17	周广	二部	英国	1102016	2016-11-19	8,600.00	8,380.00	220.00	
18	朱青	二部	英国	1102017	2016-11-20	860.00	790.00	70.00	
19	陈仁杰	三部	英国	1102018	2016-11-21	2,350.00	2,170.00	180.00	
20	王小艳	三部	英国	1102019	2016-11-22	4,500.00	4,350.00	150.00	
21	张明敏	三部	美国	1102020	2016-11-23	800.00	732.00	68.00	
22	朱坤	三部	美国	1102021	2016-11-24	4,500.00	4,392.00	108.00	
23	徐丽	二部	美国	1102022	2016-11-25	2,400.00	2,220.00	180.00	
24	朱晓雯	三部	加拿大	1102023	2016-11-25	350.00	320.00	30.00	
25	孙晓红	三部	加拿大	1102024	2016-11-25	455.00	415.00	40.00	
26	李莉	三部	加拿大	1102025	2016-11-25	905.00	815.00	90.00	

11月销售记录表 / 销售情况汇总表 / 利润 / 11月销售记录备份表

图 5-44 销售一部销售人员及销售额数据的选取

② 单击图表标题内容，选择“开始—字体”，在字体功能组中进行设置，字形为“加粗”、字号为“20”、颜色为“红色”。

5.4.3 制作带数据标志的折线图

① 选择“11 月销售记录表”，先选择“利润”数据，然后选择“插入—图表—折线图—带

数据标志折线图”，出现如图 5－45 所示折线图。

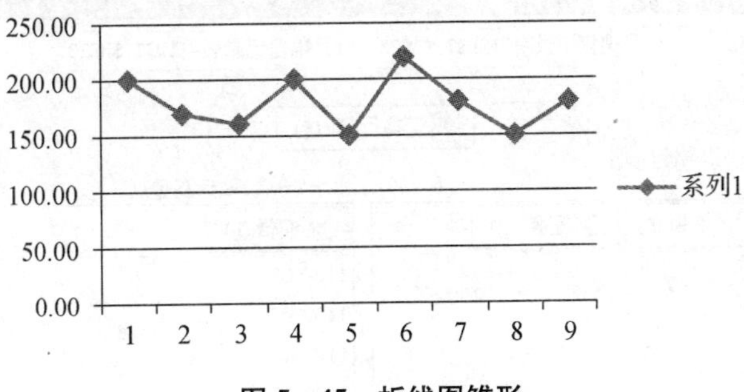

图 5－45　折线图雏形

② 选择“图表工具—设计—数据—选择数据”，打开“选择数据源”对话框，如图 5－46 所示。

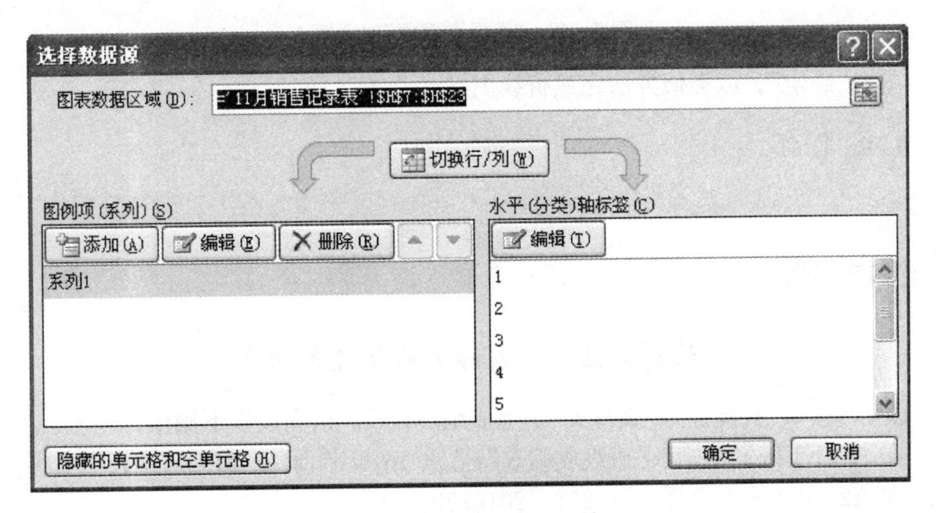

图 5－46　选择数据源对话框 1

③ 单击“编辑”按钮，选择“订单号”数据，如图 5－47 所示。

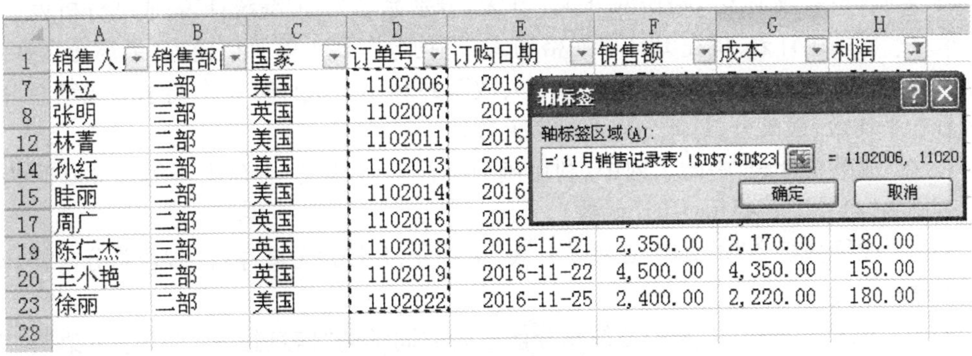

	A	B	C	D	E	F	G	H
1	销售人	销售部门	国家	订单号	订购日期	销售额	成本	利润
7	林立	一部	美国	1102006	2016			
8	张明	三部	英国	1102007	2016			
12	林菁	二部	美国	1102011	2016			
14	孙红	三部	美国	1102013	2016			
15	眭丽	二部	美国	1102014	2016			
17	周广	二部	英国	1102016	2016			
19	陈仁杰	三部	英国	1102018	2016-11-21	2,350.00	2,170.00	180.00
20	王小艳	三部	英国	1102019	2016-11-22	4,500.00	4,350.00	150.00
23	徐丽	二部	美国	1102022	2016-11-25	2,400.00	2,220.00	180.00
28								

轴标签
轴标签区域(A):
='11月销售记录表'!$D$7:$D$23　= 1102006, 11020
确定　取消

图 5－47　轴标签设置

④ 单击“确定”，返回“选择数据源”对话框，如图 5－48 所示。

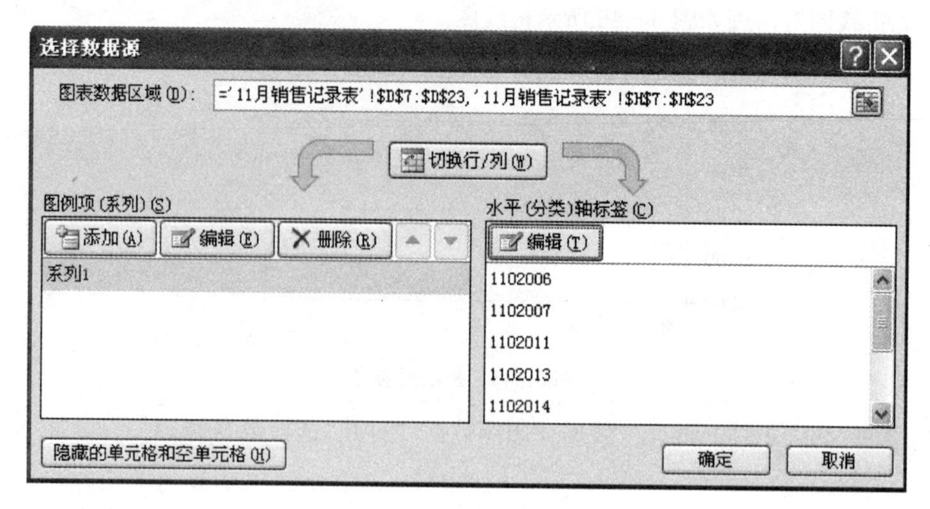

图 5-48 "选择数据源"对话框 2

⑤ 单击"确定"。以类似方法完成折线图。

5.4.4 保存

技能实践

技能训练一 制作分析学生成绩表

素材见本模块"技能训练"文件夹"学生成绩.xlsx"。请完成以下操作。

1. 在 A1:K1 区域中输入"班级成绩表",要求 16 号字、加粗、跨列居中;
2. 在 A2:A22 输入学号:2016201—2016220;
3. 设置工作表行高:20,列宽:自动调整列宽;
4. 设置表格区域 A2:I22 四周粗框线,内部细框线;
5. 复制"班级成绩表",备份两个新工作表,分别命名为:成绩统计表、成绩分析表;
6. 在"成绩统计表"中在 B23 单元格输入"平均分",B24 单元格输入"最高分",B25 单元格输入"最低分",B26 单元格输入"参考人数",并利用函数计算每个同学的成绩总分,各门课程的平均分、最高分、最低分以及参考人数;
7. 在"成绩统计表"中的 J 列中,利用函数标注等级情况(总分大于等于 350 时为"优良",否则为"合格");(提示:用 If 函数)
8. 在"成绩分析表"中引用"成绩统计表"中总分,并按总分降序排序,若总分一样,则按学号升序;
9. 在"成绩分析表"中,根据成绩总分前三名的同学的"信息技术"、"大学英语"、"大学体育"三门课程成绩绘制一张"三维柱形图",嵌入当前工作表中,图表标题为"前三名同学成绩分析",显示图例,数据标签显示值,如图 5-49 所示;
10. 在"成绩统计表"中筛选出"信息技术"成绩为 80—100 的学生信息;
11. 在"班级成绩表"中,按性别进行分类,并计算男生和女生的各科成绩的平均分,分级显示汇总结果；

12. 保存。

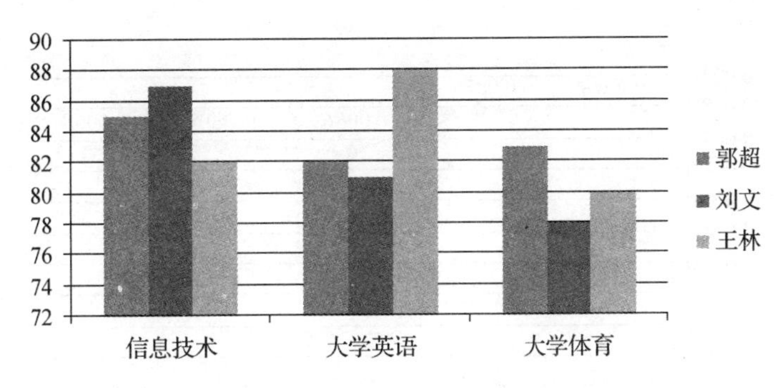

图 5－49 前三名同学成绩分析

技能训练二 制作分析环保数据

素材见本模块“技能训练”文件夹“环保数据.xlsx”。请完成以下操作。

1. 将“区域说明.rtf”文件中的表格转换到 ex1.xls 工作表 Sheet1 中，要求数据自第一行第一列开始存放，将 Sheet1 工作表更名为“区域说明”；

2. 在“区域说明”工作表中，隐藏区域类别为 1 的全部记录；

3. 在“城市区域噪声标准”工作表 D2 单元格中输入“平均”，在 D3:D7 各单元格中，利用公式分别计算相应区域类别日平均噪声，结果保留 1 位小数；

4. 在“城市区域噪声标准”工作表中，将 A1:D1 单元格区域合并及居中，在其中添加文字“城市 5 类环境噪声标准值”，设置字体格式为楷体、20 号、绿色；

5. 在“城市区域噪声标准”工作表中，设置 A2:D7 单元格区域文字水平居中、各列列宽均为 12，并为 A2 单元格建立超链接，指向工作表“区域说明”，为 B2 单元格加批注“数据来自住宅类.rtf”；

6. 根据“垃圾焚烧”工作表中的地区次序，利用自定义序列重新排列“垃圾处理”工作表中的数据；

7. 在“垃圾焚烧”工作表中，引用“垃圾处理”工作表中的数据，利用公式分别计算各地区焚烧厂数量(焚烧厂数量为相应地区各省市焚烧厂数量之和)；

8. 在“垃圾处理”工作表中，利用自动筛选功能，筛选出卫生填埋厂数大于等于 15 的省市；

9. 在“对比”工作表中，引用“CO2 排放量”工作表数据，填充 2000、2006 及 2010 年各部门排放量数据，工作表 B9、D9、F9 单元格中，分别计算 2000、2006 及 2010 年排放量合计值，并在 C、E、G 列利用公式分别计算相应年度各部门排放量占本年合计的比例，结果以带 2 位小数的百分比格式显示(要求使用绝对地址引用合计值)；

10. 在“CO2 排放量”工作表 I 列，引用“GDP”工作表数据，利用公式分别计算相应年度“CO2/GDP(公斤/百元)”之值(CO2/GDP(公斤/百元)＝合计(吨)×1 000/(GDP(万元)×100))，结果显示 4 位小数；

11. 根据“CO2 排放量”工作表数据生成一张反映 2011—2015 各年度 CO2/GDP(公斤/

百元）之值的“数据点折线图”，嵌入当前工作表中，分类(X)轴标志为相应年度，图表标题为“近五年 CO2/GDP 比值”，数据标签显示值，放置数据点上方，无图例，如图 5－50 所示。

12. 保存。

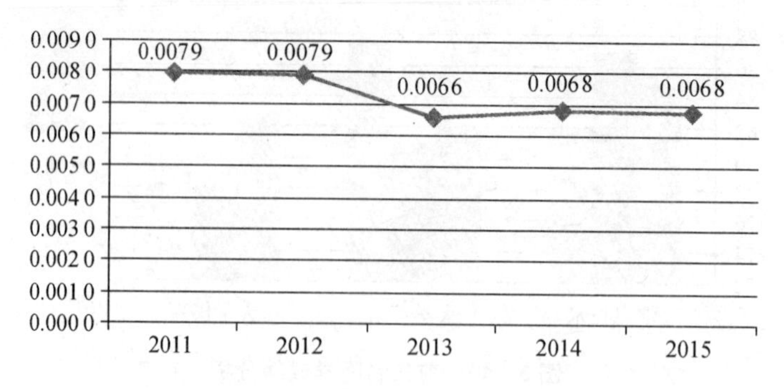

图 5－50　近五年 CO2/GDP 比值

单元6

多媒体处理与演示文稿制作

随着计算机技术、网络技术、通信技术与文化、艺术、商业等领域的不断融合，互联网、移动通信网等已经成为媒体信息新的传播通道。利用计算机对文本、图形、图像、声音、动画、视频等多种信息进行综合处理、建立逻辑关系和人机交互已经是一件习以为常的事情。

另外，在信息社会里，把有关资料信息化，在宣传企业形象、展示企业风采、介绍新产品等方面是一项极具价值的工作。不管什么样的宣传活动，演示文稿已经是一个不可或缺的部分。利用 PowerPoint 制作演示文稿也是相关工作人员一项必备的基本技能。

有关数字信息的基础及文字信息处理的知识已在第 1 单元作了介绍。本章介绍图像、声音和视频信息的处理与应用；以 PowerPoint 2010 版本为基础，讲解演示文稿的制作。

任务 6.1 多媒体信息处理

任务描述

计算机应用其实质就是用计算机进行信息处理。数值、文字、声音、图像等都是人们用以表达和传递信息的媒体，也是计算机处理的对象，了解它们在计算机中怎样表示、处理、存储和传输，对于理解和掌握计算机的操作与应用有重要的作用。本节将重点介绍如何在计算机中获取图像、声音、视频信息，以及如何表示、处理及应用。

任务实现

扫一扫可见微课
“数字图像的获取”

6.1.1 数字图像与图形处理

计算机中的“图”按其生成方法可以分为两类：一类是从现实世界中通过扫描仪、数码相机等设备获取的，它们称为取样图像，也称为点阵图像或位图图像(bitmap)，以下简称图像(image)；另一类是使用计算机绘制而成的，它们称为矢量图形(vectorgraphics)或简称图形(graphics)。本节先介绍图像，然后再介绍计算机图形。

一、数字图像的获取

1. 图像的数字化

从现实世界中获得数字图像的过程称为图像的获取，例如对印刷品、照片或照相底片等进行扫描，用数码相机或数字摄像机对选定的景物进行拍摄等。图像获取过程的核心是模拟信号的数字化，它的处理步骤大体分为四步（如图 6－1）：

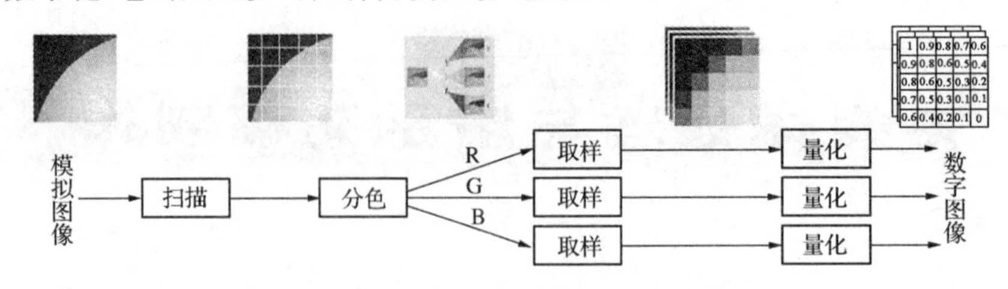

图 6－1　图像的数字化过程

① 扫描。将画面划分为 M×N 个网格，每个网格称为一个取样点。这样，一幅模拟图像就转换为 M×N 个取样点所组成的一个阵列。

② 分色。将每个取样点的颜色分解成红、绿、蓝三个基色（R、G、B），如果不是彩色图像（即灰度图像或黑白图像），则不必进行分色。

③ 取样。测量每个取样点的每个分量（基色）的亮度（也称为“灰度”）值。

④ 量化。对取样点每个分量的亮度值进行 A/D 转换，即把模拟量使用数字量（一般是 8 位至 12 位的二进制正整数）来表示。

通过上述方法所获取的数字图像称为取样图像，通常简称为“图像”。

2. 数字图像获取设备

图像获取所使用的设备统称为图像获取设备，其功能是将实际景物的映像输入到计算机内并以数字（取样）图像的形式表示。2D 图像获取设备（如扫描仪、数码相机等）只能对图片或景物的 2D 投影进行数字化，3D 扫描仪则能获取包括深度信息在内的 3D 景物的信息。

二、图像的表示与压缩编码

1. 图像的表示方法与主要参数

从取样图像的获取过程可以知道，一幅图像由 M(列)×N(行)个取样点组成，每个取样点是组成取样图像的基本单位，称为像素（pel）。彩色图像的像素通常由红（R）、绿（G）、蓝（B）3 个分量组成（如图 6－2），灰度图像的像素只有一个亮度分量。

153	156	159	170	150	151	175	176
150	154	159	166	156	158	177	178
147	153	158	162	156	168	180	188
168	175	175	174	177	182	187	183
225	225	219	217	216	218	223	227
225	224	221	220	214	215	222	225
240	233	226	223	219	220	224	229
233	231	229	226	220	220	227	230

红色分量

178	176	176	176	176	205	216	226
179	178	175	180	177	200	223	231
174	175	178	184	181	189	217	224
208	203	208	196	193	197	216	225
212	210	215	202	192	196	207	218
211	212	212	210	198	194	207	210
224	227	224	214	197	196	213	220
228	231	233	220	202	197	210	217

绿色分量

（64 个像素）

180	177	187	190	190	220	225	231
182	184	179	188	192	217	239	233
182	185	190	191	194	207	229	235
219	215	218	198	198	205	220	237
211	214	218	202	192	195	212	234
217	214	213	210	194	192	214	238
222	225	226	214	197	200	216	230
228	230	230	225	200	206	212	220

蓝色分量

图 6－2　彩色图像的表示

由此可知，取样图像在计算机中的表示方法是：灰度图像用一个矩阵来表示；彩色图像用一组（一般是 3 个）矩阵来表示，每个矩阵称为一个位平面。矩阵的行数称为图像的垂直分辨率，列数称为图像的水平分辨率，矩阵中的元素是像素颜色分量的亮度值，通常它是一个 8 位至 12 位的二进制整数。

在计算机中存储的每一幅取样图像，除了像素数据之外，至少还必须给出如下一些关于该图像的描述信息（称为图像的参数或属性）：

① 图像大小，也称为图像分辨率，用水平分辨率×垂直分辨率表示。例如 400×300，800×600，1 024×768 等。日常所说的全高清图像（FHD）其分辨率为 1 920×1 080 左右，最新的超高清（UltraHD）显示器或 4K 电视，可显示分辨率为 3 840×2 160 的图像，像素数目是 FHD 的 4 倍。

② 位平面数目，即像素的颜色分量的数目。黑白或灰度图像只有一个位平面，彩色图像有 3 个或更多的位平面。

③ 像素深度，指每个像素用多少个二进位来表示，它是像素的所有颜色分量的二进位数目之和。像素深度决定了图像中可能出现的不同颜色（或不同亮度）的最大数目。例如单色图像，若其像素深度是 8 位，则不同亮度（灰度）等级的总数为 $2^8=256$。又如 R、G、B 三基色组成的彩色图像，若 3 个分量中的像素位数都是 8 位，则该图像的像素深度为 24，图像中不同颜色的数目最多为 $2^{8+8+8}=2^{24}$，约 1 600 多万种，这称为真彩色图像。

④ 颜色空间类型，指彩色图像所使用的颜色描述方法，也叫颜色模型。通常，显示器使用的是 RGB（红、绿、蓝）模型，彩色打印机使用的是 CMYK（青、品红、黄、黑）模型，图像编辑软件使用 HSB（色彩、饱和度、亮度）模型。从理论上讲，这些颜色模型都可以相互转换。

2. 图像的压缩编码

一幅图像的数据量可按下面的公式以字节为单位进行计算：

图像数据量＝图像水平分辨率×图像垂直分辨率×像素深度/8

表 6－1 列出了若干不同参数的取样图像在压缩前的数据量。从表中可以看出，即使是单幅数字图像，其数据量也很大。

表 6－1　常用格式图像的压缩前数据量

图像大小 \ 颜色数目	8 位色	16 位色	24 位色
640×480	300 KB	600 KB	900 KB
1024×768	768 KB	1.5 MB	2.25 MB
1280×1024	1.25 MB	2.5 MB	3.75 MB

为了节省存储数字图像时所需要的存储器容量，降低存储成本，也为了提高图像在互联网应用中的传输速度，尽可能地压缩图像的数据量是非常有必要的。以使用 3G 手机拍照为例，假设数据传输速率为 3 Mb/s，则理想情况下，传输一幅分辨率为 1 280×1 024 的真彩色（1 600 万种颜色）未经压缩的照片大约需要 10 s，如果图像的数据量压缩 10 倍（数据压缩比为 10∶1），那么传输时间仅需 1s 左右。

由于数字图像中的数据相关性很强，或者说，数据的冗余度很大，因此，对数字图像进行大幅度数据压缩是完全有可能的。再加上人眼的视觉有一定的局限性，即使压缩后的图像有一些失真，只要限制在人眼无法察觉的误差范围之内，也是允许的。

数据压缩可分成两种类型，一种是无损压缩，另一种是有损压缩。无损压缩是指使用压缩以后的数据还原图像（也称为解压缩）时，重建的图像与原始图像完全相同，没有一点误差。例如行程长度编码（RLE）、哈夫曼（Huffman）编码等。有损压缩是指使用压缩后的图像数据进行还原时，重建的图像与原始图像虽有一些误差，但不影响人们对图像含义的正确理解和使用。

图像压缩的方法很多，不同方法适用于不同的应用。为了得到较高的数据压缩比，数字图像的压缩一般都采用有损压缩，如变换编码、矢量编码等。评价一种压缩编码方法的优劣主要看三个方面：压缩比（压缩倍数）的大小、重建图像的质量（有损压缩时）及压缩算法的复杂程度。

为了便于在不同的系统中交换图像数据，人们对计算机中使用的图像压缩编码方法制订了一些国际标准和工业标准。ISO 和 IEC 两个国际机构联合组成了一个 JPEG 专家组，负责制定了一个静止图像数据压缩编码的国际标准，称为 JPEG 标准。JPEG 特别适合处理各种连续色调的彩色或灰度图像，算法复杂度适中，既可用硬件实现，也可用软件实现，目前已在计算机和数码相机中得到广泛应用。

3. 常用图像文件格式

图像是一种普遍使用的数字媒体，有着广泛的应用。多年来不同公司开发了许多图像处理软件，因而出现了多种不同的图像文件格式。目前互联网和 PC 机常用的几种图像文件的格式如 BMP、TIF、GIF、JPEG、PNG。

BMP 是微软公司在 Windows 操作系统下使用的一种标准图像文件格式，每个文件存放一幅图像，通常不进行数据压缩（也可以使用行程长度编码 RLE 进行无损压缩）。它是一种通用的图像文件格式，几乎所有的图像处理软件都能支持 BMP 文件。

TIF（或 TIFF）图像文件格式大多使用于扫描仪和桌面出版，能支持多种压缩方法和多种不同类型的图像，有许多应用软件支持这种文件格式。

GIF 是目前互联网上广泛使用的一种图像文件格式，它的颜色数目不超过 256 色，文件特别小，适合互联网传输。由于颜色数目有限，GIF 适用于在色彩要求不高的应用场合作为插图、剪贴画等使用。GIF 格式能够支持透明背景，具有在屏幕上渐进显示的功能。尤为突出的是，它可以将多张图像保存在同一个文件中，显示时按预先规定的时间间隔逐一进行显示，产生动画的效果，因而在网页制作中大量使用。

PNG 是 20 世纪 90 年代中期由 W3C 开发的一种图像文件格式，它既保留了 GIF 文件的特性，又增加了许多 GIF 文件格式所没有的功能，例如支持每个像素为 48 比特的真彩色图像，支持每个像素为 16 比特的灰度图像，可为灰度图像和真彩色图像添加 α 通道等。PNG 图像文件格式主要在互联网上使用。

三、数字图像处理的应用

数字图像处理在通信、遥感、电视、出版、广告、工业生产、医疗诊断、电子商务等领域得到了广泛的应用，例如：

① 图像通信。包括传真、可视电话、视频会议等。

② 遥感。无论是航空遥感还是卫星遥感，都需要使用图像处理技术对图像进行加工处理并提取有用的信息。遥感图像处理可用于矿藏勘探和森林、水利、海洋、农业等资源的调查，自然灾害预测预报，环境污染监测，气象卫星云图处理以及用于军事目的的地面目标识别。

③ 医疗诊断。如通过 X 射线、超声、计算机断层摄影(即 CT)、核磁共振等进行成像，结合图像处理与分析技术，进行疾病的诊断与手术治疗(如图 6-3)。

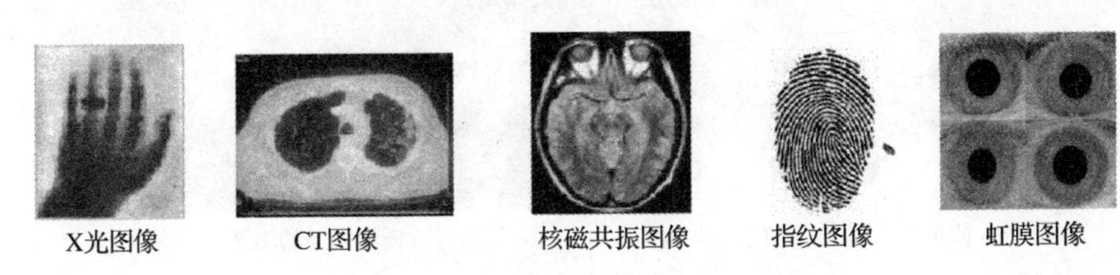

图 6-3　医学图像与生物特征图像

④ 工业生产中的应用。如产品质量检测、生产过程的自动监控等。

⑤ 机器人视觉。通过实时图像处理，对三维景物进行识别，用于自动驾驶、军事侦察、危险环境作业、自动生产流水线等。

⑥ 军事、公安、档案管理等方面的应用。如军事目标的侦察、制导和警戒，武器的控制，指纹、手迹、印章、人像等的辨识，古迹和图片档案的修复与管理等。

四、计算机图形

1. 景物的计算机表示

与前面介绍的从实际景物获取其数字图像的方法不同，人们也可以使用计算机来绘图。即使用计算机描述景物的结构、形状与外貌，然后根据其描述和用户的观察位置及光线情况，生成该景物的图像。景物在计算机内的描述即为该景物的模型(model)，使用计算机进行景物描述的过程称为景物的建模(Modeling)；计算机根据景物的模型生成其图像的过程称为“绘制”(Rendering)，也叫作图像合成(ImageSynthesis)，所产生的数字图像称为计算机合成图像(即计算机图形)。研究如何使用计算机描述景物并生成其图像的原理、方法与技术称为“计算机图形学”(ComputerGraphics，简称 CG)。图 6-4 给出了计算机绘图的简单过程。

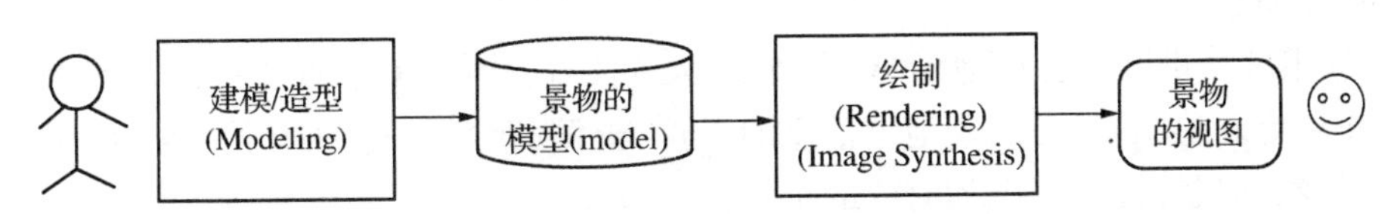

图 6-4　景物的建模与图像的合成

在计算机中为景物建模的方法有多种，它与景物的类型有密切关系。以普通工业产品(如电视机、电话机、汽车、飞机等)为例，它们可使用各种几何元素(如点、线、面、体等)及表面材料的性质等进行描述，所建立的模型称为“几何模型”，这在工业产品的计算机辅助设计/制造(CAD/CAM)中有着重要的应用(如图 6-5(a))。

现实世界中，有许多景物是很难使用几何模型来描述的，例如树木、花草、烟火、毛发、山脉等。对于这些景物，需要找出它们的生成规律，并使用相应的算法来描述其规律，这种模型称为过程模型或算法模型。图 6－5(b)是使用过程模型所描述和绘制的山脉与云彩。

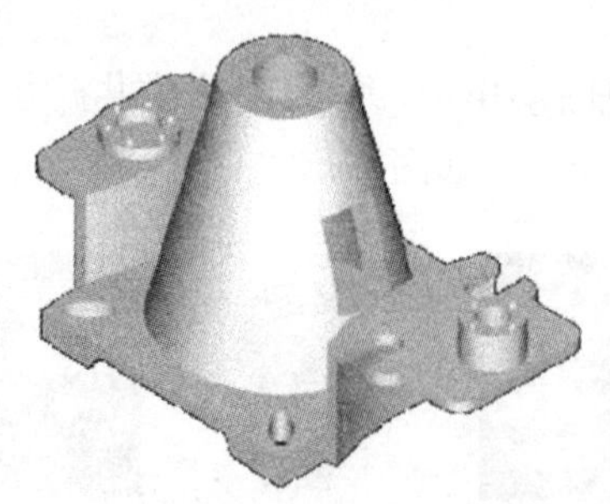

(a) 使用几何模型描述的机械零件

(b) 使用过程模型描述的山脉与云彩

图 6－5　使用几何模型和过程模型描述和绘制的景物

2. 计算机图形的绘制

在计算机中建立了景物的模型之后，根据该模型在显示屏幕上生成用户可见的具有真实感的该景物图像的过程，称为图像绘制或图像合成。图像绘制的过程很复杂，需要进行大量的计算，它是由软件和硬件(显示卡)协同完成的。

3. 计算机图形的应用

使用计算机绘制图形，是发明摄影技术和电影与电视技术之后最重要的一种制作图像的方法。使用计算机绘制图形的主要优点有：计算机不但能生成实际存在的具体景物的图像，还能生成假想或抽象景物的图像，如科幻片中的怪兽，工程师构思中的新产品外形与结构等；计算机不仅能生成静止图像，而且还能生成各种运动、变化的动态图像。在绘制图形的过程中，人们可以与计算机进行交互，参与图像的生成。正因为这些原因，计算机绘制图形有着广泛的应用领域。例如：

① 计算机辅助设计和辅助制造(CAD/CAM)。如在电子 CAD 中，计算机可用来设计和绘制逻辑图、电路图、集成电路掩模图、印制板布线图等；又如在机械 CAD 中，用数学模型精确地描述机械零件的三维形状，既可用于显示/绘制零部件的图形或进行三维打印输出，又可提供加工工艺数据，还能分析其应力分布、运动特性等，大大缩短了产品开发周期，提高了产品质量。

② 利用计算机制作各种地形图、交通图、天气图、海洋图、石油开采图等。既可方便、快捷地制作和更新地图，又可用于地理信息的管理、查询和分析，这为城市管理、国土规划、石油勘探、气象预报等提供了极为有效的工具。

③ 作战指挥和军事训练。利用计算机通信和图形显示设备直接传输战场态势的变化和下达作战部署，在陆、海、空军的战役战术对抗训练乃至实战中可发挥很大作用。

④ 计算机动画和计算机艺术。动画制作中无论是人物形象的造型、背景设计，还是中间画的制作，均可由计算机来完成。计算机还可辅助人们进行美术和书法创作，这已经大量应用于工艺美术、装潢设计及电视广告制作等行业。

除此之外，计算机图形在电子游戏、出版、数据处理、辅助教学等许多方面也有着广泛的应用。

6.1.2　数字音频处理

扫一扫可见微课
“数字音频的获取”

一、音频信号的数字化

声音由振动而产生，通过空气等介质进行传播。声音是一种波，它由许多不同频率的谐波组成。多媒体技术处理的声音主要是人耳可听见的音频信号，其频率范围为 20 Hz—20 kHz，称为全频带音频。人的说话声音频带较窄，仅为 300—3 400 Hz，称为言语(speech)，也称为话音或语音。

音频是模拟信号。为了使用计算机进行处理，必须将它转换成二进制编码表示的形式，这个过程称为音频信号的数字化。音频信号数字化的过程如图 6－6 所示。

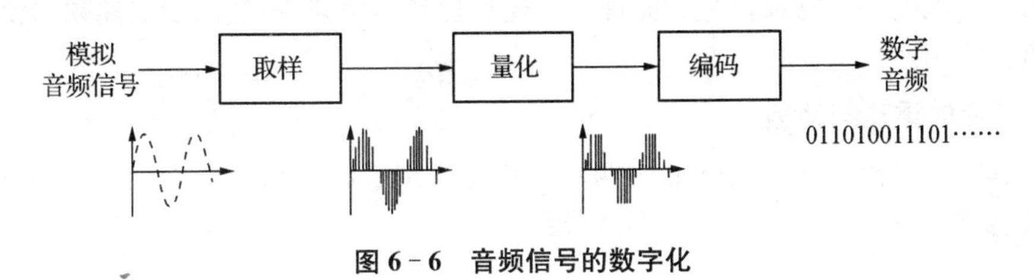

图 6－6　音频信号的数字化

1. 取样

把时间上连续的音频信号离散成为不连续的一系列的样本。为了不产生失真，按照取样定理，取样频率不应低于音频信号最高频率的两倍。因此，语音的取样频率一般为 8 kHz，全频带音频的取样频率应在 40 kHz 以上。

2. 量化

取样得到的每个样本一般使用 8 位、12 位或 16 位二进制整数表示(称为“量化精度”)。量化精度越高，声音的保真度越好；量化精度越低，声音的保真度越差。

3. 编码

经过取样和量化得到的数据，还必须进行数据压缩，以减少数据量，并按某种格式将数据进行组织，以便于计算机进行存储、处理和传输。

过去，音频信号的记录、回放、传输、编辑等一直是以模拟信号的形式进行的。随着数字技术的发展，把模拟声音信号转换成数字形式进行处理已经成为主流技术。这种做法有许多优点，例如，以数字形式存储的音频在复制和重放时没有失真；数字音频的可编辑性强，易于进行特效处理；数字音频能进行数据压缩，传输时抗干扰能力强；数字音频容易与文字、图像等其他媒体相互结合(集成)组成多媒体；等等。

二、数字音频的获取设备

数字音频获取设备包括麦克风(话筒)和声卡。麦克风的作用是将声波转换为电信号，然后由声卡进行数字化。声卡既负责音频信号的获取，也负责音频信号的重建，它控制并完成声音的输入与输出。主要功能包括音频信号的获取与数字化、音频信号的重建与播放、MIDI 声音的输入、MIDI 声音的合成与播放等。

数字音频的获取过程就是把模拟的音频信号转换为数字形式。声源可以是麦克风(话筒)输入，也可以是线路输入(声音来自音响设备或 CD 唱机的输出)。声卡不仅能获取单声道声音，而且还能获取双声道的声音(立体声)。

随着PC主板技术的发展以及CPU性能的提高，同时也为了降低整机成本，缩小机器体积，现在大多数中低档声卡几乎都已经集成在主板上。平时人们所说的“声卡”，指的多半就是这种“集成声卡”，只有少数专业用的高档声卡才做成独立的插卡形式。

集成声卡有软声卡和硬声卡之分。软声卡只有一个CODEC芯片(负责取样、量化、重建、滤波等处理)，I/O控制器部分集成在主板上的南桥芯片中，DSP的功能需由CPU协助完成；而硬声卡除CODEC芯片之外主板上还有1块音频主处理芯片，很多音效处理任务无需CPU参与就可独立完成，因而减轻了CPU的负担。

除了利用声卡进行在线(on line)数字音频获取之外，也可以使用数码录音笔进行离线(off line)数字音频获取，然后再通过USB接口直接将已经数字化的数字音频数据从数码录音笔送入计算机中。数码录音笔的原理与上述过程基本相同，不过由于取样频率较低，仅适合录制语音使用。

三、声音的重建与播放

计算机输出声音的过程通常分为两步。首先要把音频从数字形式转换成模拟信号形式，这个过程称为声音的重建，然后再将模拟音频信号经过处理和放大送到扬声器发出声音。

声音的重建是音频信号数字化的逆过程，它也分为三个步骤。先进行解码，把压缩编码后的数字音频恢复为压缩编码前的状态(由软件和DSP芯片协同完成)；然后进行数模转换，把音频样本从数字量转换为模拟量；最后进行插值处理，通过插值，把时间上离散的音频信号转换成在时间上连续的模拟音频信号(如图6-7)。声音的重建也是由声卡完成的。

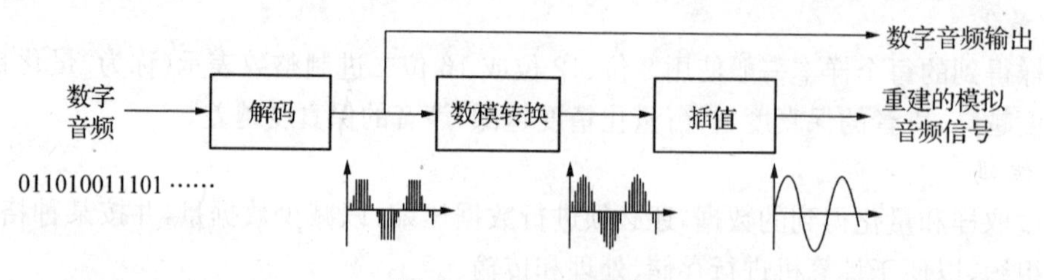

图6-7　声音的重建

声卡输出的波形信号需送到音箱(喇叭)去播放。音箱有普通音箱和数字音箱之分，普通音箱接收的是重建的模拟音频信号，数字音箱则可直接接收数字音频信号，由音箱自己完成声音重建，这样可以避免模拟音频信号在传输中发生畸变和受到干扰，声音的质量更有保证。

四、数字音频的主要参数

数字音频是一种使用二进制表示的按时间先后组织的串行比特流(bitstream)。为了便于在不同系统之间进行交换，它必须按照一定的标准或规范进行编码。数字音频的主要参数包括取样频率、量化位数、声道数目、使用的压缩编码方法以及比特率(bitrate)。比特率也称为码率，它指的是每秒钟的数据量。数字音频未压缩前，码率的计算公式为：

数字音频的码率=取样频率×量化位数×声道数(单位：bits/s)

压缩编码以后的码率则为压缩前的码率除以压缩倍数(压缩比)。

五、数字音频的文件类型及其应用

数字音频的数据量很大。可以算出,1 小时电话声音的数据量接近 30 MB,1 小时 CD 质量的立体声高保真的数字音乐的数据量大约是 635 MB。为了降低存储成本和提高在网络上的传输效率,必须对数字音频进行压缩。

根据不同的应用需求,数字音频采用的编码方法有多种,文件格式也各不相同。其中,WAV 是未经压缩的数字音频,音质与 CD 相当,但对存储空间需求太大,不便于交流和传播。FLAC、APE 和 M4A 采用无损压缩方法,数据量比 WAV 文件大约可减少一半,而音质仍保持相同。MP3 是互联网上最流行的数字音乐格式,它采用国际标准化组织提出的 MPEG-1 层 3 算法进行有损的压缩编码,以 8—12 倍的比率大幅度降低了数字音频的数据量,缩短了网络传输的时间,也使一张普通 CD 光盘可以存储大约 100 首 MP3 歌曲。WMA 是微软公司开发的数字音频文件格式,采用有损压缩方法,压缩比高于 MP3,质量大体相当,它在文件中增加了数字版权保护的措施,防止未经授权进行下载和拷贝。

语音也是音频的一种,由于其频率范围远不如全频带音频,所以取样频率较低、数据量较小。为了能在固定(或移动)电话网和互联网上有效地进行传输,对数字语音也需要进行压缩编码。固定电话通信中使用 PCM 编码(称为脉冲编码调制,码率为 64 kb/s)和 ADPCM 编码(自适应差分脉冲编码调制,码率为 32 kb/s),移动电话通信中采用了更有效的方法,能使压缩后语音的码率控制在 16 kb/s 以下。

为了在互联网环境下开发数字音(视)频的实时应用,例如通过互联网进行在线音(视)频广播、点播等,音(视)频服务器和互联网必须以高于音(视)频码率的速度向用户提供和传输数据,达到用户可以边下载边收听(看)的效果。这一方面要压缩数字音(视)频的数据量,另一方面还要合理组织音(视)频数据,让它们能像流水一样源源不断地进行传输(流式传输),实现上述要求的媒体分发技术就称为"流媒体"。目前流行的流媒体技术有 Real Networks 公司的 Real Media(Real Audio 和 Real Video)、微软公司的 Windows Media Services(WMA、WMV 和 ASF)和苹果公司的 Quick Time 等。

六、数字音频的编辑与播放

在制作多媒体文档(如产品演示、PPT 讲稿等)时,人们越来越多地需要自己录制和编辑数字音频。目前使用的数字音频编辑软件有多种,它们能够方便直观地对数字音频(如 wav 文件)进行各种编辑处理。

以 Windows 附件中娱乐类的"录音机"程序为例,它是一个非常简单的数字音频编辑器,具有如下功能:

① 录制音频。将用户通过麦克风输入的模拟音频信号进行数字化,并以. wav 文件的格式保存在磁盘中。

② 编辑音频。如音频的剪辑(删除、移动或复制一段音频,插入一段音频等)、音量的调节(加大或降低音量)、音频的加速或减速、更改音频的质量等。

③ 声音的效果处理。如添加混响和回声效果等。

④ 格式转换。将不同取样频率和量化位数的数字音频进行转换,将 WAV 格式转换为 MP3 或 WMA 等格式。

⑤ 播放音频。只能播放.wav 格式的音频文件，其他格式不能播放。

Windows 操作系统中还捆绑了一个应用软件，称为 Windows 媒体播放器（Windows Media Player，简称 WMP），它是一个通用的数字媒体软件播放器，可以播放音（视）频文件，也可用来显示图片。该软件可以播放的音频文件格式包括 MP3、WMA、WAV、MIDI 等，也可播放 CD 和 DVD 光盘。不仅如此，它还具有管理功能，支持播放列表，支持从 CD 光盘上抓取音轨复制到硬盘，支持刻录 CD 光盘，支持与便携式音乐设备（如 MP3 播放器）进行同步，还能连接 WindowsMedia.com 网站，提供在线服务。

七、计算机合成音频

与计算机能合成（绘制）图像一样，计算机也能合成音频。计算机合成音频有两类：一类是计算机合成的语音，另一类是计算机合成的音乐。

通俗地说，计算机合成语音就是让计算机说话，例如模仿人把一段文字朗读出来，这个过程称为文语转换（TTS）或文本朗读。

计算机合成语音有多方面的应用。例如在股票交易、航班查询和电话报税等业务中，用户利用电话进行信息查询，计算机从数据库中检索得到结果后以准确、清晰的语音为用户提供查询结果。再如有声 E-mail 服务，它以手机、平板电脑作为 E-mail 的接收终端，借助文语转换技术将邮件内容转换为声音，便于用户在运动状态能收听 E-mail 的内容。此外，文语转换在文稿校对、语言学习、语音秘书、自动报警、残疾人服务等方面都能发挥很好的作用。

计算机合成音乐是指计算机自动演奏乐曲。日常生活中音乐是人们使用乐器按照乐谱演奏出来的，所以计算机生成音乐需要具备三个要素：乐器、乐谱和“演奏员”。

乐谱在计算机中既不用简谱，也不用五线谱表示，而是使用一种叫做 MIDI 的音乐描述语言来表示。MIDI 是乐谱的二进制编码表示方法，使用 MIDI 描述的音乐被称为 MIDI 音乐。一首乐曲对应一个 MIDI 文件，其文件扩展名为.mid 或.midi。

6.1.3 数字视频处理

一、数字视频基础

数字视频是以固定的速率顺序显示的一个数字位图（bitmap）序列。视频中的每一幅图像称为 1 帧（frame），每秒钟显示多少帧图像称为帧速率或帧频（frame rate），单位是 fps（frames per second）。电视是最重要的一种视频，我国电视采用 PAL 制式，帧频为 25 fps。

除了帧频之外，数字视频还有 2 个重要的参数：帧大小和帧的颜色深度。帧大小指的是每帧图像的分辨率，即图像宽度×图像高度（单位：像素）；颜色深度即像素深度，指的是图像中每个像素的二进位数目（单位：比特，bit）。有了这几个参数后，可以推算出数字视频的其他一些性质。

例如，持续时间为 1 小时的一段数字视频，假设帧大小是 640×480，像素深度为 24 位，帧速率为 25 fps，则该数字视频具有下列性质：

① 每帧的像素数目＝640×480＝307200 像素

② 每帧的二进位数目＝307200×24＝7372800＝7.37 Mb

③ 视频流的比特率（bit rate，BR）＝7.37×25＝184.25 Mb/s

④ 视频流的大小（video size，VS）＝184 Mbits/s×3600 s＝662400 Mb＝82800 MB＝82.8 GB

视频行业通常按照数字视频画面分辨率的高低，将视频分为标准清晰度(Standard Definition，每帧画面 720×480)、高清晰度(High Definition，1280×720)、全高清(FullHigh Definition，1920×1080)、超高清(UltraHigh Definition，3460×2160)等几种。

数字视频的获取设备主要是数字摄像头和数码相机/摄像机，可以在线获取，也可以离线获取。现在智能手机、平板电脑、笔记本电脑等已将数字摄像头作为其基本配置，台式电脑则通过 USB 接口外接摄像头进行视频获取。数字摄像头原理与数码相机相似，它直接将拍摄的数字图像输入到计算机；其分辨率通常为 640×480(30 万像素)或 800×600(50 万像素)，速度在每秒 30 帧左右，镜头的视角可达到 45°—60°甚至更宽。高清摄像头的分辨率可达几百万像素，能获取高清晰度数字视频。

数码相机和数字摄像机都是离线的数字视频获取设备，两者原理相似，后者具有更多的功能和更好的性能。所拍摄的视频图像及记录的伴音使用 MPEG 进行压缩编码，记录在硬盘或存储卡中，需要时再通过 USB 或 IEEE1394 接口输入计算机进行处理。

二、数字视频的压缩编码和文件格式

数字视频的数据量大得惊人。1 分钟的标准清晰度(分辨率 720×480)数字视频其数据量超过 1 G 字节。这样大的数据量，无论是存储、传输，还是处理，都有很大的困难。解决这个问题的出路就是对数字视频信息进行数据压缩。

由于视频信息中画面内部有很强的信息相关性，相邻画面的内容又高度连贯，再加上人眼的视觉特性，所以数字视频的数据量可压缩几十倍甚至几百倍。视频信息压缩编码的方法很多。

存储和传输视频文件(也称为音像文件或影音文件)所使用的文件格式有很多种。例如，国际标准 MPEG 格式(“. dat”、“. mpg”、“. mpeg”、“. mp4”、“. vob”、“. 3gp”、“. 3g2”等)，微软公司的 AVI(. avi)和 ASF(. asf)格式(后者适合流媒体应用)，苹果公司的 QuickTime 格式(. mov 和. qt)，RealNetwork 公司的 RM(. rm)和 RMVB(. rmvb)格式(. RMVB 格式是. RM 的扩充，它采用 H. 264/MPEG4AVC 算法，增加了可变码率编码的功能，性能优异)，Adobe 公司的 FLV (. flv)和 F4V(. f4v)格式等。其中“. asf”、“. wmv”、“. mov”、“. rm”、“. rmvb”、“. flv”和“. f4v”等均支持流式传输，能很好地在互联网上进行音/视频流的实时传输和实时播放，得到了广泛的应用。

三、数字视频的编辑

数字视频的编辑处理，通常是在称之为非线性编辑器的软件支持下进行的。编辑时把电视节目素材存入计算机硬盘中，然后根据需要对不同长短、不同顺序的素材进行剪辑，同时配上字幕、特技和各种动画，再进行配音、配乐，最终制作成所需要的视频节目。Adobe 公司的 Premiere Pro 就是 Mac 和 PC 平台上流行的一种数字视频编辑软件。

在 Windows 操作系统中有一个简单的视频编辑软件——Windows Movie Maker。使用该软件可以通过摄像机、数字摄像头或其他视频源将音频和视频捕获到计算机中，也可以打开硬盘中已有的音频、视频或静止图片，然后在 Windows Movie Maker 中完成对音频与视频内容的编辑(包括添加片头、使用视频过渡或特技效果等)，最后就可以将制作的视频保存到硬盘中，或者通过 CD 或 DVD 刻录机保存在光盘上，供媒体播放器进行播放。

四、数字视频的应用

1. VCD与DVD

CD是小型光盘的英文缩写，最早应用于数字音响领域，代表产品就是CD唱片。每张CD唱片的存储容量是650 MB左右，可存放1小时的立体声高保真音乐。怎样在CD光盘上存储数据量大得多的数字视频呢？MPEG－1标准的出现解决了这一问题。

1994年，由JVC、Philips等公司联合定义了一种在CD光盘上存储数字视频（及其伴音）的规范——Video CD(简称VCD)。该规范规定了将音频/视频数据进行MPEG－1压缩编码并记录在CD光盘上的文件系统的标准，使一张普通的CD光盘可记录约60分钟的音视频数据，图像质量达到家用录放像机（每帧352×240的低分辨率图像）的水平，可播放立体声。VCD播放机体积小，价格便宜，20世纪90年代曾经受到广大用户的欢迎。

CD的进一步发展是DVD(即数字多用途光盘)，它有多种规格，用途非常广泛。其中的DVD－Video(即日常所说的DVD)就是一种类似于Video CD的家用影碟，它与VCD相比存储容量要大得多。VCD光盘的容量为650 MB，仅能存放约1小时分辨率为352×240的视频图像，而单面单层DVD容量为4.7 GB，它能存放约2小时的标准清晰度(720×576)的整部电影。DVD采用MPEG－2标准压缩视频图像，画面品质比VCD有了明显提高。

DVD－Video可以提供32种文字或卡拉OK字幕，最多可录放8种语言的声音。它还具有多结局（欣赏多种不同的故事情节发展）、多角度（从九个角度选择观看图像）、变焦(zoom)和家长锁定控制（切去儿童不宜观看的画面）等功能。DVD－Video的伴音可支持5.1声道（左、右、中、左环绕、右环绕和超重低音，简称为5.1声道），足以实现三维环绕立体音响效果。

2. 可视电话与视频会议

顾名思义，可视电话就是在打电话的同时还可以互相看见对方的图像。视频会议则是通过电信网或计算机网实时传送声音和图像，使分散在两个或多个地点的用户就地参加会议。智能手机上的微信软件和iPad/iPhone的FaceTime软件就能用来打可视电话，其视频编码采用的是MPEG－4 AVC(H.264)标准。

参加视频会议的成员，可以面对摄像机和麦克风发表意见，将声音和图像传送给与会的其他成员，需要时还可以出示实物、图纸和文件，或者通过使用电脑上的“电子白板”写字画图，使参加会议的成员感到大家正在进行“面对面”的商谈，其效果大体上可以代替现场举行的会议。视频会议可以节省大量的差旅费用，在办公自动化、紧急救援、现场指挥调度、远程教学等许多方面能发挥很好的作用，有较好的发展前景。

直接使用电信局的公用电信网举行视频会议，质量好，但费用也比较高。而利用互联网进行可视电话和视频会议具有使用方便、成本较低的优点。例如，微软公司的MSN Messenger、腾讯公司的QQ等即时通信软件都具有音频、视频通信的功能，用户可以通过网络与他人进行笔谈，还可以打可视电话，甚至可以在网上召开视频会议，用电子白板交流图形或文本信息，用文件传输功能向其他会议成员发送文件等。

3. 数字电视、IPTV与视频点播

数字电视是传统电视技术与数字技术相结合的产物，它将电视信号进行数字化，然后以数字形式进行编辑、制作、传输、接收和播放。数字电视与模拟电视相比有很多优点。例如，复制和传输时不会引起信号质量下降，容易进行编辑修改，有利于传输（抗干扰能力强，易于加密），节省频率资源等。随着计算机和数字通信的发展，现在电视（电影）技术从摄像、编辑制作、节目传输到接收播放已全面实现了数字化。

数字电视（视频）的传播途径是多种多样的，特别是互联网性能的提高，已经使其成为数字电视传播的一种新途径（即所谓的 IPTV）。近几年出现了越来越多的视频网站（如 CNTV、土豆网、优酷网、爱奇艺等）并受到了广大用户的欢迎。数字视频接收设备目前大体有两类：一类是传统模拟电视机外加一个机顶盒（有线电视机顶盒或者 IPTV 机顶盒），另一类是连接互联网的 PC 机或平板电脑、手机等手持数码终端设备，它们借助视频（媒体）播放器软件或视频网站的客户端软件就可以收看视频节目。

数字电视除了具有频道利用率高、图像清晰度好等优点之外，它还可以开展多种交互式数据业务，包括电视购物、电视银行、电视商务、电视游戏、点播电视等。其中，点播电视（VOD）意即用户可以根据自己的需要选择观看电视节目，它从根本上改变了用户只能被动收看电视的状况。实际上，点播电视也是基于客户/服务器（C/S）模式的一种网络服务。首先电视台（或视频网站）需要把电视（电影）节目数字化并保存在视频服务器中，用户点播时再以实时数据流的形式进行传输。节目的传输必须以稳定的速率进行，以保证节目平滑地播放。任何由于网络拥塞、CPU 争用或磁盘的 I/O 瓶颈等产生的系统或网络的拥塞，都会导致视频传送的停滞，影响用户的收看质量。因此，大型视频点播系统在技术上是相当复杂的。

图 6－8 是视频点播系统的示意图，它的工作过程如下：用户在客户端发出播放请求，通过网络传送给分配服务器，经身份验证后，系统把视频服务器中可访问的节目单发送给用户浏览，用户选择某个节目后，视频服务器读出该节目的内容，并传送到客户端进行播放。现在不少中心城市的数字有线电视推出的互动机顶盒，就能很好地提供 VOD 功能。

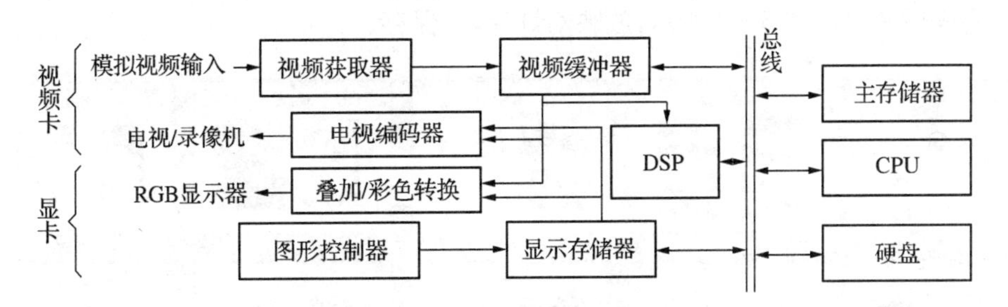

图 6－8 VOD 系统的组成

校园内的 VOD 系统可应用于网络教学，系统可采用 RealNetworks 公司的 RealSystem 之类的软件作为视频服务器的控制软件，它提供开放式的流媒体服务，包括 MPEG－1、MPEG－2 多种音频视频格式的节目都能播放。系统不仅能提供课件的点播服务，还可以借助视频捕获卡通过校园网进行视频直播。

任务 6.2 创建演示文稿

PowerPoint 2010 是微软公司开发的一款专门用于制作和演示多媒体幻灯片的软件。与以往版本相比，PowerPoint 2010 具有新颖而崭新的外观，重新设置了用户界面，从而使创建、演示和共享文稿成为更方便快捷的体验。

PowerPoint 2010 继承了 Windows 操作系统友好的图形用户界面,“所见即所得”的幻灯片编辑方式,让用户能够轻松、快捷地制作各式各样的演示文稿。

任务描述

技术人员接到任务,需要为一家文化传播公司制作一份介绍“唐宋八大家”的演示文稿。具体任务如下:

① 新建一个演示文稿,并保存为“走进唐宋八大家. pptx”。

② 制作标题幻灯片,分别输入标题“唐宋八大家”和副标题“中国文化史中的瑰宝”。设置标题:华文隶书,80 号,阴影,橙色、强调文字颜色 6、深色 25%,左对齐;副标题:华文隶书,32 号字,紫色、强调文字颜色 4、深色 50%,右对齐。在正副标题中间插入一根直线(形状样式为:中等线,强调颜色 3)。

③ 制作第 2 张幻灯片(新建幻灯片—仅标题),输入标题“唐宋八大家”(华文宋体,50 号字,加粗,阴影,水绿色、强调文字颜色 5、深色 50%),在下面空白处插入两组 SmartArt 图形—垂直图片重点列表(单击鼠标右键添加形状,每组增至 4 个),在文本区输入相应人物的姓名,图形区域插入人物的头像。

④ 制作第 3 张幻灯片。新建幻灯片,选择“标题和内容”。输入标题:韩愈(宋体、44 号、加粗),插入韩愈头像图片。插入文本框,并将人物介绍文件中的相关文本复制到文本框中(宋体、24 号)。

⑤ 依此制作第 4—10 张幻灯片,插入图片、文本等对象,设置属性,展示。

⑥ 设置幻灯片放映类型为“演讲者放映”,放映范围为“全部”。

⑦ 完成后效果如图 6 - 9 所示,放映幻灯片,并保存。

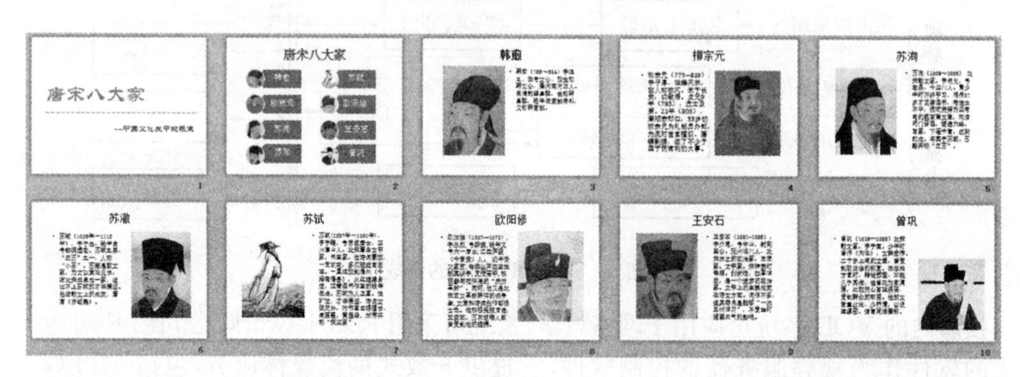

图 6 - 9

任务实现

扫一扫可见微课
“创建演示文稿”

6.2.1 新建演示文稿

① 单击“开始”按钮,依次选择“所有程序”→“Microsoft Office”→“Microsoft PowerPoint 2010”命令。

② 单击“文件”按钮，选择“新建”命令，如图 6－10 所示。

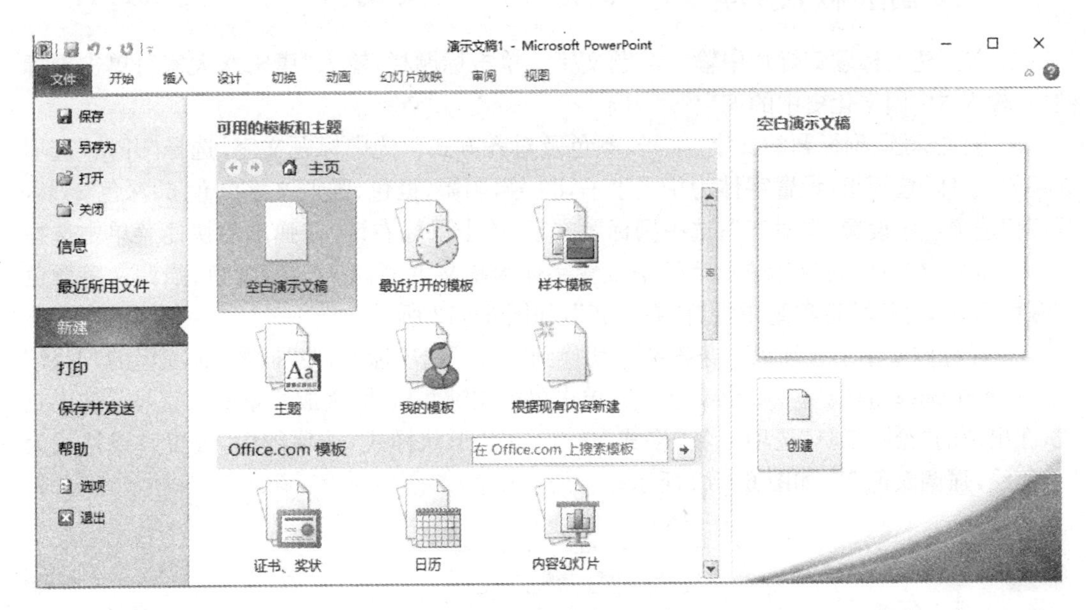

图 6－10　新建演示文稿

③ 选择“空白演示文稿”，并在右侧单击“创建”按钮，如图 6－11 所示，默认使用的是“标题幻灯片”版式。

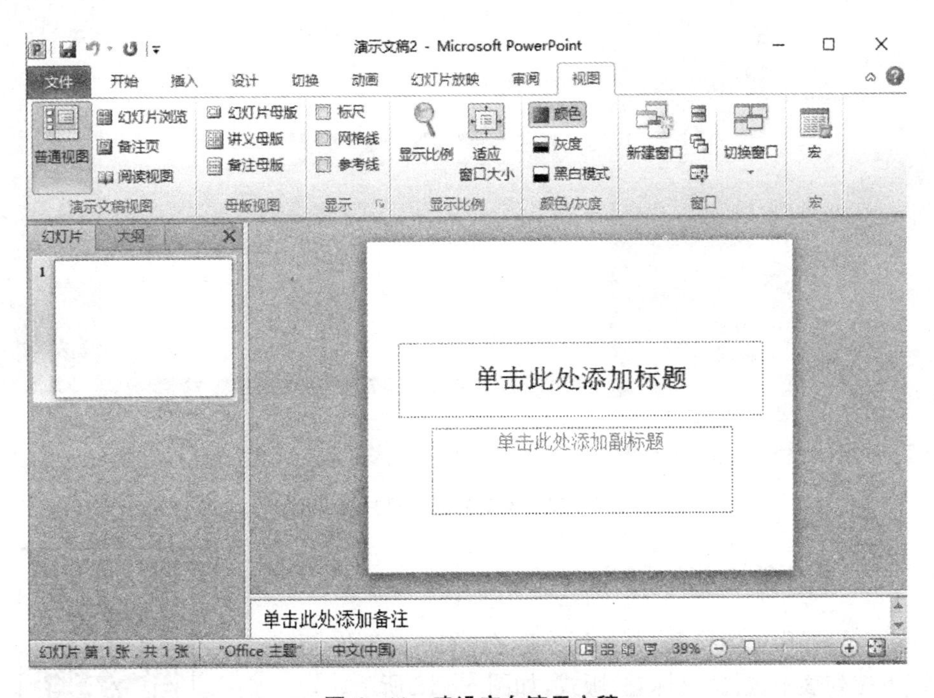

图 6－11　建设空白演示文稿

④ 单击“文件”按钮，选择“保存”命令，设置好保存路径与文件名称（文件名：走近唐宋八大家）及保存类型，单击“确定”结束。

6.2.2 制作标题幻灯片

① 在新建的标题幻灯片中输入标题文字。单击标题栏，输入“唐宋八大家”；单击副标题栏，输入 “中国文化史中的瑰宝”。

② 设置标题、副标题的文字、字号、颜色及对齐方式。选中标题文字，选择“开始”选项标签的“字体”选项组，设置字体为华文隶书，80 号，阴影，橙色、强调文字颜色 6、深色 25%，“段落”选项组中设置“左对齐”；选中副标题文字，单击鼠标右键，在弹出的快捷菜单中选择“字体”命令，在弹出的“字体”对话框中设置字体为华文隶书，32 号字，紫色、强调文字颜色 4、深色 50%，“段落”选项组中设置“右对齐”，如图 6－12 所示。

③ 在标题文字下方插入一条直线。切换到“插入”选项标签，在“插图”选项组的“形状”下拉列表中选择“直线”，在标题文字下方单击鼠标左键并拖动，生成样章所示直线。选中直线，在出现的“绘图工具”选项标签“格式”选项卡的“形状样式”选项组中，设置直线格式为“中等线，强调颜色 3”，如图 6－12 所示。

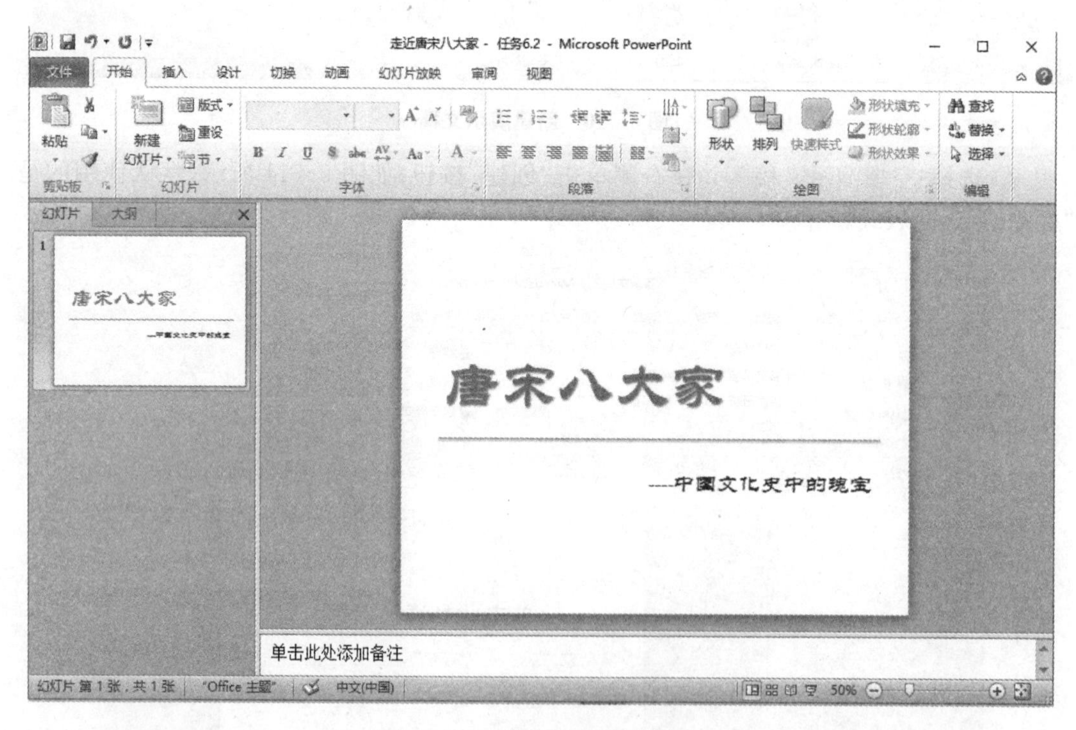

图 6－12　设置标题幻灯片样式

6.2.3 制作第 2 张幻灯片

① 新建幻灯片。切换到“开始”按钮，在“幻灯片”的“新建幻灯片”下拉列表中选择“仅标题”版式，如图 6－13 所示。

扫一扫可见微课
“创建 SmartArt 图形”

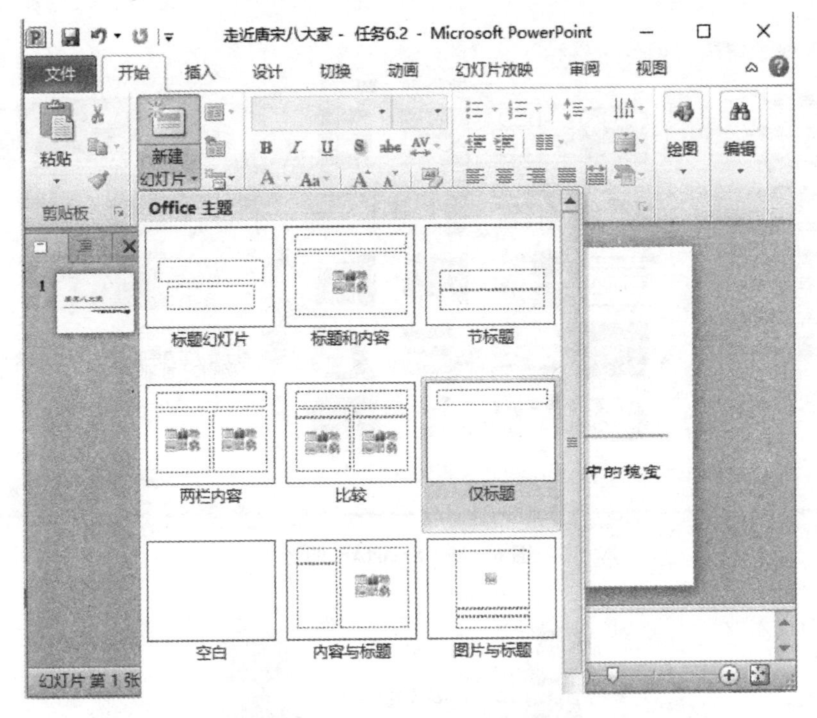

图6-13 新建“仅标题”幻灯片

② 输入并设置标题。在标题文本框中输入“唐宋八大家”，设置标题文字格式为华文宋体，50号字，加粗，阴影，水绿色、强调文字颜色5、深色50%。

③ 制作SmartArt图形。在标题下方制作SmartArt图形目录，效果如图6-14所示。切换到“插入”选项标签，在“插图”选项组中单击“SmartArt”按钮。在打开的“选择SmartArt图形”对话框中，选择“列表”选项卡中的“垂直图片重点列表”，如图6-15所示，单击“确定”按钮。将新增的SmartArt图形移到幻灯片左侧，右击新增的SmartArt图形，如图6-16所示，在弹出菜单中选择“添加形状”到4个，接下来同样操作，在幻灯片右侧增加一列SmartArt图形目录。

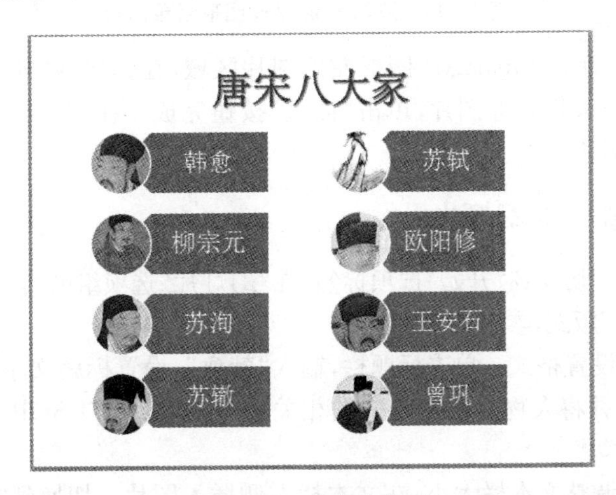

图6-14 目录幻灯片

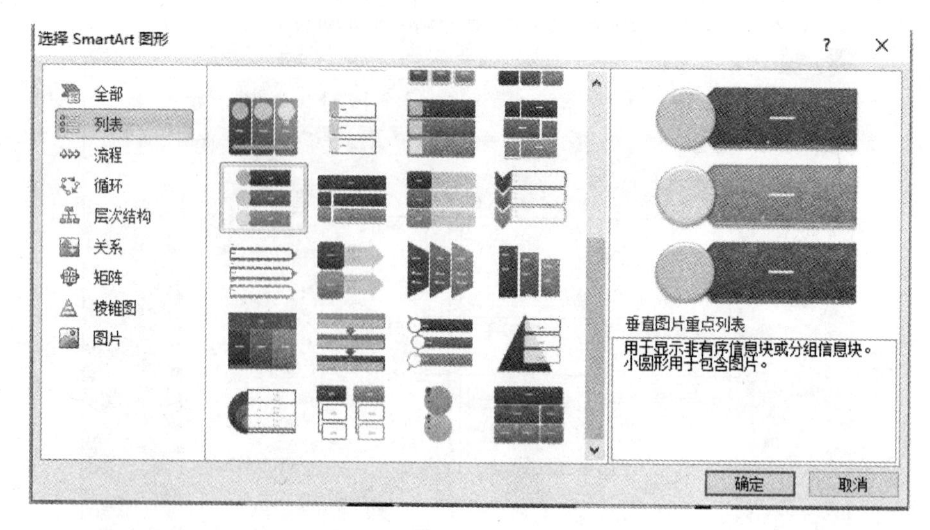

图 6－15　SmartArt 图形

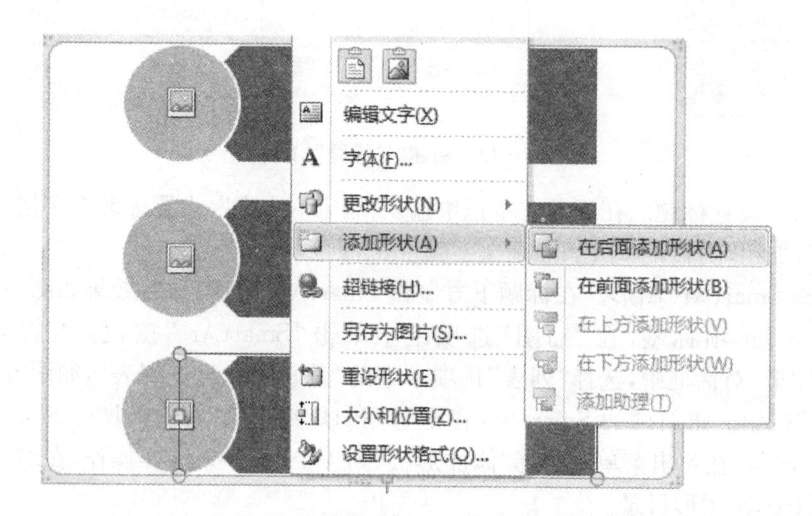

图 6－16　添加 SmartArt 图形目录形状

在出现的列表中单击 SmartArt 图形左侧图片区域，在弹出的“插入图片”对话框中选择素材中提供的对应人物头像图片，单击“插入”按钮完成。在 SmartArt 图形右侧文本区域输入对应的人物名称。

6.2.4　制作第 3 张幻灯片

① 新建幻灯片。切换到“开始”选项标签，在“幻灯片”选项组的“新建幻灯片”下拉列表中选择“标题和内容”版式，参考图 6－13。

② 输入文字并设置格式。单击标题栏，输入“韩愈”，设置标题文本格式为宋体、44 号、加粗。插入文本框，并将人物介绍文件中的相关文本复制到文本框中，设置文本格式为宋体、24 号。

③ 插入图片。调整文本栏大小，在文本栏左侧插入图片。切换到“插入”选项标签，单击“图像”选中组中的“图片”按钮，在弹出的“插入图片”对话框中选择“韩愈.jpg”，单击“插

入”按钮，调整图片的大小和位置，如图 6－17 所示。

图 6－17　第三张幻灯片效果

6.2.5　依此制作第 4—10 张幻灯片

重复上一步骤中操作方法，分别制作其余 7 张幻灯片。其中所有文字内容在“素材”文件夹中的“人物信息. txt”中，图片在“素材”文件中的“人物头像”文件夹中。所有标题文本格式为宋体、44 号、加粗，人物介绍文本格式为宋体、24 号。效果如图 6－18 所示。

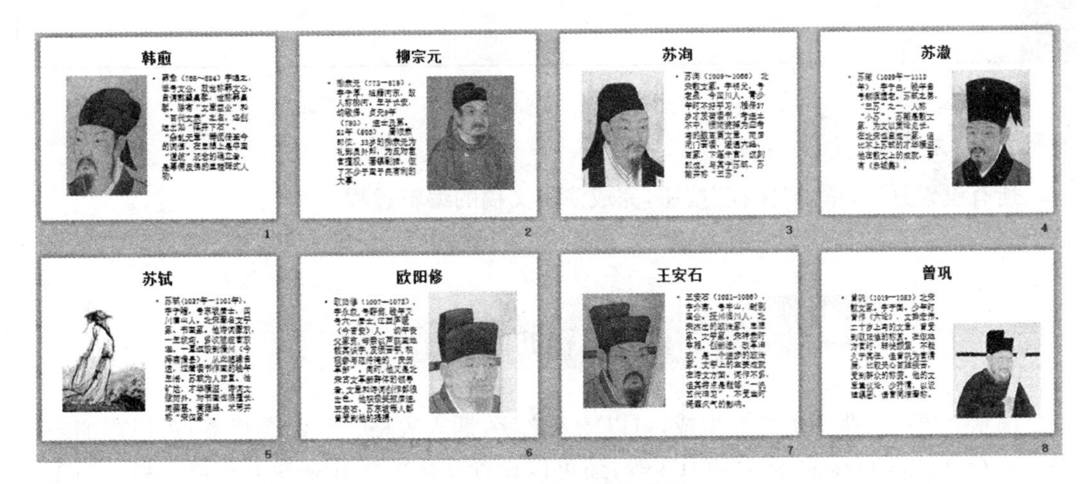

图 6－18　正文幻灯片效果

6.2.6　设置幻灯片放映

制作完成后，可单击屏幕底部右侧“幻灯片浏览”按钮，查看所有幻灯片的设置效果；按 F5 键，或单击屏幕底部右侧的“幻灯片放映”按钮，或切换到“幻灯片放映”标签页，在“开始放映幻灯片”选项组中选择“从头开始”按钮，即可放映幻灯片，观看放映效果。

操作提示

幻灯片的放映分为人工控制和自动放映，系统默认通过人工方式放映每张幻灯片（单击鼠标或键盘）。人工放映时，可以通过键盘和鼠标的各种操作控制幻灯片展示的进度；而自动放映则不需要人工干预，按照设置自动地一张张放映。设定自动放映时间有两种方法：一种是人工设定每一张幻灯片的放映时间；另一种是通过计算机自动设定。

1. 设置换片方式。在切换设置中，“计时”选项组的“换片方式”有两种方式：一种是单击鼠标时换页，另一种是按设定值自动换页。在“设置自动换片时间：”右侧的文本框中直接输入或通过微调按钮输入希望幻灯片在屏幕停留的秒数，这样就设置了幻灯片的放映时间。如果两个复选框都选中了，即保留了两种换片方式，在放映时以较早发生的为准，即设定时间还未到时单击了鼠标，单击后就会更换幻灯片，反之亦然；如果同时清除了两个复选框，在幻灯片放映时，只有在单击鼠标右键出现的快捷菜单中选择了“下一页”命令才能更换幻灯片。

2. 排练计时。如果希望在幻灯片放映的同时同步讲解幻灯片中的内容，就不能用人工设定时间，因为人工设定的时间不能精确判断讲解一张幻灯片所需的具体时间。因此，如果能够预演讲解过程，并将时间记录下来进行设定更为合适。PowerPoint 中提供了“排练计时”功能，在排练放映时自动记录所需的时间，在设置完成进入放映状态时，将自动从第一张幻灯片开始，按照记录的时间自动换页放映。

6.2.7 保存

所有设置好后，单击“保存”按钮，完成演示文稿的编辑过程。

任务 6.3 演示文稿的优化

演示文稿由一张张幻灯片组成，可以输入文字，插入表格、图表、图像等；可以添加多种多媒体对象，如 CD 乐曲、影片、MP3 等；还可以设置动画效果和切换方式等。当人们需要展示一个计划，或者做一个汇报，或者进行电子教学等工作时，利用 PowerPoint 就能够轻易地完成这些工作。PowerPoint 2010 除了上述功能外，还引入了一些出色的新工具，用户可以使用这些工具有效地创建、管理并与他人协作处理演示文稿。

任务描述

在对“唐宋八大家”的演示文稿进行预演示后，制作人员觉得白底黑字的放映效果过于单调，过程过于机械。于是在已创建好的演示文稿中，利用设计模板、配色方案、母版的设计，使得展示的效果赏心悦目。具体要求如下：

① 为所有幻灯片应用“暗香扑面”主题，并使用“页眉和页脚”功能插入幻灯片编号、自动更新日期，页脚显示为“走近唐宋八大家”(标题页不显示)。

② 设置所有幻灯片的切换方式为单击鼠标时以“水平百叶窗”切换，并播放“风铃”声。

③ 在第一张幻灯片中插入“高山流水.mp3”，并设置为自动播放。

④ 使用幻灯片母版添加 logo 图标到所有到幻灯片的左上角，设置“柔化边缘矩形”图片样式，并将图标的高设为 3 厘米，统一设置除标题幻灯片以外的所有幻灯片标题区的文本格式为：黑体、加粗、倾斜、红色。

⑤ 将第 2 张幻灯片的背景预设为“金色年华”的渐变填充效果。

⑥ 为第 2 张幻灯片建立超链接，链接到各个相应幻灯片中。

⑦ 通过设置新建主题颜色，将演示文稿中已访问的超链接改成 R、G、B 分别为 160，50，150 的颜色。

⑧ 为第 3 张幻灯片的文本框添加进入时“飞入”动画效果，在“单击时”播放；为第 3 张幻灯片的图片添加进入时“飞旋”动画效果，在前一事件 1 秒后自动播放，并伴有“风铃”声。

⑨ 在最后一张幻灯片上建立一个“自定义”动作按钮，输入“返回”文本(白色，18 号字，黑体)，按钮的填充色为“深黄色、强调文字颜色 1”，单击后跳转至第 2 张幻灯片。

⑩ 保存幻灯片。

任务实现

6.3.1 设置幻灯片主题与页眉页脚

扫一扫可见微课
“设置主题与页眉页脚”

① 运行 PowerPoint 2010，打开素材文件夹中的“走近唐宋八大家.pptx”。

② 切换到“设计”选项标签，在“主题”选项组中选择“暗香扑面”模板类型，如图 6-19 所示，右击该“暗香扑面”模板，选择“应用到所有幻灯片”替换原有背景，效果如图 6-20 所示。

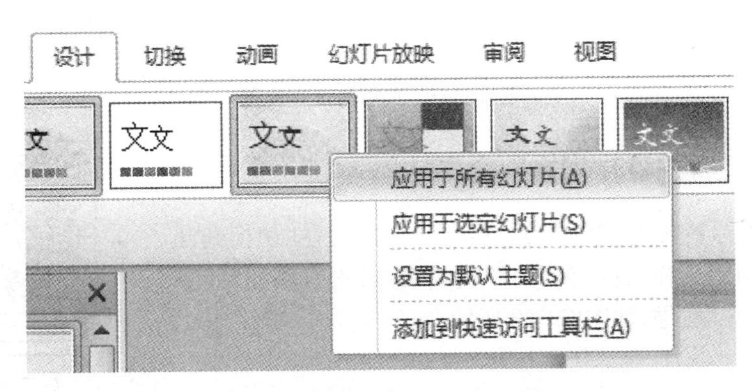

图 6-19 “暗香扑面”主题设置

图 6-20 “暗香扑面”主题效果

③ 设置页眉与页脚。演示文稿根据需要也可以设置每页的页码和日期时间，与 Word 中的页眉和页脚类似。切换到“插入”选项标签，在“文本”选项组中单击“页眉和页脚”，则“日期和时间”“幻灯片编号”均可以打开，如图 6-21 所示。设置幻灯片包含内容有“日期和时间”“幻灯片编号”，其中“日期和时间”格式为“2017 年 4 月”，勾选“标题幻灯片中不显示”选项。设置完成后，单击“全部应用”按钮，设置将应用于所有幻灯片，除了标题幻灯片外，所有的幻灯片都将显示设置。

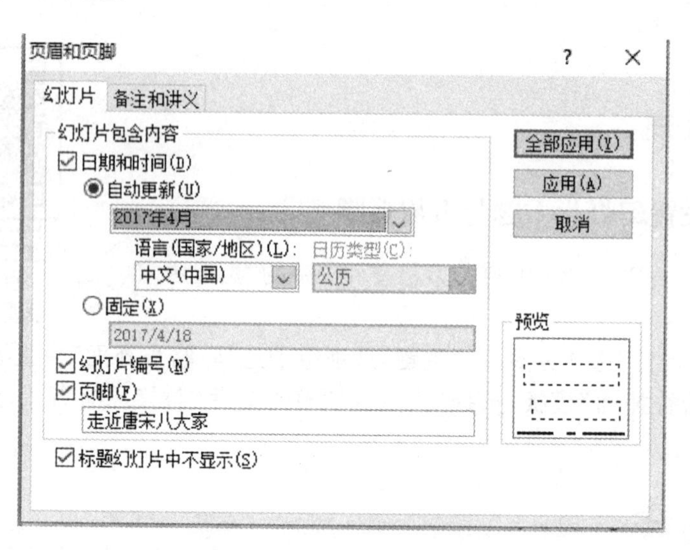

图 6-21 页眉与页脚设置

6.3.2 设置幻灯片切换方式

① 将选项标签转到“切换”，选中某张幻灯片，在“切换到此幻灯片”选项组中选择“百叶窗”的切换效果，点击右侧的“效果选项”选择“水平”效果，如图 6-22 所示。

扫一扫可见微课
“幻灯片切换与背景音乐”

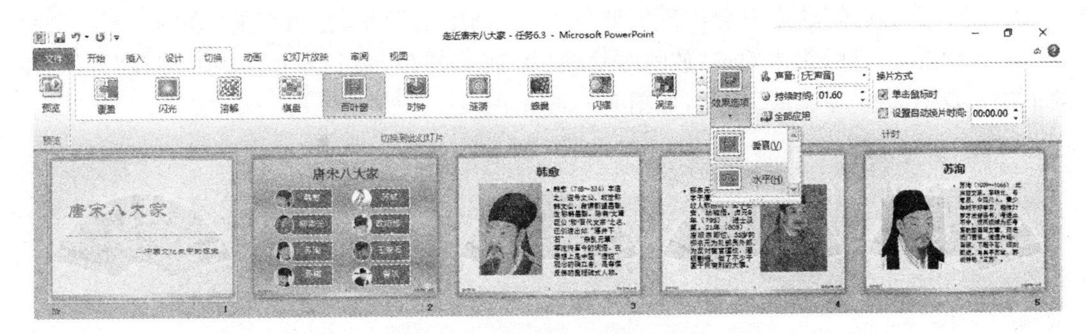

图 6-22　设置幻灯片切换效果

② 设置好百叶窗切换效果后，在右侧“计时”栏中选择“声音”选项，从组中选择“风铃”声，“换片方式”选择“单击鼠标时”。全部设置好后，选择“全部应用”。

操作提示

在演示文稿放映过程中由一张幻灯片进入另一张幻灯片就是幻灯片之间的切换，为了增强演示文稿的观赏性，在切换时可以使用不同的技巧和效果。同一组幻灯片既可以设置同一种切换方式，也可以各不相同。

6.3.3　设置背景音乐

① 选择第一张幻灯片，切换到“插入”选项标签，在“媒体”选项组中选择“音频”下拉列表中的“文件中的音频”命令，在弹出的“插入音频”对话框中可选择“高山流水. mp3”，如图 6-23 所示。

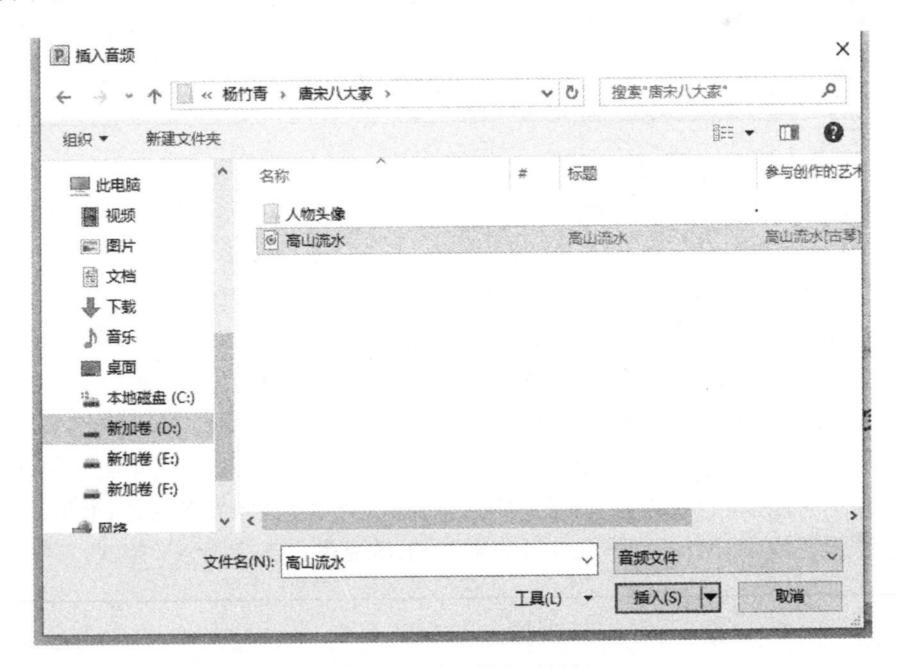

图 6-23　音频插入对话框

② 插入音频后幻灯片中会出现喇叭的形状，选中该形状，在出现的“音频工具”—“播放”—“音频选项”选项组中勾选“放映时隐藏”及“循环播放，直到停止”选项，并在“开始”后的下拉列表中选择“单击时”选项，如图 6-24 所示。

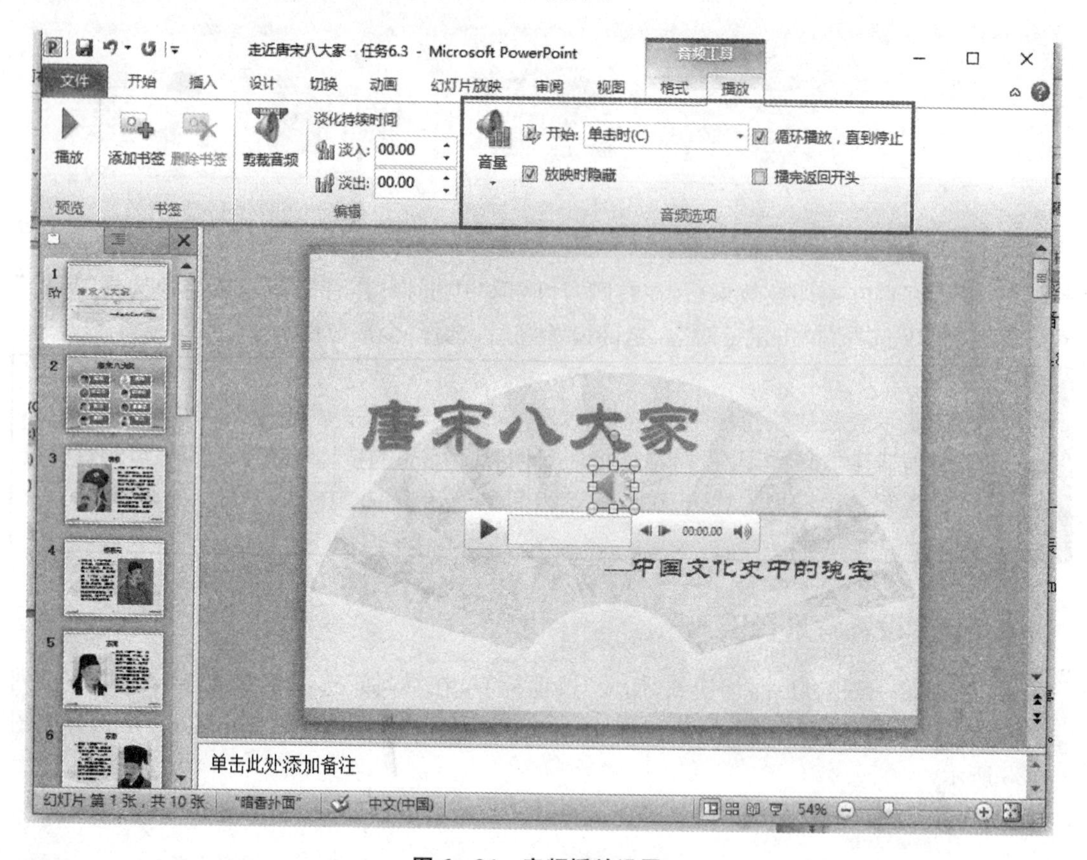

图 6-24　音频播放设置

操作提示

在 PowerPoint 2010 中添加背景音乐的方法有以下两种：

(1) 就是上述所讲的方式。

(2) 利用幻灯片切换插入音乐。

选中第一张幻灯片，切换到“切换”标签，在“计时”选项组的“声音”下拉列表中勾选“循环播放，直到下一个声音”选项，并单击“其他声音”选项。在弹出的“插入音频”对话框中选择“高山流水. WAV”，并设置声音的持续时间。

两种方法均能为幻灯片添加背景音乐。第一种方法的优点是支持多种声音，缺点是声音文件与 PPT 文件是分开的，因此，如果要将演示文稿复制到其他地方，声音文件也必须复制过去，同时必须路径相同，否则无法播放背景音乐；而第二种方法的优点是 PPT 文件和声音是合并在一起的，缺点是只支持 WAV 格式。

6.3.4　幻灯片母版

扫一扫可见微课
“幻灯片母版的应用”

幻灯片母版用于设置幻灯片的样式，可供用户设定各种标题文字、背景、属性等，只需要在母版中更改就可更改所有幻灯片对应的设计。

① 切换到“视图”选项标签，在“母版视图”中单击“幻灯片母版”按钮，在该视图中第一张母版的相应位置(第一张幻灯片上，把光标移动到左，会出现“由幻灯片 1—10 使用”，总共 10 张，即表示所有幻灯片)插入“logo.jpg”，则演示文稿中所有幻灯片的相同位置处都添加了该张图片，如图 6 - 25 所示。

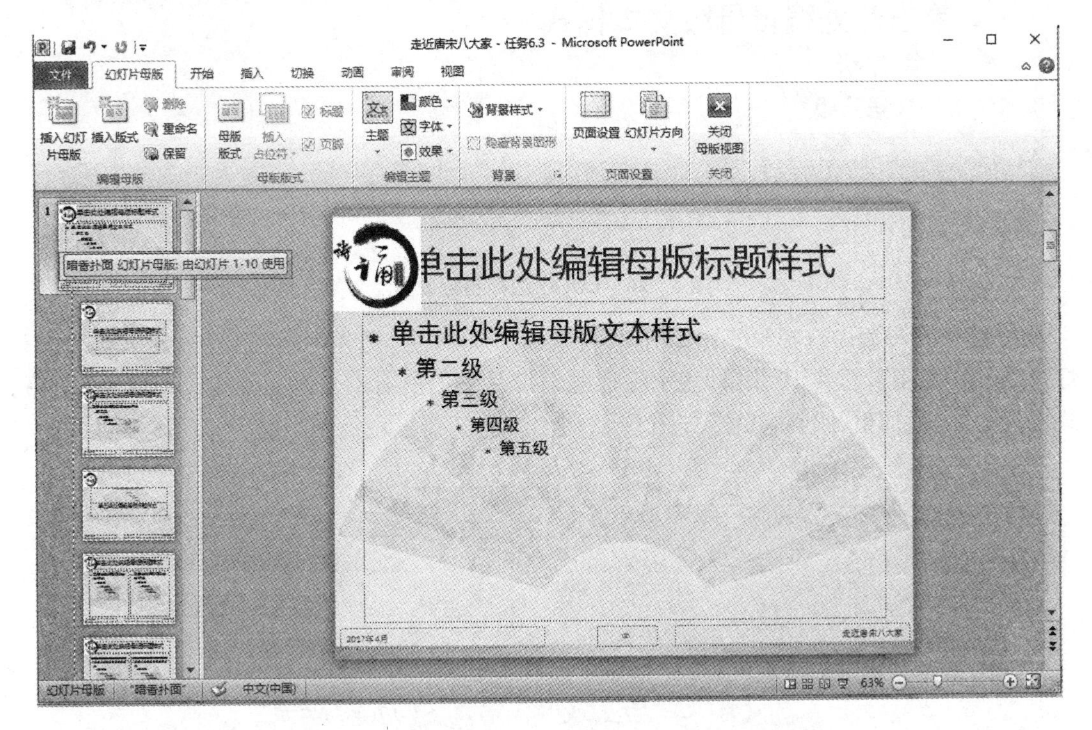

图 6 - 25　幻灯片母版设置-为所有幻灯片添加 LOGO

② 选中刚插入的 logo 图标，则新出现“图片工具—格式”标签。在“图片样式”区域为图标设置“柔化边缘矩形”格式，在“大小”区域设置图片高为 3 厘米，并锁定纵横比，如图 6 - 26 所示。

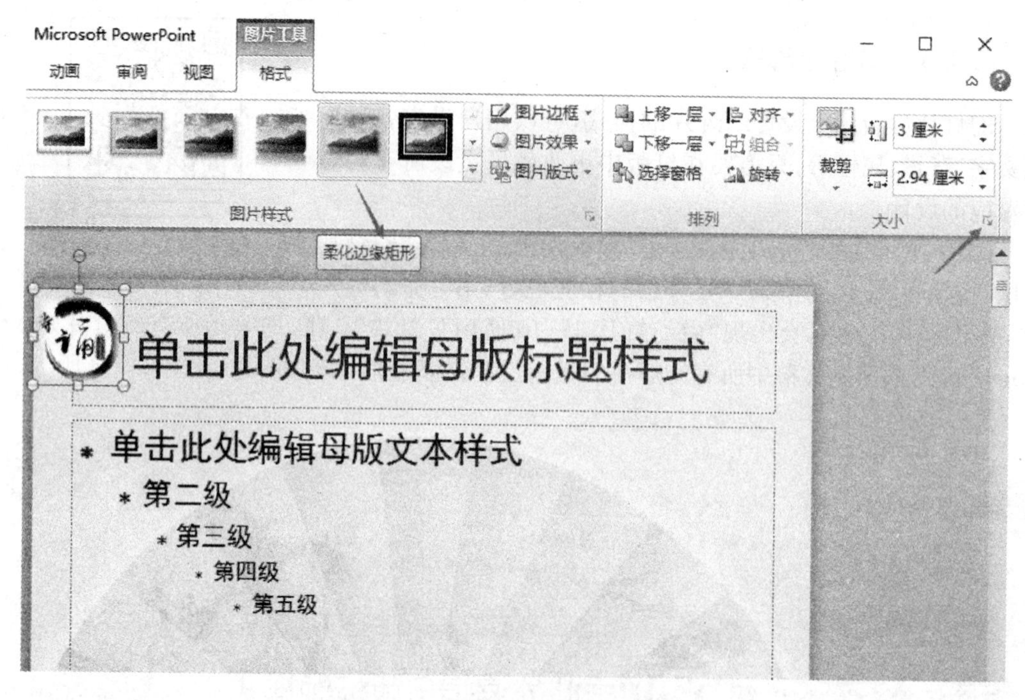

图 6－26　LOGO 图标参数设置

③ 继续在母版中选择第三张幻灯片(第三张幻灯片上,把光标移动到左,会出现"由幻灯片 2—10 使用",总共 10 张,即表示除标题幻灯片外的所有幻灯片),点击幻灯片标题,格式设置为黑体、加粗、倾斜、红色,如图 6－27 所示。

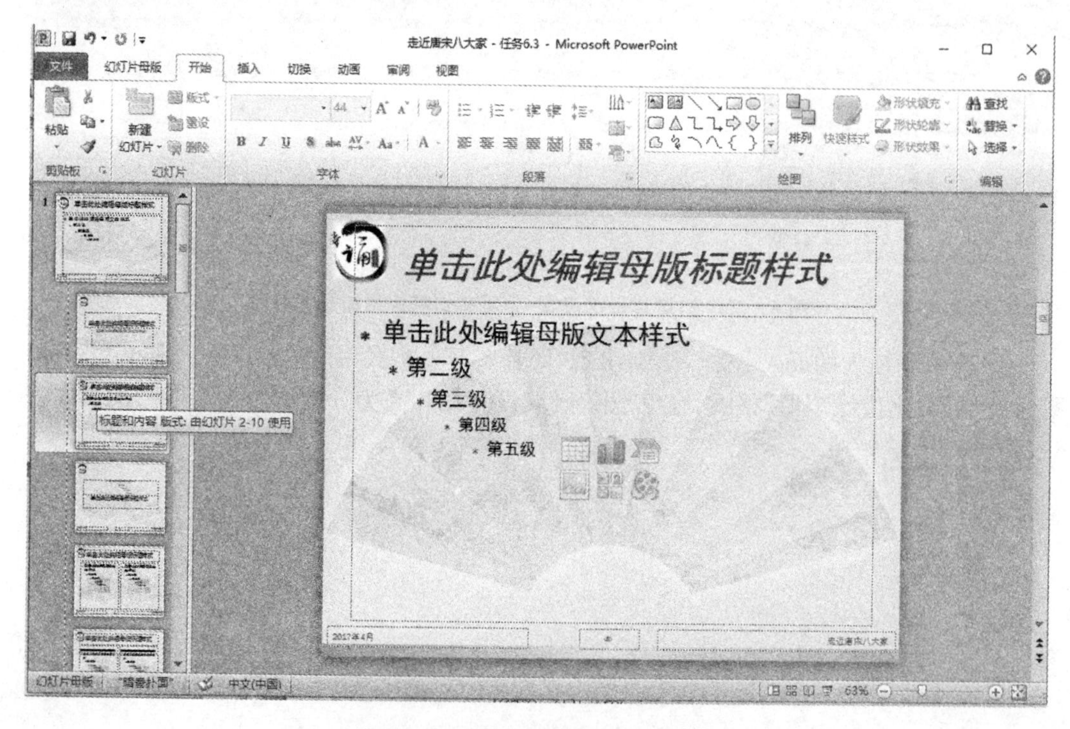

图 6－27　母版中设置幻灯片标题

④ 设置结束，点击“幻灯片母版”标签中“关闭母版视图”按钮，结束设置返回设计界面，如图 6-28 所示。

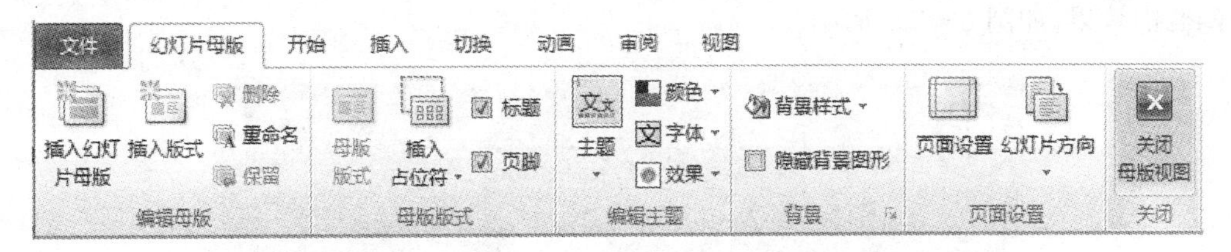

图 6-28　关闭幻灯片母版

操作提示

如果是在第一张幻灯片中插入的图片，则之后对该图片的设置均在第一张幻灯片中进行。如果不同版式的 logo 位置有差别，则可以对下面各版式分别进行设置。

在 PowerPoint 中有三种母版：幻灯片母版、讲义母版、备注母版，除了常用的幻灯片母版外，讲义母版和备注母版也是非常有用的母版形式。

(1) 讲义母版：讲义相当于教师的备课本，一张幻灯片打印在一张纸上比较浪费，使用讲义母版，可以设置将多张(1/2/3/4/5/6/7/8/9 张)幻灯片进行排版，然后打印到一张纸上。讲义母版用于将多张幻灯片打印到一张纸上时排版使用。把讲义母版设置好，打印时，在打印设置中选择讲义中的一种模式即可。

(2) 备注母版：如果演讲的内容都放在幻灯片上既不现实，也不合适，这样的演讲会变成照本宣科。因此，在制作演示文稿时，演讲者可以将需要展示给观众的内容放在幻灯片里，不需要给观众看但能提示自己的内容，诸如话外音、交流启发等，写在备注中。

6.3.5　设置幻灯片背景

① 选择第 2 张幻灯片，切换到“设计”选项标签，在“背景”选项卡中单击“对话框启动器”，打开“设置背景格式”对话框，或者右击幻灯片，在弹出菜单中选择“设置背景格式”，如图 6-29 所示。

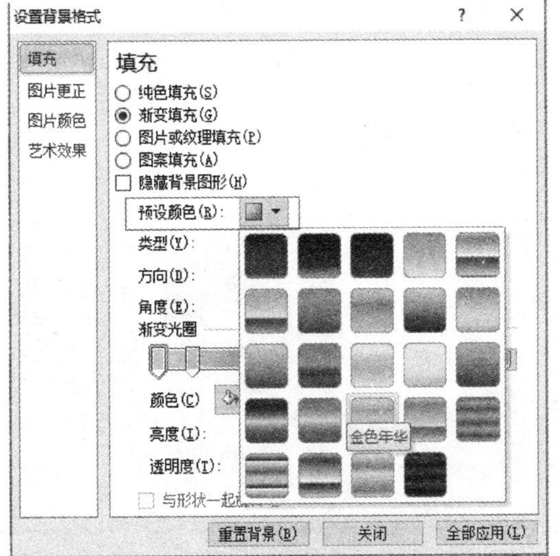

图 6-29　“设置背景格式”对话框

② 在“填充”选项卡右侧的设置中，选择“渐变填充”选项，在“预设颜色”右侧的下拉列表中，选择“金色年华”效果(如图 6－29)，单击“关闭”按钮完成设置，此时可以看到所选背景的修饰效果，如图 6－30 所示。

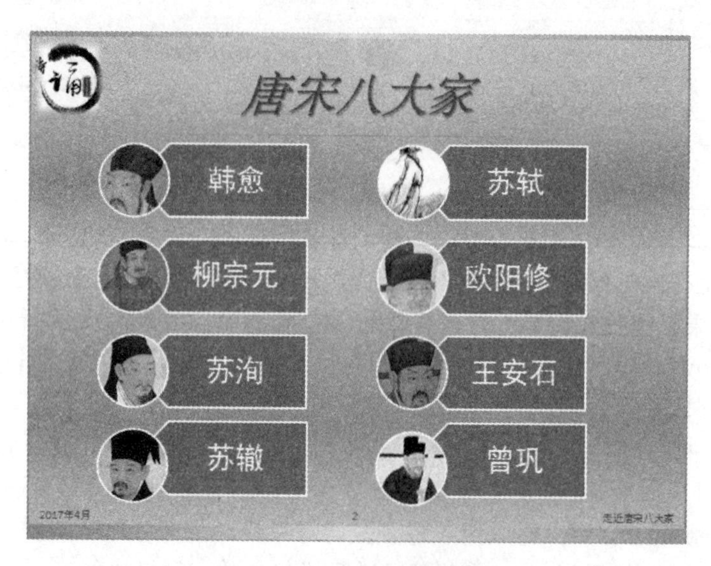

图 6－30　背景格式效果

6.3.6　创建超链接

① 选择第 2 张幻灯片，右击目录中(比如第一个人物韩愈)的文字，在弹出的快捷菜单中设置超链接或切换到“插入”选项标签，在“链接”选项组中单击“超链接”按钮。

② 在弹出的“插入超链接”对话框的左侧选择“本文档中的位置”选项。在中间“请选择文档中的位置”中选择对应的幻灯片标题(3. 韩愈)，右侧“幻灯片预览”窗口可以看到对应链接到的幻灯片，确认无误之后单击“确定”按钮完成，如图 6－31 所示。

扫一扫可见微课
“创建超链接及颜色设置”

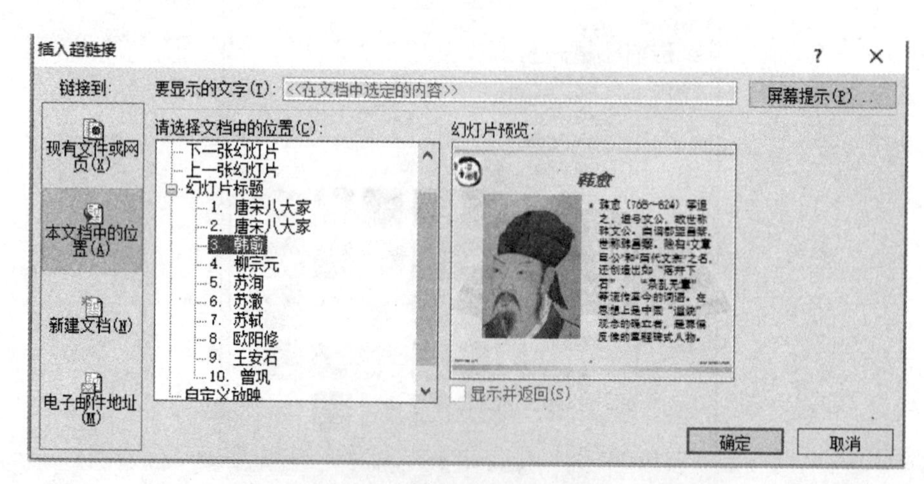

图 6－31　超链接设置对话框

③ 重复第二步，完成剩余人物超链接的设置。

6.3.7　设置已访问超链接颜色

① 切换到"设计"选项标签，在"主题"选项组的"颜色"下拉列表中选择"新建主题颜色"命令，在弹出的"新建主题颜色"对话框中对"已访问的超链接"进行颜色设置，如图 6－32 所示。

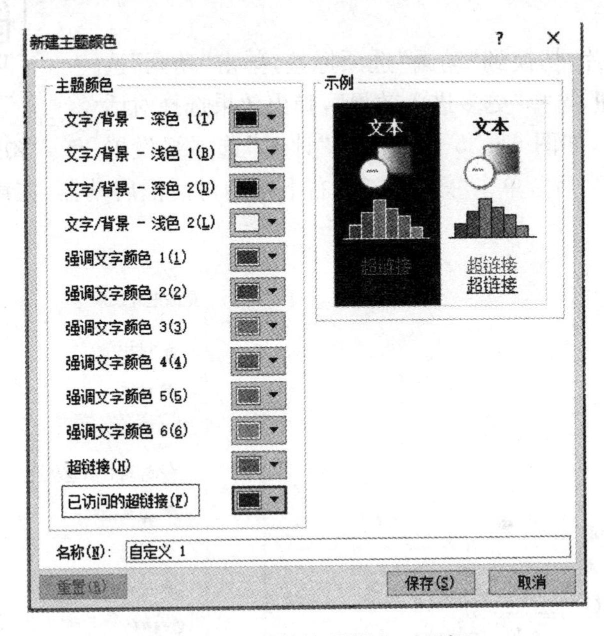

图 6－32　新建主题颜色对话框

② 单击对话框中"已访问的超链接(F)"右侧下拉列表，选择"其他颜色"，在弹出的颜色对话框中将颜色 R,G,B 设置为 160,50,150，如图 6－33 所示。单击"确定"完成设置。

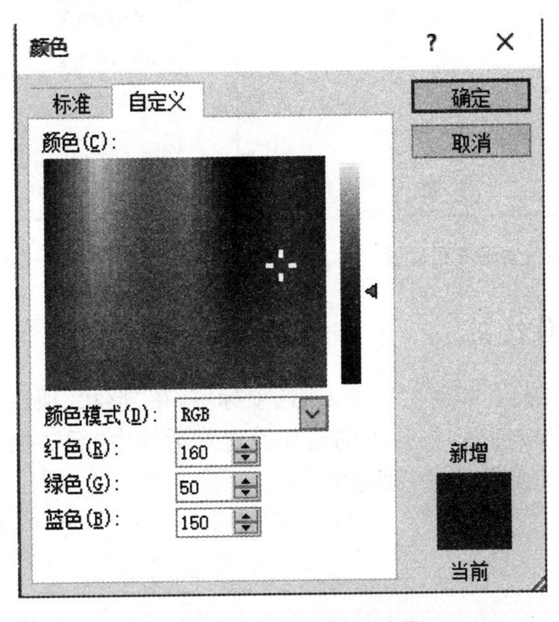

图 6－33　自定义颜色设置

6.3.8 添加动画效果

① 选择第 3 张幻灯片，单击文本框图形。切换到“动画”选项标签，在“动画”选项组中选择“飞入”效果，在“效果选项”中“方向”设置为“自右侧”，在“计时”选项组设置“开始”为“单击时”，如图 6－34 所示。

② 单击人物图片，切换到“动画”选项标签，单击“动画”选项组右侧的下拉按钮，选择“更多进入效果”，弹出效果选择对话框，选择“飞旋”效果，如图 6－35 所示。在“计时”选项组设置“开始”为“上一动画之后”，单击“效果选项”右下角的对话框启动器，在声音列表中选择“风铃”声。

扫一扫可见微课
“幻灯片动画及动作按钮”

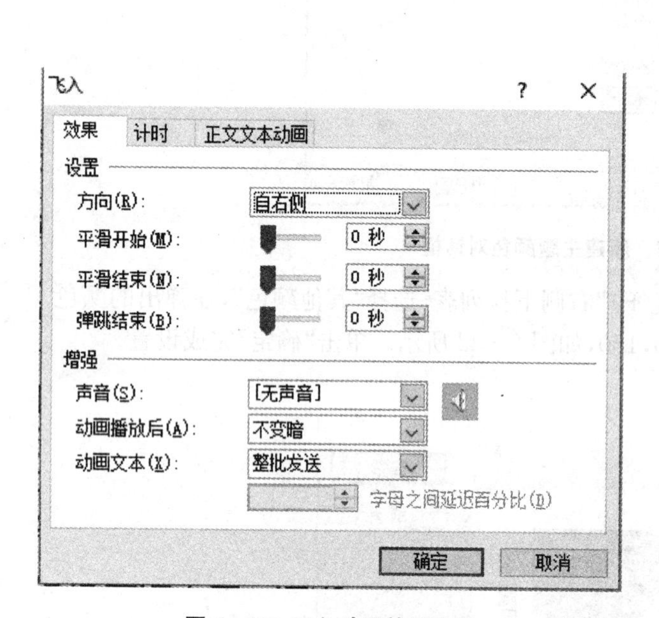

图 6－34 飞入动画效果设置

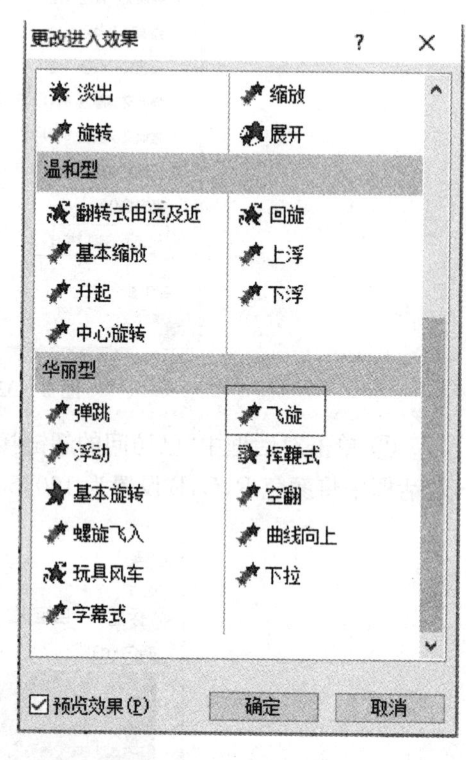

图 6－35 飞旋效果设置

6.3.9 添加动作按钮

① 选择最后一张幻灯片，切换到“插入”选项标签，在“形状”项目组中选择“动作按钮”“自定义”。画出自定义按键后，在弹出的动作设置对话框中“超链接到”选择 SmartArt 目录幻灯（第 2 张幻灯片），如图 6－36 所示。

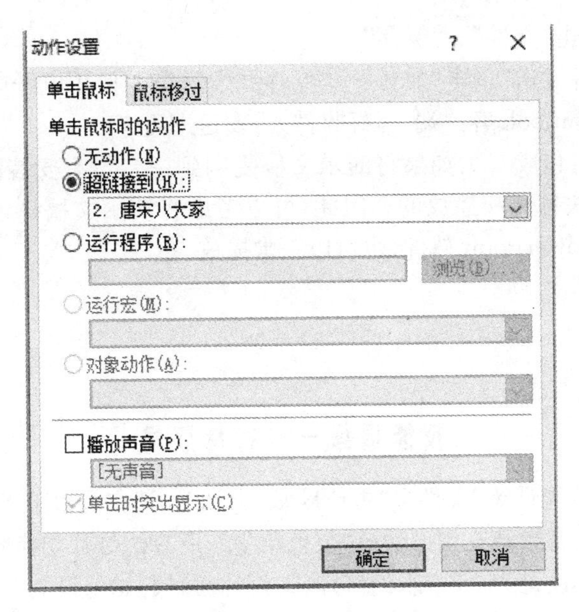

图 6－36　自定义动作设置

② 设置“自定义动作”按钮的填充色为“深黄色、强调文字颜色 1”，右击动作按键，选择“添加文字”，输入“返回”文本（白色，18 号字，黑体）。

6.3.10　保存

当演示文稿制作完成后，可以通过多种方式进行文稿的保存或分享，如图 6－37 所示。

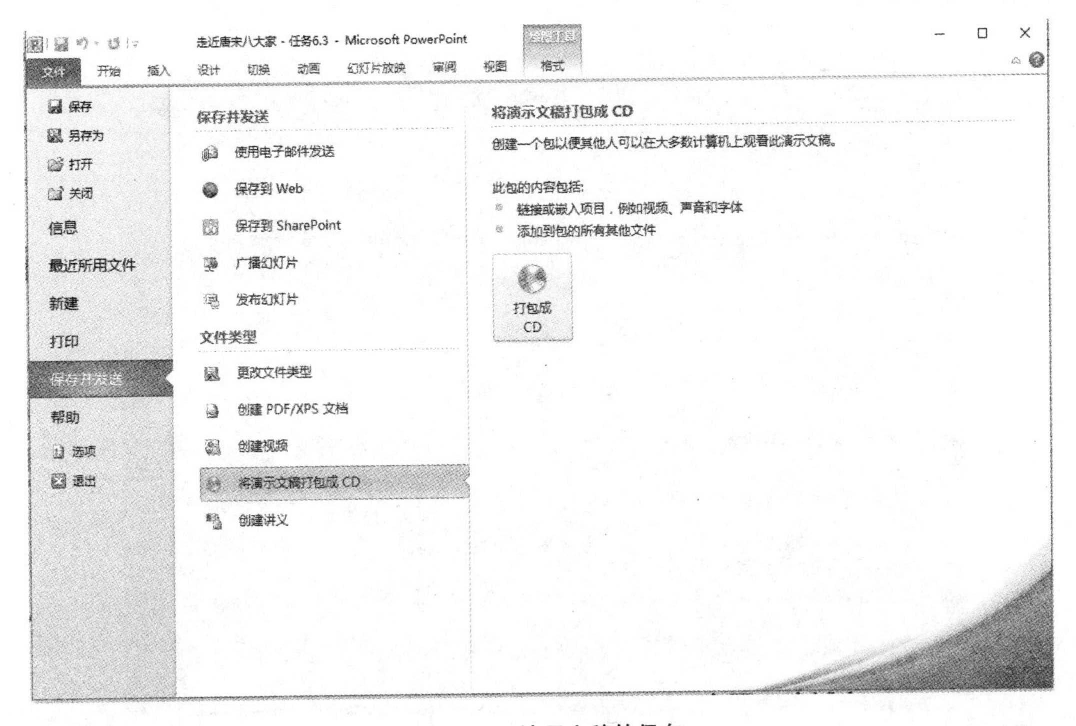

图 6－37　演示文稿的保存

① 直接保存：单击“文件”—“保存”。

② 使用电子邮件发送：单击“文件”—“保存并发送”—“使用电子邮件发送”—“作为附件发送”选项，弹出 Outlook 客户端，写好收件人，发送即可。

③ 将演示文稿打包成 CD：如果将演示文稿复制到一台没有安装 PowerPoint 2010 的计算机上，文稿是无法打开和播放的。因此，可以考虑将演示文稿打包成 CD，这样即便对方的机器没有安装 PowerPoint 软件，也可以正常播放。

技能实践

技能训练一　古诗欣赏

素材见本模块“技能训练”文件夹“古诗欣赏.pptx”。请完成以下操作：

1. 为所有幻灯片背景填充预设颜色“金色年华”，所有幻灯片切换效果为涟漪；
2. 将幻灯片大小设置为 35 毫米幻灯片，幻灯片编号起始值设为 0；
3. 除标题幻灯片外，在其他幻灯片中插入幻灯片编号；
4. 在最后一张幻灯片中插入图片“凉州词.jpg”，设置图片高度、宽度缩放比例均为 180%，设置图片进入的动画效果为：翻转式由远及近，在上一动画之后开始，延迟 0.5 秒；
5. 利用幻灯片母版，在所有“标题和内容”版式幻灯片的右上角插入一个心形形状，填充标准色—红色，单击该形状超链接指向网页 http://www.gushiwen.org；
6. 将制作好的演示文稿以文件名“古诗欣赏”，文件类型“演示文稿(*.pptx)”保存，存放于原文件夹中。

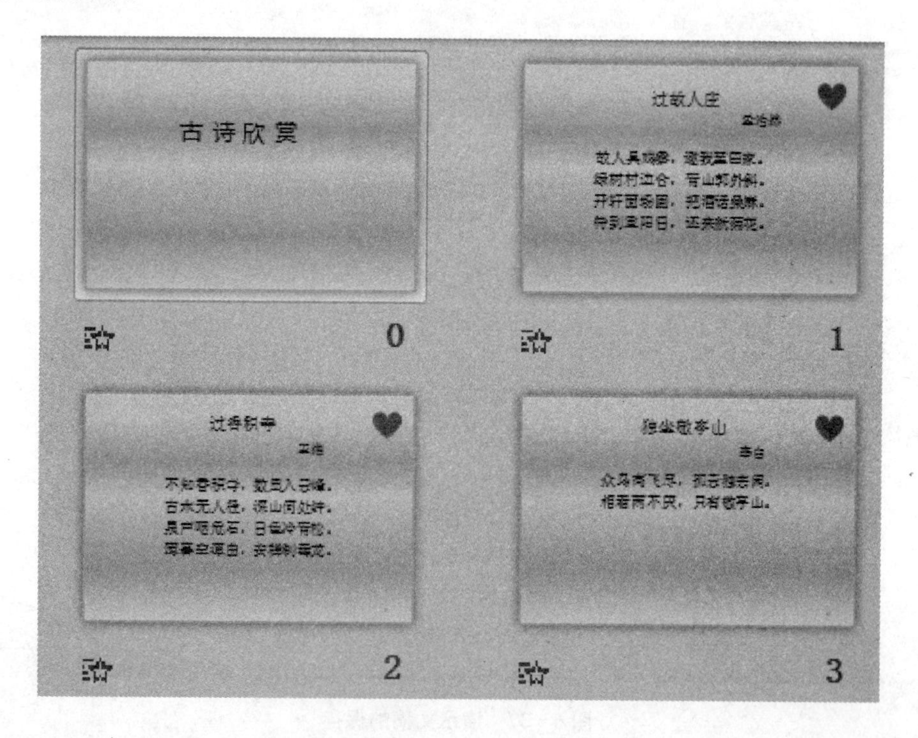

技能训练二　大数据时代

素材见本模块“技能训练”文件夹“大数据时代.pptx”。请完成以下操作：

1. 所有幻灯片背景填充新闻纸纹理，除标题幻灯片外，为其他幻灯片添加幻灯片编号；

2. 交换第一张和第二张幻灯片，并将文件 memo.txt 中的内容作为第三张幻灯片的备注；

3. 在第五张幻灯片文字下方插入图片 pic04.jpg，设置图片的动画效果为向左弯曲的动作路径；

4. 利用幻灯片母版，设置所有幻灯片标题字体格式为黑体、48 号字，所有标题的动画效果为单击时自右侧飞入；

5. 将幻灯片大小设置为 35 毫米幻灯片，并为最后一张幻灯片中的文字“返回”创建超链接，单击指向第一张幻灯片；

6. 将制作好的演示文稿以文件名“大数据时代”，文件类型“演示文稿(＊.pptx)”保存，存放于原文件夹中。

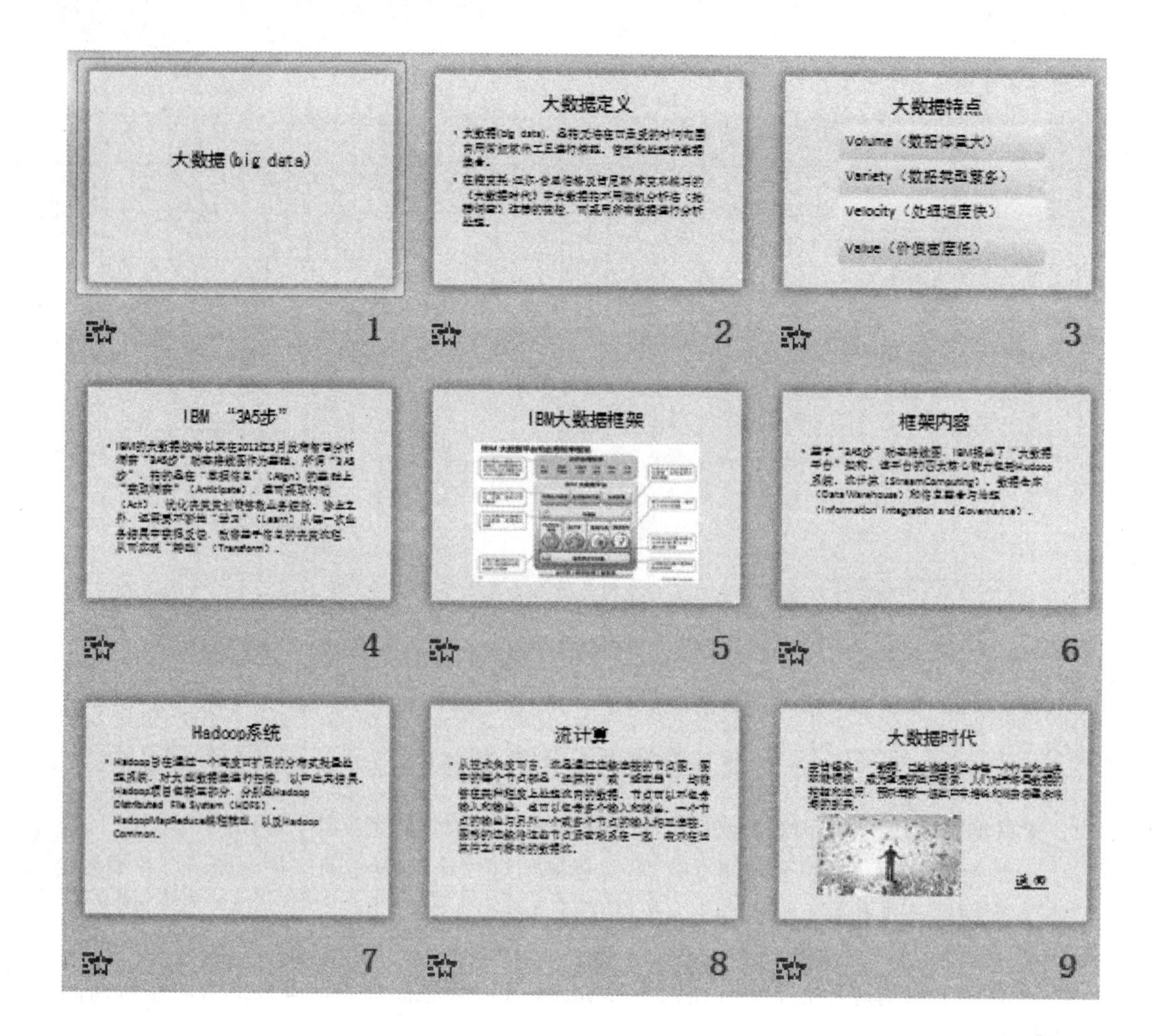
大数据(big data)
1
大数据定义
2
大数据特点
Volume（数据体量大）
Variety（数据类型繁多）
Velocity（处理速度快）
Value（价值密度低）
3
IBM “3A5步”
4
IBM大数据框架
5
框架内容
6
Hadoop系统
7
流计算
8
大数据时代
9

参考文献

[1] 张福炎,孙志挥. 大学计算机信息技术教程[M]. 第 6 版. 南京:南京大学出版社,2010.

[2] 王必友. 大学计算机实践教程[M]. 北京:高等教育出版社,2015.

[3] 顾正刚,陆蔚. 信息技术素养——技能篇[M]. 北京:高等教育出版社,2012.

[4] 严仲兴. 信息技术素养——知识篇[M]. 北京:高等教育出版社,2012.

[5] 陆蔚,杨竹青. 信息技术学习指导书[M]. 上海:上海交通大学出版社,2016.

[6] 眭碧霞. 计算机应用基础任务化教程[M]. 第 2 版. 北京:高等教育出版社,2015.

[7] 吴曼青. 信息技术会创造什么样的未来[N]. 人民日报,2017 年 03 月 23 日 07 版.